JN038581

Distribution
Network
System
Engineering

配電ネットワーク
システム工学

[監修]
林 泰弘
[編著]
配電系統ラディカル化検討会

Ohmsha

巻頭言
早稲田大学 大学院先進理工学研究科
林 泰弘

　配電系統は、電力供給システムの末端に位置し、需要家に電気を送り届ける結節点となってきた。電気を安定に届けるという社会的使命において、我が国の配電系統は、効率的な設備の形成・運用・メンテナンスによる電気の品質の確保、停電の極小化など、先達の弛みない努力によって世界に誇る高いレベルに仕上げられてきた。

　しかしながら、本書執筆にあたっている2020年現在、電力システムは大変革の真っ只中にある。これを牽引するのは、持続可能な社会構築、地球環境保護という人類の新たなチャレンジである。化石燃料から太陽光のようなクリーンな発電への転換、蓄電池等のエネルギーを貯める技術の進展、自動車をはじめエネルギー利用の電化の推進など、脱炭素化、分散化、デジタル化の潮流が鮮明となり、需要家周辺のエネルギー環境の変革が、質・量ともに大規模に進行しているのである。

　これに伴い、配電系統は、従来の発電所から需要家に向かう一方向の電気の流路から、新たに登場した需要家側の創エネルギー技術、蓄エネルギー技術の能力を最大限に受け止め、社会全体で有効に共有するために不可欠なコリドー（回廊）となりつつある。世界各国の政策誘導が、このパラダイムシフトを加速し、結果、関連技術・製品の品質向上・価格低下がドラスティックに進み、さらなる広がりをもたらしている。配電系統について、従来確立されてきた工学的基盤の重要性は変わらないものの、これだけで十分とは到底言えぬ状況が出現しているのは明らかであろう。

　こうした潮流はまだまだこれから勢いを増していくものと考えられることから、未来の配電系統を想定し必要な取り組みを議論する「配電ネットワークラディカル検討会」（東京電力パワーグリッド主催）において、新たな配電系統の教科書を世に出すことが急務であるとの認識に至り、本書が誕生することとなった。

本書は、配電ネットワークシステム工学の必要不可欠な基礎知識を習得できるよう、一般送配電事業者、大学教員などの各分野の専門家によって執筆されたものである。配電系統の基礎を網羅した上で、今後の技術動向を見据えて重要と考えられる事項をカバーしており、配電を含むネットワークシステムを体系的に取り扱うこれまでにないテキストである。大学生や送配電事業者の社員の他、再生可能エネルギーなどの発電事業者や小売事業者、メーカー、研究機関、地方自治体など、配電ネットワークとそのアクセスに関わる方が、配電系統の基礎と技術動向を学ぶためのテキストになることを想定している。本書により、配電系統が直面する課題を理解し、配電系統が果たすべき役割と、今後新たな技術も取り入れつつどう展開していくべきか考察していく礎となることを期待する。また、例題も掲載していて電気主任技術者を目指す読者にも役立つ内容となっているので、適宜活用して欲しい。

　本書が、大学で電力システムを学ぶ学生諸君や、送配電事業者をはじめ配電ネットワークに関わる仕事に携わる方々の一助になることを期待している。

2021 年 2 月

巻頭言
東京電力パワーグリッド株式会社　常務取締役
本橋　準

　これまで、「送配電工学」など電力の送配電工学に関する専門書は存在したものの、「配電工学」に特化した専門書は存在していなかった。これは、従来の配電設備が火力や原子力などの大規模発電機で発電した電気を、送電線と一体として需要側まで供給する流通設備の一環として位置付けられていたことによると考えられる。

　しかしながら、2012 年の固定価格買取制度（Feed in Tariff）施行以降で急激に増加する太陽光発電などの再生可能エネルギーの大部分が配電系統に連系することに加え、バスや乗用車などモビリティーの電化により、電力消費以外の振舞をする分散型電源が大量に連系した状態においても、配電系統は電圧や周波数を維持しつつ、電力の安定供給維持の両立が求められるなど、さらなる重要性が増してきている。

　一方で、このところ頻繁に発生している地震や台風などの大規模災害などにも柔軟に対応していく必要があるなど、配電系統のレジリエンスが求められている。今後は P2P（Peer to Peer）による電力取引やリソースアグリゲータによる VPP（仮想発電所：Virtual Power Plant）や V2G（電気自動車と系統間の電力融通：Vehicle to Grid）の実現も期待されており、一般送配電事業者、特に配電事業者に求められる社会的要請も多岐に及んできている。

　このように配電系統を取り巻く大きな変化がある中、特に著者でもある早稲田大学林教授とは、昨今の急激に変化する情勢変化を踏まえた上で「配電工学」の必要性について共感し、大学、電力会社それぞれの専門家により配電系統に関する各分野の専門書として執筆を行うこととした。執筆については、北海道大学（原准教授）、東北大学（飯岡准教授）、東京大学（馬場准教授）、早稲田大学（林教授、若尾教授、石井教授、芳澤講師）、東京理科大学（小泉教授、山口准教授）、横浜国立大学（辻准教授）、広島大学（造賀准教授）、徳島大学（北條教授）の全国の著名な先生方に加えて、東京電力パワーグリッド配電部門に携

わる専門家に執筆いただいている。

　全国の電力会社にも照会し、頂いた意見を反映するなど、日本全国の配電設備や設計思想などを指向するものとした。なお、本稿では、配電系統構成や電力品質の考え方に始まり、配電系統機材、配電設計に加え、スマートグリッドや分散型電源およびその課題に加え、各章での例題など執筆分野も多岐に亘るため、電気工学を目指す学生や、電験など資格取得を目指す方、電力会社や関係企業において配電部門に携わる専門家の皆様に幅広く活用されることを祈念している。

2021 年 2 月

配電ネットワークシステム工学

目 次

序章　配電系統に求められる社会的要請と配電ネットワークシステム工学 ･････････････････ 1

第1章　電力ネットワークシステムの構成　　　　　　　　9

1.1 電力系統の構成、電圧、周波数 ･･ 10

1.1.1　電力系統の構成 ･･ 10

1.1.2　電力系統の電圧 ･･ 11

1.1.3　電力系統の周波数 ･･ 14

1.1.4　送電方式 ･･ 15

1.2 配電系統の構成 ･･ 15

1.3 高圧（特高）配電系統の構成 ･･ 18

1.3.1　6.6kV系統構成 ･･･ 18

1.3.2　樹枝状方式の系統構成 ･･ 19

1.3.3　特別高圧の系統構成 ･･ 21

1.4 低圧配電系統の構成 ･･ 25

1.4.1　低圧系統の送電方式とそれぞれの特徴 ････････････････････････････････････ 25

1.4.2　低圧系統の系統形式 ･･ 27

1.4.3　400V配電 ･･ 27

1.5 供給信頼度（電圧の安定、継続性） ･･ 28

1.5.1　供給信頼度とは ･･ 28

1.5.2　供給信頼度の評価指標（SAIDI、SAIFI） ･････････････････････････････････ 28

1.5.3　供給信頼度を高めるための対策 ･･ 29

1.6 中性点接地の目的と種類 ･･ 30

1.6.1　中性点接地の目的 ･･ 30

1.6.2　中性点接地方式 ･･ 31

1.6.3　中性点の有効接地 ･･ 35

1.7 異常電圧 ･･ 37

1.7.1　配電系統に生じる異常電圧の種類 ･･ 37

1.7.2　配電機器に求められる必要耐電圧・試験電圧 ････････････････････････････ 40

1.8 電力系統の絶縁設計 ･･ 41

1.8.1 絶縁協調とは ………………………………………………… 41

1.8.2 配電系統における絶縁協調の考え方 ………………………… 42

1.9 高調波 ……………………………………………………………… 43

1.9.1 高調波の発生メカニズム …………………………………… 44

1.9.2 高調波電圧の実態 …………………………………………… 49

1.9.3 高調波の対策 ………………………………………………… 53

1.10 不平衡 …………………………………………………………… 59

1.10.1 電圧不平衡現象とは ………………………………………… 59

1.10.2 不平衡に関する法令と省令 ………………………………… 59

1.10.3 電圧不平衡に対する対策 …………………………………… 60

1.10.4 電圧不平衡に関する公的基準 ……………………………… 61

1.11 フリッカ ………………………………………………………… 61

1.11.1 フリッカの具体的な事例 …………………………………… 62

1.11.2 フリッカの評価指標 ………………………………………… 62

1.11.3 IECフリッカメータ ………………………………………… 66

1.12 瞬時電圧低下 …………………………………………………… 71

1.12.1 瞬時電圧低下現象とは ……………………………………… 71

1.12.2 瞬時電圧低下に関する基準と需要家の対策 ……………… 72

第2章 配電ネットワークシステムに関する計算の基礎 　77

2.1 線路定数 ………………………………………………………… 78

2.1.1 電力系統の構成 ……………………………………………… 79

2.1.2 インダクタンス (Inductance) ……………………………… 82

2.1.3 キャパシタンス (Capacitance) …………………………… 86

2.2 電圧の計算 ……………………………………………………… 89

2.2.1 電圧とは ……………………………………………………… 89

2.2.2 電圧ベクトル計算 …………………………………………… 90

2.2.3 4端子定数 …………………………………………………… 92

2.2.4 潮流計算 ……………………………………………………… 96

2.3 送電特性と電線路モデル ……………………………………… 99

2.4 電圧降下 ………………………………………………………… 101

2.4.1 単一負荷の電圧降下 ………………………………………… 102

2.4.2 多数負荷の電圧降下 ………………………………………… 103

2.4.3 分散負荷とループ式線路の電圧降下 ……………………… 105

2.5 不平衡の計算 …………………………………………………… 112

2.5.1 対称座標法 …………………………………………………… 112

2.5.2 不平衡三相回路 ……………………………………………………… 117

2.6 故障計算 ………………………………………………………………… 119

2.6.1 配電線事故の種類 ………………………………………………… 119

2.6.2 配電線の故障 ……………………………………………………… 121

2.6.3 故障計算のための回路表現 ……………………………………… 122

2.7 対称座標法を用いた故障計算 ………………………………………… 129

2.8 短絡容量と低減対策 …………………………………………………… 134

2.8.1 短絡容量 …………………………………………………………… 134

2.8.2 短絡容量低減対策 ………………………………………………… 135

2.9 電力損失計算と低減対策 ……………………………………………… 136

2.9.1 配電系統における損失の概要 …………………………………… 136

2.9.2 高低圧配電線における損失 ……………………………………… 136

2.9.3 変圧器における損失 ……………………………………………… 141

2.9.4 損失係数 …………………………………………………………… 142

2.9.5 電力損失の低減策 ………………………………………………… 142

第3章　配電ネットワークシステムの計画・保安・運用　145

3.1 電圧管理・制御 ………………………………………………………… 146

3.1.1 運用における電圧変動の許容範囲と目標値 …………………… 146

3.1.2 供給電圧の維持・調整 …………………………………………… 146

3.2 電力系統の運用 ………………………………………………………… 154

3.2.1 配電用変電所の構成 ……………………………………………… 154

3.2.2 系統構成に対する基本的な考え方 ……………………………… 155

3.2.3 配電線の稼働率と裕度 …………………………………………… 156

3.3 配電自動化システム …………………………………………………… 158

3.3.1 配電自動化システムの導入目的 ………………………………… 158

3.3.2 配電自動化システムの導入効果 ………………………………… 158

3.3.3 配電自動化システムの構成 ……………………………………… 159

3.3.4 配電自動化システムの機能 ……………………………………… 161

3.4 伝送方式 ………………………………………………………………… 162

3.4.1 伝送方式の選定 …………………………………………………… 163

3.4.2 配電線による伝送方式（配電線搬送方式）……………………… 163

3.4.3 通信線による伝送方式（通信線搬送方式）……………………… 163

3.4.4 無線方式 …………………………………………………………… 164

3.4.5 時限順送方式の概要 ……………………………………………… 164

3.5 次世代配電自動化システムの構想 …………………………………… 167

3.6 設備計画 ·· 170

    3.6.1 設備計画の考え方 ·································· 170

    3.6.2 設備拡充・改良対策の考え方 ···················· 171

    3.6.3 分散型電源が拡大する中での設備形成(逆潮流への対応) 172

    3.6.4 設備状態の定量評価とアセットマネジメント ········ 172

3.7 需要想定 ·· 173

    3.7.1 需要想定方式(マクロとミクロ) ·················· 173

    3.7.2 負荷カーブ・最大電力の想定 ···················· 173

    3.7.3 地域特性の把握(需要と設備の相関、設備・系統評価) ·· 174

    3.7.4 設備管理指標(需要指標) ························ 175

3.8 配電系統の電圧降下・電力損失 ···················· 176

    3.8.1 電圧降下 ·· 176

    3.8.2 均等間隔平等分布負荷 ·························· 177

    3.8.3 平等分布負荷 ···································· 177

    3.8.4 分散負荷率 ······································ 178

    3.8.5 電力損失 ·· 178

3.9 架空配電線 ·· 180

    3.9.1 架空配電線の機材と建設 ························ 180

    3.9.2 設計の概要・考え方(建柱位置、環境調和) ·········· 184

    3.9.3 新たな建設方法の開発やコストダウン ·············· 194

    3.9.4 配電線の保守・保全 ······························ 194

3.10 地中配電線 ·· 199

    3.10.1 配電機材の概要 ·································· 199

    3.10.2 コストダウンや信頼度向上のための取り組み ········ 204

    3.10.3 電線・ケーブルの許容電流 ························ 206

    3.10.4 建設関連の地中配電線 ·························· 207

3.11 屋内配線系統の構成と回路保護 ···················· 214

    3.11.1 屋内配線の電気方式 ···························· 214

    3.11.2 屋内配線系統の構成 ···························· 214

    3.11.3 回路の保護 ······································ 215

3.12 屋内幹線と分岐回路の設計 ························ 218

    3.12.1 屋内幹線の設計 ·································· 218

    3.12.2 分岐回路の設計 ·································· 219

3.13 屋内配線の工事方法 ································ 220

    3.13.1 施設場所と工事の種類 ·························· 220

    3.13.2 特殊場所の工事 ·································· 227

3.14 高圧受電設備 ······································ 227

3.14.1 高圧受電設備の定義 ········· 227

3.14.2 高圧受電設備の設備方式 ········· 228

3.14.3 受電設備方式 ········· 228

3.14.4 高圧受電設備を構成する主な機器 ········· 229

3.14.5 計器用変圧器・変流器 ········· 232

3.14.6 継電器 ········· 232

3.15 電気機器 ········· 234

3.15.1 直流機 ········· 234

3.15.2 同期機 ········· 235

3.15.3 誘導機 ········· 236

3.15.4 半導体電力変換回路で連系された各種電気機器 ········· 237

3.16 パワーエレクトロニクスの応用 ········· 239

3.17 保護継電方式の概要 ········· 241

3.18 配電線事故 ········· 242

3.18.1 配電線事故の分類 ········· 242

3.18.2 配電線事故の原因 ········· 244

3.19 柱上変圧器の保護 ········· 245

3.19.1 柱上変圧器の概要と保護 ········· 245

3.19.2 変圧器短絡事故に対する保護方法 ········· 246

3.19.3 変圧器地絡事故に対する保護方法 ········· 247

3.19.4 変圧器の過負荷保護 ········· 247

3.19.5 雷サージによる保護 ········· 247

3.19.6 発錆(塩害)による保護 ········· 247

3.20 雷害対策 ········· 248

3.20.1 落雷の発生メカニズム ········· 248

3.20.2 配電設備への雷撃 ········· 249

3.21 塩害対策 ········· 254

3.21.1 塩害による配電設備への影響 ········· 254

3.21.2 がいしの耐汚損設計の一般的な考え方 ········· 255

3.22 雪害対策 ········· 256

3.22.1 着雪発生機構 ········· 256

3.22.2 難着雪対策 ········· 256

3.23 高圧受電設備の保護 ········· 258

第4章　配電ネットワークシステムにおける分散型電源との協調　267

4.1 分散型電源の設備と種類 ……………………………………………………………… 268
　4.1.1　分散型電源とは ……………………………………………………………………… 268
　4.1.2　エンジン発電機・タービン発電機 ………………………………………………… 269
　4.1.3　太陽光発電の構成 …………………………………………………………………… 269
　4.1.4　風力発電の構成 ……………………………………………………………………… 270
　4.1.5　燃料電池の構成 ……………………………………………………………………… 271
　4.1.6　分散型電源用系統連系インバータ ………………………………………………… 272

4.2 系統連系と系統連系要件 ……………………………………………………………… 273
　4.2.1　系統連系とは ………………………………………………………………………… 273
　4.2.2　系統連系要件と連系の区分 ………………………………………………………… 273

4.3 保護・保安対策 …………………………………………………………………………… 274
　4.3.1　保護協調 ……………………………………………………………………………… 274
　4.3.2　配電系統の事故の種類と保護協調 ………………………………………………… 275
　4.3.3　高低圧混触事故対策 ………………………………………………………………… 277
　4.3.4　単独運転防止対策 …………………………………………………………………… 277
　4.3.5　短絡容量対策 ………………………………………………………………………… 277

4.4 電圧上昇問題と品質対策 ……………………………………………………………… 278
　4.4.1　電圧上昇問題とは …………………………………………………………………… 278
　4.4.2　電圧上昇抑制対策（高圧系統・配電用変電所） ………………………………… 280
　4.4.3　低圧系統の電圧上昇抑制対策 ……………………………………………………… 282
　4.4.4　その他の対策 ………………………………………………………………………… 283

4.5 電力系統の周波数維持を目的とした分散型電源の出力制御 ……………………… 284

4.6 新たな電力品質問題と対策案 ………………………………………………………… 286
　4.6.1　単独運転検出機能に起因したフリッカ …………………………………………… 286
　4.6.2　低圧系統における高低圧混触事故時の課題 ……………………………………… 286
　4.6.3　分散型電源の大量連系による電圧低下 …………………………………………… 289

第5章　配電ネットワークシステムにおける将来の技術動向　293

5.1 スマートグリッド ………………………………………………………………………… 294
　5.1.1　スマートグリッドの概念 …………………………………………………………… 294
　5.1.2　スマートグリッドを取り巻く動き ………………………………………………… 294
　5.1.3　各国のスマートグリッドに向けた取り組み ……………………………………… 296

5.2 マイクログリッド ………………………………………………………………………… 298

5.2.1 マイクログリッドの概要 ……………………………………… 298

5.2.2 マイクログリッド導入の意義 ………………………………… 300

5.2.3 マイクログリッドの構成要素 ………………………………… 300

5.3 次世代配電自動化システム（電圧集中制御） …………………… 302

5.3.1 電圧集中制御の概要 …………………………………………… 302

5.3.2 タップ制御指令方式 …………………………………………… 302

5.3.3 制御パラメータ指令方式 ……………………………………… 304

5.4 スマートインバータ ……………………………………………… 308

5.4.1 分散型電源の導入拡大に伴う系統課題 ……………………… 308

5.4.2 スマートインバータとDERMS ……………………………… 309

5.4.3 国外における分散型電源に係る規格化の動き ……………… 311

5.5 スマートメータ …………………………………………………… 312

5.5.1 計量器の歩み …………………………………………………… 312

5.5.2 スマートメータ導入の背景 …………………………………… 314

5.5.3 スマートメータの機能 ………………………………………… 314

5.5.4 スマートメータシステムの構成と主な通信方式 …………… 316

5.5.5 スマートメータを活用した将来像 …………………………… 317

5.6 HEMS ……………………………………………………………… 318

5.6.1 HEMSの概要 ………………………………………………… 318

5.6.2 HEMSの主な機能 …………………………………………… 319

5.6.3 HEMSの構成 ………………………………………………… 320

5.6.4 ECHONET Liteの概要 ……………………………………… 322

5.7 ディマンドリスポンスとバーチャルパワープラント …………… 322

5.7.1 情報通信技術の進歩と需要側リソース ……………………… 322

5.7.2 ディマンドリスポンス ………………………………………… 323

5.7.3 バーチャルパワープラント …………………………………… 324

5.7.4 アグリゲーション ……………………………………………… 324

5.7.5 適用領域 ………………………………………………………… 325

5.7.6 通信システム …………………………………………………… 326

5.8 将来の技術動向 …………………………………………………… 327

5.8.1 配電ネットワークシステムを取り巻く現状 ………………… 327

5.8.2 コネクト&マネージ …………………………………………… 330

5.8.3 VPP／V2Gプラットフォーム（アグリゲータ／需要家向けプラットフォーム） … 333

5.8.4 配電ネットワークシステムの将来像 ………………………… 334

▌序章

配電系統に求められる
社会的要請と
配電ネットワークシステム工学

配電ネットワークシステムに求められる社会的要請の変遷

　電気は現代社会の根幹をなし、毎日の暮らしを支えている。電気の供給は電力系統（Power System）と呼ばれる巨大なシステムによりなされ、配電系統（Distribution System）は最終的に電気を需要家に届ける役割を担う。従来、電力系統は、送配電系統を通じて火力発電所等の大規模発電所で作られた電気を需要家に向けて送られることを前提に、構築・運用されてきた。その基本的な構成を図 0.1 に示す。一般的に火力等の大規模発電所で作られた電気は 27 万5 000 V から 50 万 V の電圧に昇圧され、送電系統を介して各エリアに送電され、変電所で順次電圧を下げて、6.6 kV の配電系統を経て分配され、最終的には 100 V、200 V に降圧され一般家庭などの需要家に供給される。

　配電ネットワークシステム（配電系統）に求められる社会的要請を図 0.2 にまとめる。

　配電系統では需要家に近接した場所に設置される電柱や電線などの設備を介して電気を流通するため、感電防止など公衆安全の確保といった「安全・安心を維持するための技術」およびそれら施設条件を定めた電気事業法、電気設備に関する技術基準を定める省令（電気設備の技術基準）[1] などに代表される「制度や政令などの順守」が求められる。また配電系統は、送電系統が線状に構築されるのに対し、面的に施設されるため設備量は膨大であり、1 つの機器の

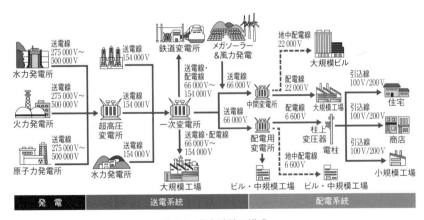

図 0.1　電力系統の構成

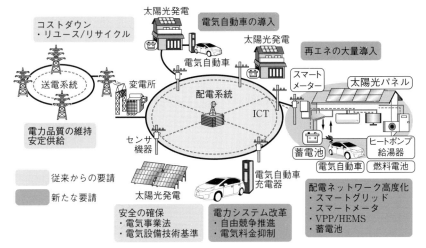

図 0.2　配電系統に求められる社会的要請の変遷

僅かなコストダウンであっても全体では大きな効果を得ることができる。高度
経済成長による電力需要の増大を背景に設備投資を進める中、電力の安定供給
を維持しつつ、配電機材のコンパクト化やリユース、リサイクルなど各種コス
トダウンが取り組みの中心とされてきた。

　配電系統では主に系統の電圧と電流を指標に電力の品質を管理しており、高
品質の電気を極力停電せずに低コストで届けることが重要となる。電圧は電気
事業法で定められた適正範囲（101±6 V）を逸脱しないように、電流は電線や
変圧器などの設備に流せる上限値（許容電流）を超えないよう計画・運用され
ている。一方、配電系統で使用される設備は送電系統と比較して落雷などの影
響を受けやすい。日本の電力会社では、配電機材の改良を重ね、停電が発生し
にくい設備を形成すると共に、停電が発生した際に自動的に復旧を行うシステ
ムを導入して停電からの復旧時間を短縮することで、世界トップクラスの供給
信頼度を達成してきた[2]。また、アスベスト、PCBに代表される環境に悪影
響を及ぼす要素について、環境制度の順守も求められている。

　このように、従来は安全の確保を前提に、電力品質と安定供給の維持・向上、
ならびに経済性を軸として、配電系統は構築・運用されてきた。

　近年、東日本大震災を契機にエネルギー基本計画が抜本的に見直され、電力
システム改革や再生可能エネルギーの主力電源化等の環境変化の中、配電系統

は大きな変革期にあり、新たな社会的要請に応えるべく次世代のインフラとして生まれ変わろうとしている。

　発電・小売りの自由競争による効率化を推進し、需要家の選択肢を拡大するため、電力会社から送配電部門は分離され、あらゆる電源を公平に受け入れる中立な事業者として効率化が求められる。

　一方、脱炭素化は世界的な潮流である。日本は COP21 において掲げた目標を達成するため、エネルギー供給側、需要側双方の取り組みが求められ[3]、再生可能エネルギーの利用拡大と、運輸などでのエネルギー利用を電化することが施策の中心となる。電力供給側の脱炭素化の取り組みとして再生可能エネルギー固定価格買取制度（FIT: Feed In Tariff)[4] が施行されて以降、二酸化炭素を排出せず枯渇しないエネルギーである太陽光発電、風力発電などの再生可能エネルギーの導入が急激に進んでいる。しかしながら、これらの電源は天候の変化によって発電量が変動し、その多くが配電系統に接続されることから、電力系統に与えるさまざまな影響が懸念される[5]。

　配電系統の電圧や電流を適正範囲に維持するためには、配電系統各所に流れる電力を正確に把握する必要があるが、従来、主に変電所で計測した電力情報を基に対応していた。しかし、配電系統に太陽光発電のような変動性再生可能エネルギー電源が多数接続されると、需要家から系統に向けた電気（逆潮流）が流れ、配電系統の電圧を上昇させる[6] と共に、電力の流れが双方向になる。このため、系統に発生する電圧、電流の分布は複雑な様相を示すことになり、変電所における電力情報のみでは配電系統各所の状態を的確に把握することが困難になる。

　近年、情報通信技術（ICT：Information and Communication Technologies）の進歩は著しく、これまで把握できていなかった多様な情報を取得・活用することが容易となり、電力系統側と需要家側各々で ICT の導入によって精緻なエネルギーの管理を行う環境が整ってきている。また、ICT は電力系統と需要家間を双方向でつなぎ、情報共有による連携を促進する役割も期待される。

　こうした背景の下、一般送配電事業者（電力会社の送配電部門）は配電系統の各所に電圧・電流を計測可能なセンサを内蔵した機器の設置を進めている。これにより、再生可能エネルギーが増加した際の配電系統各所における電力の状態を見える化し、電圧制御などの技術を高度化している。さらには、需要家

の電力使用量を 30 分単位でデジタルデータとして取得可能なスマートメータの設置も進められており、高速・大容量のデータ伝送技術を融合させ、より高度な配電系統の運用が期待される。このように、電気の流れをデジタルデータで効率的に制御するための電力と情報通信の融合ネットワークをスマートグリッドと呼び、世界各国で政府の支援を受けて技術開発が進められている[7] [8]。

　これらの変化は需要家側にも大きな変化をもたらし、太陽光発電に加えて電気を充放電できる蓄電池や電気自動車などの分散型電源（DER：Distributed Energy Resource）の導入・拡大が進められている。蓄電池は、電気を貯めて必要なときに使うことができる。太陽光発電と蓄電池を組み合わせて設置するケースが増えてきており、さらに電気自動車は動く蓄電池とみなすこともできる。東日本大震災で計画停電を経験したことを契機に、需要家で電気を発電することや、電力消費をコントロールすることの社会的重要性が強く認識された。これを受け、需要家において電力消費や発電・蓄電のパターンを自動で管理するエネルギーマネジメントシステム（EMS：Energy Management System）の導入が進められている。例えば、一般家庭用の EMS はホームエネルギーマネジメントシステム（HEMS：Home EMS）と呼ばれ、家庭内の消費電力を可視化すると共に、住宅内の機器を制御・管理する役割を担う。電力系統では、総発電量と総需要量（電力消費量）を常に一致させる必要がある。電力消費を増減させることで発電と需要のバランス（需給バランス）を取る仕組みがディマンドリスポンス（DR：Demand Response）であり、電力会社などからの要請に基づき需要家側で機器の電力消費をコントロールする。HEMS を用いて遠隔で DR を実現する、自動ディマンドリスポンス（ADR：Automated Demand Response）の研究開発も進められている。DR の概念を需要の増減も含めて蓄電池などのさまざまなリソースに広げたものが、バーチャルパワープラント（VPP：Virtual Power Plant）であり、複数の需要家リソースを統合して、あたかも単一の発電所のように電力を制御し需給バランスを最適化する技術と事業化の実証が検討されている。また、電気自動車と電力系統間の融通を行う V2G（Vehicle to Grid）も技術開発が進められている。こうした新たな要素を取り込むことにより、次世代の電力系統を効率的に構築し、運用することが送配電事業者に求められる社会的要請となっている。前述のように太陽光発

電などの再生可能エネルギーは出力が天候に左右され、その発電量をコントロールするのが難しいため、配電系統の電力品質に与える影響が懸念される。蓄電池や電気自動車などの蓄電設備の活用は、需給バランスだけでなく再生可能エネルギーの不安定性を解決する手段としても期待されている。需要家のエネルギー機器の制御を行うためには、高速通信技術の構築と共にインセンティブの在り方など制度面の整備も課題であり、検討が進められている。

このようにICTの急速な進展を背景に、一般消費者が所有するさまざまなエネルギー機器と配電系統との間で、電気と情報が双方向に往来することになる。これらの情報は電力系統の状態把握や制御に加えて、さまざまなサービスへの活用が期待される。例えば、スマートメータで取得する情報を見守りサービスなどに活用する取り組みが行われている。

図0.3に、これらの社会的要請の解決に資する配電ネットワークシステム工学の要素を示す。脱炭素化社会の実現に向けて、再生可能エネルギーの導入拡大や蓄電池、電気自動車の普及は必須となる。これらの社会的要請を実現する上で、ICTを活用し系統を流れる電力を監視・制御する手法を高度化すると共に、VPP・DRなどの技術を活用して需要家のエネルギー機器との協調を図りつつ電力品質と安定供給を維持し、より柔軟で信頼性の高い配電系統を構築し

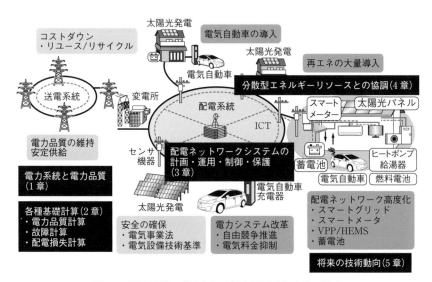

図0.3　配電系統に求められる社会的要請と本書の構成

ていくことが重要となる。配電系統は単に電気を需要家まで届けるためだけの設備ではなく、上位の火力などの発電設備と需要家の分散型電源の連系を可能とし、新たな価値を生むプラットフォームとして社会の要請に応えていく必要がある。

このように、配電系統は電力系統の末端の通り道から、新たな価値やビジネスの舞台へと進化することが求められており、これを適切に運用していくためには、配電系統の基本の理解と、次々と登場する新たな技術を組み合わせていくための知識が欠かせない。すなわち、配電系統を支える礎となる学問体系は、ネットワークシステム工学の視点を取り込み、拡張される必要性が急激に高まっている。

本書は、ここまで述べてきた配電系統を巡る近年の動向を踏まえ、ネットワークシステム工学の視点に基づき執筆され、下記に記す構成で解説する。

☑ 第1章

配電系統を理解する上で必要となる基本知識について概説する。具体的には配電系統の構成要素や維持すべき電力品質について述べる。

☑ 第2章

配電系統を理解するためには、電気計算の基礎を習得する必要がある。本章では、電圧計算、故障計算、電力損失などを解説する。

☑ 第3章

配電系統においては、将来の電力需要の想定に基づき設備投資が計画され、日々運用されている。各々の業務プロセスにおいてポイントとなる事項について解説する。具体的には配電系統の計画、運用、保護方式についてひと通りを学ぶ。

☑ 第4章

前述のように今後も再生可能エネルギーを中心とする分散型電源の普及が不可逆に進展すると予想される。本章では分散型電源の概要から始まり、分散型電源の普及に伴う各種課題とその対策について述べる。

☑第5章

　配電系統における将来の技術動向について、スマートメータやスマートグリッドなどの各種取り組みを紹介する。

　なお、各章には、理解度を確認するための例題を適宜付している。併せて活用いただきたい。

▌引用・参考文献 ▰▰▰

【1】　経済産業省（1964）「電気設備に関する技術基準を定める省令」（参照：2020 年改訂版）.

【2】　経済産業省 資源エネルギー庁（2018）「エネルギー白書」, p.182.

【3】　経済産業省 資源エネルギー庁（2015）「長期エネルギー需給見通し」.

【4】　経済産業省 資源エネルギー庁（2012）「再生可能エネルギーの固定価格買取制度について」.

【5】　小林広武（2017）「太陽光発電の系統との相互協調技術に関する技術動向」, 電気学会論文誌 B, 第 137 巻, pp.415-418.

【6】　林　泰弘（2009）「分散型電源の導入拡大に対応した配電系統電圧制御の動向と展望」, 電気学会論文誌 B, 第 129 巻, pp.491-494.

【7】　林　泰弘（2010）「スマートグリッド学」, 日本電気協会新聞部.

【8】　栗原郁夫（2013）「スマートグリッド実現に向けた電力系統技術」, 電気学会論文誌 B, 第 133 巻, pp.298-301.

第1章

電力ネットワークシステムの構成

1.1 電力系統の構成、電圧、周波数

1.1.1 電力系統の構成

　水力発電所、火力発電所および原子力発電所、再生可能エネルギー発電所といった発電設備において生み出された電力は、送電線、変電所、配電線といった流通設備を通じて、需要家設備へ届けられる。電力系統は、これらの発電設備・流通設備・需要家設備およびシステムの全体の運用を行う給電設備、通信設備、保護制御装置を含めた一貫したシステムである。

　これらの構成は、経済性と信頼性の協調が取れたものである必要がある。また、電力は大量貯蔵が困難であることから、電力系統は「生産」と「消費」が同時に行われる。電力系統の構成イメージは序章（図 0.1）で示した通り、電圧階級によって区分されている。電力系統の中での配電系統の位置付けおよび変遷を図 1.1 に示す。配電電圧が高いほどロスが小さくなるため、大容量や長距離の送電を行う上で有利となる。そのため、現在では 22 kV や 6.6 kV の配電方式が採用されている。

発電設備

　発電設備は、一次エネルギーを電気エネルギーに変換する一連の設備を指し、水力発電所、火力発電所、原子力発電所、再生可能エネルギー発電所などがある。

流通設備

　送電・変電・配電の設備を総称して、流通設備と呼ぶ。流通設備は、発電設備で作られた電気の発熱による送電ロスを少なくし、効率的に長距離送電を実現することを目的とする。そのため、需要地に近づくごとに各変電所にて徐々に変圧（降圧）されながら、需要場所へ電気を供給する設備形成となっている。また、送電線や配電線に事故があった場合は、電気を瞬時に停止し、電力系統の保護を行う。電圧階級によって超高圧変電所、一次変電所、二次変電所、配

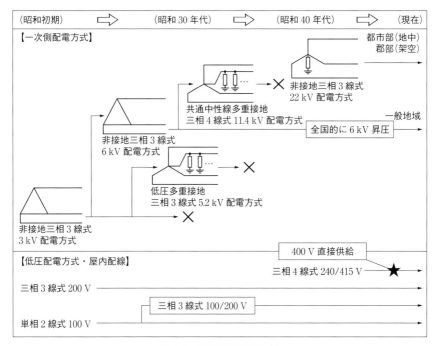

図 1.1　配電電圧の変遷 [1]

電用変電所などと呼ばれている。

需要設備

　発電設備で生み出された電気エネルギーは流通設備を通じ、工場や商業施設、住宅といった需要設備にて消費される。電力自由化により、2000 年には特別高圧（大規模な工場や商業設備など）、2004 年、2005 年には高圧（中規模の工場や商業設備など）、そして 2016 年からは低圧（一般家庭など）が小売り自由化の対象となっている。

1.1.2　電力系統の電圧

　電圧は「電気設備に関する技術基準を定める省令（電気設備技術基準）」にて、その大きさにより低圧、高圧、特別高圧の 3 段階に分類されている。

【低　　圧】直流では 750 V 以下、交流では 600 V 以下のもの

【高　　圧】直流では 750 V を、交流では 600 V を超え、7 000 V 以下のもの

【特別高圧】7 000 V を超えるもの

　送電能力は送電電圧の 2 乗に比例するため、線路電圧が高いほど、大容量の電力を低損失で輸送することが可能となり、送電効率が向上する。

　日本国内では、100 V・200 V・400 V が低圧配電線に、6.6 kV が高圧配電線に採用されることが一般的である。また、大容量配電線の電圧としては 22 kV と 33 kV が一部で採用されている。一方で送電系統の特別高圧については、高度経済成長などの電力需要を背景に送電電圧を高め、現在採用されている送電電圧は最大で 500 kV となっている。日本の電力会社で採用されている送電電圧を表 1.1 に示す。

表 1.1　日本の電力会社で採用されている送電電圧（2020 年 7 月現在）

	最高送電電圧〔kV〕	その他の送電電圧〔kV〕
北海道電力ネットワーク	275	187、110、100、66、33、22
東北電力ネットワーク	500	275、154、66
東京電力パワーグリッド	500	275、154、66
中部電力パワーグリッド	500	275、154、77、33、22
北陸電力送配電	500	275、154、77
関西電力送配電	500	275、154、77
中国電力ネットワーク	500	220、110、66
四国電力送配電	500	220、110、66
九州電力送配電	500	220、110、66
沖縄電力	132	66、22、13、8

　一般に電線路電圧は、公称電圧と最高電圧に分類される。公称電圧とは、その電線路を代表する線間電圧であり、一般的に用いられる。最高電圧とは、その電線路に通常発生（事故時その他の異常電圧は除く）する最高の線間電圧である。公称電圧と最高電圧の間には次の関係がある。

【1 000 V 以下】

　最高電圧＝公称電圧×1.15÷1.1　　　　　　　　　　　　　　　　　　　　(1.1)

【1 000 V を超え、500 kV 未満】

$$\text{最高電圧} = \text{公称電圧} \times 1.15 \tag{1.2}$$

【500 kV 以上】

$$\text{最高電圧} = \text{公称電圧} \times (1.05、1.1 \text{または} 1.2) \tag{1.3}$$

また、公称電圧が 1 000 V 以下の場合は、その線路から電気の供給を受ける電気機械器具の定格電圧で表す。公称電圧が 1 000 V を超える電線路の公称電圧および最高電圧を表 1.2 に、公称電圧が 1 000 V 以下の電線路の最高電圧を表 1.3 に示す。

表 1.2　公称電圧が 1 000 V を超える電線路の最高電圧

公称電圧〔kV〕	最高電圧〔kV〕
3.3	3.45
6.6	6.9
11	11.5
22	23
33	34.5
66	69
77	80.5
110	115
154	161
187	195.5
220	230
275	287.5
500	525、550 または 600

表 1.3　公称電圧が 1 000 V 以下の電線路の最高電圧

公称電圧〔V〕	最高電圧〔V〕
100	115
200	230
100/200	115/230
230	265
400	460
230/400	265/460

1.1.3 電力系統の周波数

電力系統の周波数は、発電と需要（負荷）の需給をバランスさせる上で極めて重要な指標である。発電が需要を上回ると周波数は上昇し、下回れば低下する。周波数は発電機の回転速度に比例するため、時々刻々の負荷変動により発生し得るアンバランスに対して、発電側で調整することで周波数を所定の範囲内に収める運用をしている。

日本は明治時代に、当時の東日本側の電力会社であった東京電灯がドイツから50 Hzの発電機を導入し、西日本側の電力会社であった大阪電灯はアメリカから60 Hzの発電機を導入したため、その影響が現在まで続いている。静岡県の富士川を境に東日本の北海道・東北・東京エリアで用いられる50 Hzと、西日本の中部・北陸・関西・中国・四国・九州・沖縄エリアで用いられる60 Hzに分かれた状態となっている。

現在、周波数の異なるエリア間の連系設備（周波数変換装置）は、長野県の

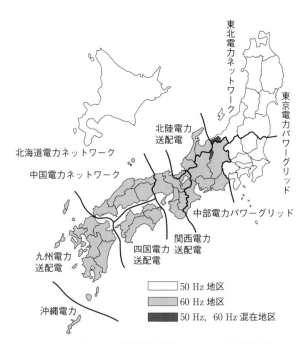

図1.2　日本の一般送配電事業者における管理周波数

新信濃、静岡県の佐久間と東清水の3カ所があり、需給逼迫時の電力融通や地域間の電力供給に利用されている。図1.2に日本の電力会社における管理周波数を示す。

1.1.4 送電方式

交流方式

交流はプラス電圧とマイナス電圧を交互に繰り返す特性があり、零点で電流の遮断が容易であることから、保護装置の規模が直流に比べコンパクトで済み経済的である。また、容易に電圧の昇降が可能であることから、交流方式が電力系統の主流である。配電系統は高圧と低圧で三相3線式、低圧で単相2線式、単相3線式、三相4線式を適用している。詳細については1.4節で述べる。

直流方式

直流は一定の周期で電圧のプラスとマイナスが変化する交流と異なり、常に一定の電圧を維持するという特性を持つ。また、大容量長距離送電に優位性があり、日本では異なる周波数の連系設備や海底ケーブルなどで採用している。また、実効電圧が同じだった場合、交流に比べ最高電圧が小さいことから絶縁が容易であるが、電流が0(ゼロ)になる点がないため、電流の遮断が難しい。

1.2 配電系統の構成

電力システムの全体像は1.1節(図1.1)で示したように、発電所で電力を発電した後に送電線を流れ、各変電所で電圧を下げ、配電線から各家庭へ流れている。本節では電力システム全体から配電系統のみに着目し、その構成について述べる。

配電系統における電圧の位置付けを図1.3、配電系統の概念図を図1.4に示す。配電系統では、まず始めに配電用変電所にて変圧器を用いて特別高圧(66

kV 等）を高圧（6.6 kV）に変換する。変換された高圧の電力は、高圧配電線を流れ、工場や商業施設などで利用される。また、高圧の電力は柱上変圧器で低圧の電力（100/200 V）に変換され、一般家庭などで利用される。電力品質には、主に周波数（北海道エリア：50±0.3 Hz、東日本エリア：50±0.2 Hz、中西日本エリア：60±0.2 Hz）と電圧（電灯 101±6 V、動力 202±20 V）が基準とさ

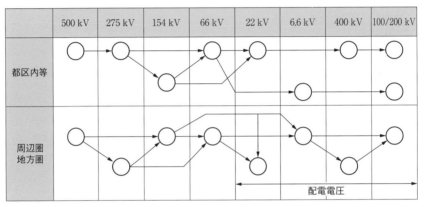

図 1.3　電力系統における配電電圧の位置付け [2]

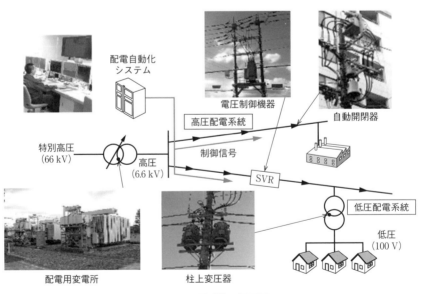

図 1.4　配電系統の概要図

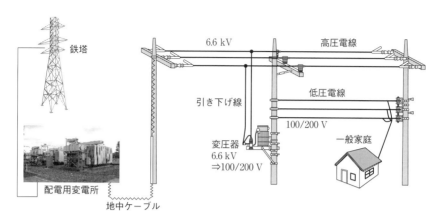

図 1.5　配電設備の構成例

れている。配電系統は、上位系統（特別高圧）に接続され周波数が管理されていることから、通常時は電圧を上記の適正範囲に収めることで運用している。家電製品や機器等はこの電圧範囲に対応した規格のため、電圧が維持できない場合には正常に動作しないことや不具合が発生する場合がある。

　そのため、配電自動化システムによる系統の電圧が適正範囲内に収まっていることの監視（5.3 節）や、配電用変電所の LRT および電圧制御機器（SVR）による電圧制御（3.1 節）、使用する電線を太線化することでインピーダンス値を低くして電圧降下（上昇）を抑えるため適正な電線を適用する（4.4 節）などを実施している。

　また、配電系統の高圧電線や低圧電線、電柱は図 1.5 のように敷設される。特別高圧の電気が、鉄塔から配電用変電所に送電線によって引き込まれ、配電用変電所内の変圧器により高圧に変換される。高圧に変換された電気は地中ケーブルを通過し電柱に沿って立ち上げられ、街中でよく見かける高圧電線に接続される。この高圧電線は電柱と電柱との間に張りめぐらされ、電力を輸送していく。さらに、高圧の電力は高圧電線より引き下げられた電線（引き下げ線）を通じて柱上変圧器に入り、ここで低圧に変換され低圧の電力となる。低圧の電力は低圧電線を流れた後に引込線によって一般家庭へと接続される。一般に、電力需要は面的に広がっていることから、配電設備も面的に広がっていくこととなる。電柱の工事や保守・メンテナンス、設備費用の観点から、配電設備は道路に沿って構築されるため、安全についても十分に考慮されている。

1.3 高圧（特高）配電系統の構成

　日本の配電ネットワークは、3.3 kV で送電していた時代から、電力需要の増加に伴って大電力が送電できる 22 kV、33 kV などのさまざまな送電方式が検討されたが、基本的には、高圧の電圧区分として最大レベルの 6.6 kV での送電が主流となっている。ただし、6.6 kV では送電容量が不足する高密度地域や変電所から遠い過疎地域で電圧降下が大きくなってしまう需要家へは、22 kV などの特別高圧での電力供給も実施している。

1.3.1 6.6 kV 系統構成

架空線と地中線

　架空線は、架空電線とそれを支える支持物（電柱や鉄塔など）や柱上変圧器等により構成される。送電容量が大きくかつ建設コストが安く経済的である特徴があり、一般的に整備される形態である。雷や雪などの自然災害や樹木および鳥獣などの他物接触による設備被害や地絡・短絡などの電気事故数は多いものの、発見・復旧については迅速に実施できる。地中線と比較してコストが10分の1程度と安いことや工事期間が短いことから、特段制約がなければ架空線で送電する。

　一方で、環境調和や設備建設・保安上の問題や近年の無電柱化推進の社会的要請に応えるため、道路管理者と合意した無電柱化する道路については、地中線を用いて送電する。地中線は、地中ケーブルや地上に配置する高圧ケーブルの分岐装置、低圧需要家へ供給するための変圧器等によって構成される。設備安全および経済性などの面から、架空線より総合的に有利な場合に用いられる方式であるが、関係法令や自治体との協定などによる制約がある場合や、架空配電線の施設が不可能もしくは極めて困難な場所にも適用されている。架空線に比べ自然災害の影響を受けにくく、供給信頼度が高いため繁華街などに多く適用される。一方で電気事故時の復旧には相当の時間を要する。

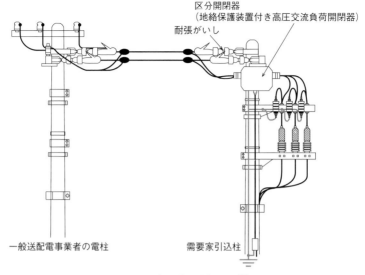

区分開閉器
（地絡保護装置付き高圧交流負荷開閉器）

耐張がいし

一般送配電事業者の電柱　　　　　　　需要家引込柱

図 1.6　高圧連系設備の例 [3]

供給方式

　6.6 kV の供給方式は、三相 3 線式で 1 需要場所 1 回線による連系を基本として行われる。設備としては図 1.6 のように高圧電力の供給が行われている。需要家へは三相 3 線式で引き込まれ、需要家設備の区分開閉器を介して供給されている。区分開閉器は、需要家設備内における電気事故が配電系統へ波及しないよう事故除去を目的として設置され、地絡保護装置付き高圧交流負荷開閉器（GR 付 PAS：Ground Relay 付 Pole Air Switch、地中線の場合は UGS：Underground Gas insulated Switch）と呼ばれている。

1.3.2　樹枝状方式の系統構成

　一般に、需要家は広い地域にわたって分散しているため、配電設備も面的に構築する必要がある。そのため、架空電線路が幹線と分岐線で形成される樹枝状方式の系統構成が主流である。図 1.7、図 1.8 に架空／地中高圧配電系統の一例をそれぞれ示す。系統構成にはそのほかに、別の線路と連系させ、環状に送

電するループ方式などもある。樹枝状方式は、下記のような利点、欠点がある。

☑ **利点**

・（ループ方式に比べ）建設費が安価
・流れる電流の向き（潮流）が把握しやすいことから、設備の運用・保護がしやすい
・需要の増加に際して電線を延長するだけで済むため、容易に対応できる

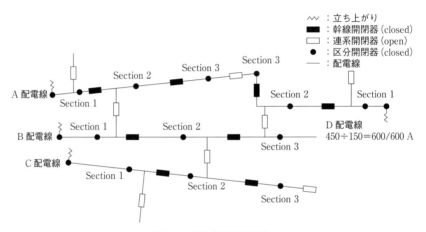

図 1.7　架空高圧配電系統

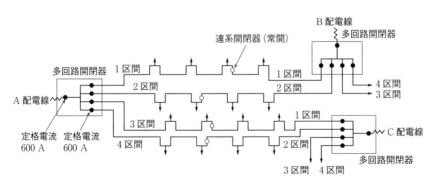

図 1.8　地中高圧配電系統

☑ 欠点

・他系統との連系が取りにくいため、系統において事故発生時には復旧するまで広域に長時間停電が続く

　日本では、事故発生時の配電線の停止範囲を極小化するため、樹枝状にしつつも、系統をいくつかの区間に区分し、それぞれに対して別の配電線と連系させている（多分割多連系）。そのため、事故区間を除いた健全区間については、系統構成を切り替えることで送電が可能となる（詳細については 2.2 節で述べる）。

1.3.3 特別高圧の系統構成

22 kV 対象エリア

　22 kV は特別高圧であり、鉄塔による供給が主流だったが、昭和 40 年頃から電柱でも送電できるようになり、一部地域で導入が進められた。

　22 kV 配電系は、配電線路こう長が長く配電線電圧降下が著しいため、適用対象は 6.6 kV 方式では設備形成が困難な箇所や、需要面で 22 kV 配電適用が有利な地域（埋め立て地区、内陸工業団地、ニュータウンなど、需要密度が高く、その地域形態、需要動向が明らかな場所）が選ばれている。また、その他新規発展が見込める地域で、現在の設備形態（22 kV 系統が地理的に近くにある）、道路状況（電柱設置スペースに制限がある）、需要構成（変電所から離れた地域に需要が密集している）等から 22 kV 配電方式が最も効率的と考えられる地域においても適用されている。なお、架空系統または地中系統とするかについては、需要密度や供給設備の設置スペースの確保や供給力確保が可能か否かによって判断される。

22 kV 配電線のネットワーク方式

　22 kV 供給方式には、下記の種類がある（図 1.9）。各方式には利点と欠点があり、負荷の状況により選択する。各方式の単線結線図と特徴を図 1.10〜図 1.14 および表 1.4 に示す。なお、2 回線以上の送電方式として、レギュラーネットワーク方式が導入された時期があったが、現在ではほぼ使用されていない。

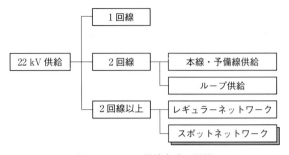

図 1.9 22 kV 供給方式の種類

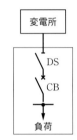

図 1.10 1 回線供給方式 [4]

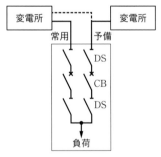

図 1.11 本線・予備線切替供給方式 [4]

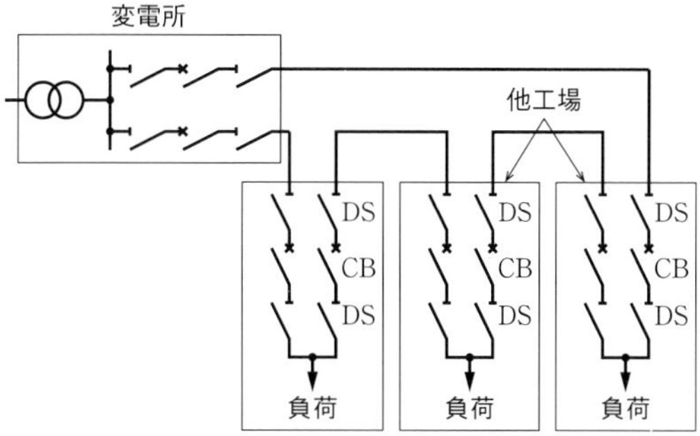

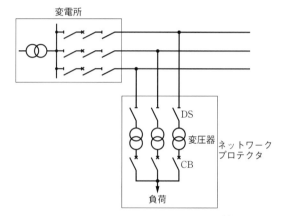

図 1.12　ループ供給方式 [4]

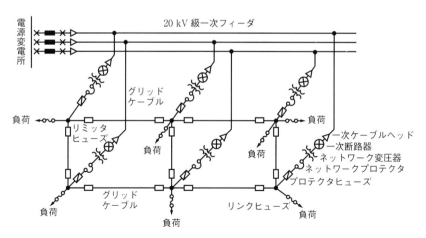

図 1.13　スポットネットワーク方式 [4]

図 1.14　レギュラーネットワーク方式

表 1.4　各供給方式の特徴

供給方式	特徴	電圧階級
1 回線供給	・最も簡単かつ経済的 ・送電線事故時に停電し、復旧時間は送電線復旧時間と同一となる	特別高圧、高圧、低圧受電に関し、全域で用いられている供給方式
本線・予備線切替供給	・送電線事故時、いったん停電するが予備線切替により、停電時間短縮が可能 ・電源停電に際しても、一方が残る可能性あり ・受電回線切替には停電必要	特別高圧、高圧需要家の希望による
ループ供給	・常時 2 回線受電となり、片回線事故では停電しない ・送電保守やメンテナンス時には、片回線ずつ停止することにより、停電不要 ・保護継電方式が複雑	特別高圧以上が主となる
スポットネットワーク	標準 3 回線の配電線にて受電をしていることから、各設備の容量を供給負荷の 1.5 倍に設計しておくことで、事故時に 2 回線となった場合においても供給を継続することが可能。これにより、点検や保守メンテナンスによる停電は不要となる。また、配電線停止時および復旧時の変圧器二次側遮断器の開放、投入が自動的に行われ保守が容易。ほかの特別高圧受電に比べ受電設備の縮小化が可能	・22 kV スポットネットワーク配電線対象エリアのみで適用される ・二次側の電圧階級は 400 V の低圧スポットネットワークと 6.6 kV の高圧スポットネットワーク方式がある ・保護装置が複雑で建設費が高くなることから、都心部の高層ビルや大工場などのように、極めて高密度な大容量負荷群に適用される
レギュラーネットワーク	・高負荷密度地域の商店街あるいは繁華街といった地域の一般需要家を対象として供給する方式 ・保護装置が複雑なため、建設費が高額となる	2 回線以上の 20 kV 級配電線から各々分岐して、100/200 V の需要家に供給し、どの回線に事故があっても無停電で供給を継続することが可能

1.4 低圧配電系統の構成

日本の低圧配電電圧は、100、200、100/200、415、240/415 V が採用されている。また、低圧配電線の電気方式は、電灯需要に対しては単相2線式100 Vおよび200 V、単相3線式100/200 V、低圧電力需要に対しては三相3線式200 Vが長期にわたって採用されてきた。これは、かつて家電製品に100 V機器が多く、電気の使用量も少なかったためである。その後、ライフスタイルの変化に伴い電気の使用量が増加したことから、現在では100/200 V単相3線式での供給が経済的に有利なため主流となっている。これに伴い、エアコンやIHヒーターなど200 V家電が一般家庭にも普及してきた。需要家に最も近い設備であるため、安全を考慮して必ず接地されていることが特徴である。

1.4.1 低圧系統の送電方式とそれぞれの特徴

表1.5に低圧系統の送電方式をまとめる。低圧配電系統は、一般家庭に送電

表1.5　各低圧系統の送電方式

送電方式	特徴
単相2線式（図1.15）	・電灯負荷に供給する際に使用 ・過去は主流であったが、1件あたりの電気の使用量が増加するにつれ、使われなくなってきている
単相3線式（図1.15）	・電灯負荷に供給する際に使用 ・200 V機器に送電できるため、電灯負荷供給方式の主流 ・中性線に流れる電流が相殺され、送電効率がよい ・200 Vで送電できるため、単相2線式の1/4の電力損失となる
三相3線式（図1.16）	・動力負荷を送電する際に使用 ・高圧と同じように3台の変圧器を用いて変圧することもできるが、電柱の上という設置箇所の制約や三相変圧器に比べて低コストで済む単相変圧器2台を組み合わせて送電できるため、V結線を用いることが多い
三相4線式（図1.17）	・電灯と動力両方に供給する際に使用 ・電灯負荷と動力負荷の変圧器を共用できるため、両方の負荷に送電する場合は最も効率的

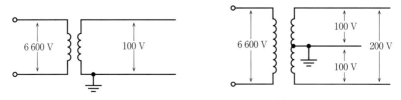

図 1.15 単相 2 線式と単相 3 線式 [5]

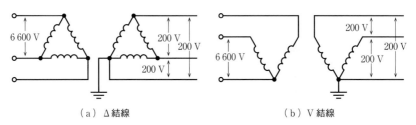

（a） Δ 結線 　　　　　　 （b） V 結線

図 1.16 三相 3 線式結線方式 [5]

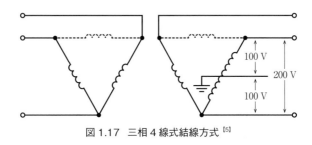

図 1.17 三相 4 線式結線方式 [5]

する電灯負荷（100 V）と小規模な工場やビル・農事用負荷などの動力負荷
（200 V）に送電することを目的としている。電灯負荷には単相 2 線式または単
相 3 線式で、動力負荷には三相 3 線式での供給が一般的である。

　動力負荷が多い場所では、三相 4 線式（電線 4 本）で送電した方が電線数や
変圧器数を減らすことができ、効率的である。一方、住宅地など動力負荷の少
ないエリアでは、単相 3 線式で基本的に送電し、動力負荷発生の都度、三相 3
線式で供給する（灯力分離方式）方が、変圧器や電線などの設備を最小限に抑
えることができる。

1.4.2 低圧系統の系統形式

樹枝状方式

樹枝状方式は変圧器単位に低圧線が分割されていて、その線路は新規需要発生の都度、新しく幹線や分岐線が作られ樹枝のように展開している。この方式は工事費が安いこともあり、最も多く採用されている。

低圧バンキング方式

低圧バンキング方式は図 1.18 のように、同じ高圧配電線路に接続する 2 台以上の変圧器の二次側低圧配電線をバンキングブレーカまたは区分ヒューズをもって接続し、変圧器相互の負荷の融通を図る方式である。この方式は、樹枝状方式と比較して事故や作業の際の停電範囲を縮小できるが、事故発生時の保護協調が適切でないと、カスケーディングが生じる恐れがある。

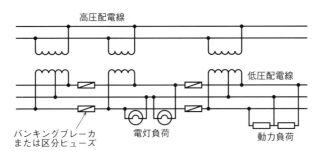

図 1.18　低圧バンキング方式

1.4.3 400 V 配電

400 V 配電は、古くからヨーロッパで採用されている。日本では、400 V 配電として、22 kV/400 V スポットネットワーク方式等が採用されている。主流となっている 100/200 V 配電と比較して、電圧を 2 倍に昇圧することから、電圧降下の低減、電力供給能力の増加および電力損失の低減に効果がある。

1.5 供給信頼度（電圧の安定、継続性）

電力の品質を表す基本項目としては停電、周波数、電圧の3つが多く用いられている。このうち、社会的影響の大きいものが停電、すなわち供給信頼度である。供給信頼度への指標としては、SAIDI と SAIFI が知られている。以下に、これらの指標についての説明を記す。

1.5.1 供給信頼度とは

供給信頼度とは、停電頻度や停電時間により評価される。供給信頼度が高いほど、停電が少ないという評価となる。

1.5.2 供給信頼度の評価指標（SAIDI、SAIFI）

評価指標として、世界的に使用されているのは下記の2つが挙げられる。これらの指標は極力小さい方がよいが、供給信頼度を高めるためには設備投資も高くなってしまうため、投資に対する供給信頼度の向上率を見ながら、適切な値を維持していく必要がある。

☑ **【停電時間】SAIDI（System Average Interruption Duration Index）**

1需要家あたりの年間平均停電時間〔分/年〕

$$1需要家あたりの年間平均停電時間 = \frac{\sum(低圧電灯需要家停電時間)}{低圧電灯需要家口数} \quad (1.4)$$

☑ **【停電頻度】SAIFI（System Average Interruption Frequency Index）**

1需要家あたりの年間平均停電回数〔回/年〕

$$1需要家あたりの年間平均停電回数 = \frac{\sum(停電低圧電灯需要家口数)}{低圧電灯需要家口数} \quad (1.5)$$

1.5.3 供給信頼度を高めるための対策

供給信頼度を高めるために、一般送配電事業者は下記のような対策を実施している。

・配電線事故を減少させるための設備更新
・停電時間短縮のための自動化（IT化）
・事故時切替を考慮した系統対策

また、十分な供給信頼度を確保するために、下記のような系統対策を標準として、単一設備事故に備えている。

供給回復

事故区間を除く健全区間に対して、短時間に供給回復ができることを原則とする。

多段切替

事故発生変電所（送電線）から供給していた負荷を他変電所へ切り替えることを1段切替、1段切替により切替先変電所が過負荷となる場合にさらに他配電用変電所に負荷を切り替えることを2段切替、2段切替により切替先変電所が過負荷となる場合にさらに他変電所へ切り替えることを多段切替と呼ぶ（3段切替以降は何段切替でも総称して多段切替と呼ぶ）。自動化配電線においては、多段切替についても考慮する。

日本と世界の信頼度の比較について、図1.19、図1.20に示す。諸外国と比較すると、日本の停電回数の少なさおよび停電時間の短さが際立っている。このことから、世界有数の超過密地域・中央官庁密集地域において日本における電力品質は世界トップクラスの水準であることがわかる。

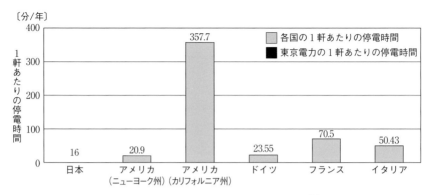

図1.19　1軒あたりの停電時間の国際比較 [6]

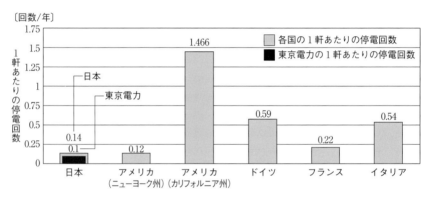

図1.20　停電回数の国際比較について [6]

1.6 中性点接地の目的と種類

1.6.1 中性点接地の目的

　中性点接地とは、変圧器や回転機の中性点を適切なインピーダンス（直接接地、抵抗接地、リアクトル接地、非接地）を経由して大地に接地することをいう。

　電力系統において、中性点が接地されていない場合、配電系統の地絡故障時に異常電圧が発生して機器の絶縁破壊につながる、または地絡電流を故障検出

できなくなるなど、さまざまな障害が生じる恐れがある。そのため、中性点を接地する目的は、以下の通りである。

・地絡故障時に生じる異常電圧の抑制および線路や機器の絶縁確保
・地絡故障発生時の保護継電器の確実な動作
・消弧リアクトル接地方式における1線地絡時の地絡アークの消弧および継続送電

1.6.2 中性点接地方式

　電力系統の故障発生時に、地絡保護装置の確実な動作、異常電圧の抑制、故障点および他の機器の損傷軽減を十分に発揮できる接地方式を取ることが求められる。電圧階級別の中性点接地方式について**表1.6**に示す。

　一般的には、187 kV を超える超高圧以上の送電系統では、直接接地を採用することで異常電圧の抑制、および線路や機器の絶縁の確保、保護継電器の確実な動作などのメリットが得られる。一方、通信線と共架されることが多い配電系統では、高抵抗接地や消弧リアクトル接地にすることで中性点に大電流が流れず、過渡安定度の向上、通信線の誘導障害防止、故障点の損傷と機器への機械的ショックの低減などのメリットが得られる。そのため、電圧階級によって必要とする接地方式を選定する必要がある。

表 1.6　各中性点接地方式（電圧階級別）

接地方式	電圧階級〔kV〕					
	6.6 kV	22 kV 〜 33 kV	66 kV 〜 77 kV	110 kV 〜 154 kV	187 kV 〜 220 kV	275 kV 以上
非接地	○					
抵抗接地		△※2	△※3	○		
消弧リアクトル接地			○			
補償リアクトル接地	△※1		○	○		
直接接地					○	○

※1　一部での電力会社で採用
※2　線路こう長が長い場合
※3　消弧リアクトル接地が取り付けられない場合

非接地方式

　この方式は、図 1.21 に示すように中性点を接地しない方式で、主に 33 kV 以下の系統で短距離系統に採用される。この方式の利点、欠点は以下の通りである。ただし、実際には地絡事故電流検出のために設置をする接地変圧器（EVT：Earthed Voltage Transformer）を介して接地が施されている。

☑ **利点**

- 1 線地絡故障電流は、3 線の充電電流の総和にほぼ等しく小さいため、過渡安定度が高く、通信線への誘導障害や作業者の安全上もほぼ問題とならない
- 単相変圧器 3 台で Δ 結線にした場合、変圧器の故障や点検修理で作業するときなどに、一時的に V 結線として電力供給できる

☑ **欠点**

- 1 線地絡時の健全相の対地電圧は常時の $\sqrt{3}$ 倍に上昇するため、線路や機器の絶縁レベルに注意が必要になる
- 長距離系統に適用した場合、1 線地絡故障時、大きな故障電流が流れ、間欠的にアーク地絡となり異常電圧を発生することがある

抵抗接地方式

　図 1.22 に示すように抵抗で中性点を接地する方式で、主に 22〜154 kV 系統で採用されている。中性点に数十 Ω 程度の抵抗を用いた場合は低抵抗接地方

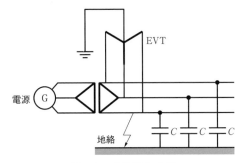

図 1.21　非接地方式 [7]

式と呼ばれ、特徴は直接接地方式に近くなる。一方、数百 Ω 程度の抵抗を用いた場合は高抵抗接地方式と呼ばれ、非接地方式に特徴は近くなる。この方式の利点、欠点は以下の通りである。

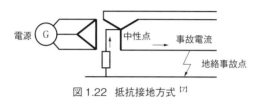

図 1.22　抵抗接地方式 [7]

☑ 利点

- ・直接接地方式と比べて抵抗値が大きいため、地絡故障電流が小さい
- ・通信線への誘導電圧を抑え、電磁誘導障害の低減が可能

☑ 欠点

- ・地絡故障電流が大きく、通信線に与える電磁誘導障害が大きいため、迅速な故障検出および遮断が必要となる。遮断器の遮断容量の選定にも注意が必要
- ・地絡故障に対する過渡安定度が低くなる
- ・地絡故障電流は大きいため、直列機器に与える機械的衝撃が大きい

消弧リアクトル接地方式

図 1.23 に示すように、系統の対地静電容量と並列共振するインダクタンス値を持った消弧リアクトルで中性点を接地する方式で、主に 66 kV の架空系統

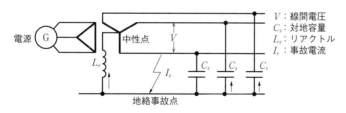

V：線間電圧
C_s：対地容量
L_e：リアクトル
I_e：事故電流

図 1.23　消弧リアクトル接地方式 [7]

で多く採用されている。この方式の利点、欠点は以下の通りである。

☑ 利点

- 1線地絡故障時の対地充電電流（進み電流）を、消弧リアクトルへ流れる電流（遅れ電流）により打ち消し、故障点のアークを消弧させることにより、停電および異常電圧の発生を防止できる
- アークを消弧することで、継続して電力供給が可能
- 1線地絡故障電流が小さいため、過渡安定度が高く、通信線への誘導障害もほぼ問題とならない

☑ 欠点

- 1線地絡故障が永久故障の場合は地絡継電器が動作できない。そのため、消弧リアクトルに並列抵抗を入れて、抵抗系として抵抗器電流を流し、選択遮断が必要
- 消弧リアクトルにおいて、$\omega Le > 1/(3\omega Cs)$ となるような Le を使う場合（不足補償という）、異常電圧発生の危険があるため、系統の変更などに際して運用上十分な注意が必要

補償リアクトル接地方式

抵抗接地方式をケーブル系統に接続する場合には、ケーブルの持つ静電容量により電流値が進みとなることから、保護継電器の考え方が複雑になってしまう。そのため、中性点に取り付けた抵抗に対し補償リアクトルを並列に取り付けることでケーブルの持つ静電容量を打ち消し、抵抗成分のみとすることができることから、保護継電器の動作を確実にする。

直接接地方式

図1.24に示すように直接変圧器の中性点を接地する方式で、主に275 kV以上の送電系統で採用されている。この方式の利点、欠点は以下の通りである。

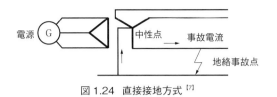

図 1.24 直接接地方式 [7]

☑ 利点

- 1線地絡故障時の健全相の電圧上昇はほとんどないため、線路や機器の絶縁の低減が可能
- 変圧器の中性点は常にほぼ零電位に保たれているため、変圧器に段絶縁方式（遠端から中性点に近いほど中性点電位が低いため、絶縁レベルを低減する方式）を採用できる
- 各接地方式の中で最も地絡故障電流が大きいため、事故検出が確実であり、保護継電器の動作の信頼性は高い

☑ 欠点

- 地絡故障電流が大きく、機器保護の観点から迅速な故障検出および遮断が必要
- 近接して施設される通信線に与える電磁誘導障害も大きいため、適切な離隔距離が求められる
- 地絡故障に対する過渡安定度が低くなる
- 地絡故障電流は大きいため、直列機器に与える機械的衝撃は大きい

1.6.3 中性点の有効接地

　1線地絡故障時の健全相の対地電圧の上昇値は、中性点の接地インピーダンスによって大きく影響される。相電圧の 1.3 倍を超えない接地方式を有効接地方式といい、1.3 倍を超える接地方式を非有効接地という。有効接地方式の代表例として、直接接地方式や低抵抗接地方式が挙げられる。系統において、a相で地絡故障時、健全相の $\dot{V}_b$ と $\dot{V}_c$ は、故障点抵抗を 0（ゼロ）とした場合、次式の通りとなる。なお、対称座標法やベクトルオペレータの計算についての説

明は、1.8 節にて述べる。

$$\begin{cases} \dot{V}_b = \dfrac{\{(a^2-1)\dot{Z}_0+(a^2-a)\dot{Z}_2\}\dot{E}_a}{\dot{Z}_0+\dot{Z}_1+\dot{Z}_2} \\ \dot{V}_c = \dfrac{\{(a-1)\dot{Z}_0+(a-a^2)\dot{Z}_2\}\dot{E}_a}{\dot{Z}_0+\dot{Z}_1+\dot{Z}_2} \end{cases} \tag{1.6}$$

ただし、a はベクトルオペレータ、$\dot{E}_a$ は a 相の相電圧、$\dot{Z}_0$、$\dot{Z}_1$、$\dot{Z}_2$ は故障点から見た系統の零相、正相、逆相インピーダンスとする。

ここで、$\dot{Z}_0=R_0+\mathrm{j}X_0$、$\dot{Z}_1=\dot{Z}_2=\mathrm{j}X_1$ および $m=\dfrac{X_0}{X_1}$ とした場合、健全相（ここでは b 相）の電圧倍数は次式となる。

$$\frac{\dot{V}_b}{\dot{E}_a} = \frac{\left(-\dfrac{3}{2}-\mathrm{j}\dfrac{\sqrt{3}}{2}\right)(k+\mathrm{j}m)+\sqrt{3}}{k+\mathrm{j}(m+2)} \tag{1.7}$$

$m=\dfrac{X_0}{X_1}$ に対し、$k=\dfrac{R_0}{X_1}$ を健全相の電圧倍数 $\left(=\left|\dfrac{\dot{V}_b}{\dot{E}_a}\right|\right)$ を図示すると。図 1.25 のように描ける。

同図において、$k=0$ の $-1<m<4$ の範囲では健全相において大きな電圧が発生している。これは不足補償としたためである。一方、m が正となる過補償

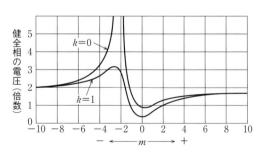

図 1.25　健全相の電圧倍数 $\left(=\left|\dfrac{\dot{V}_b}{\dot{E}_a}\right|\right)$ [7]

の範囲では、$\sqrt{3}$ 倍を超える電圧は発生せず、特に $k \leq 11$ の $1 < m < 3$（過補償）の範囲では 1.3 倍を超える電圧は発生しない。

以上のことから、式（1.8）の条件を満足すると 1 線地絡故障時の健全相の電圧倍数は 1.3 倍以下となり、有効接地となる。

$$\begin{cases} R_0 < X_1 \\ X_0 < 3X_1 \end{cases} \tag{1.8}$$

ただし、R_0 は零相回路の抵抗、X_0、X_1 はそれぞれ零相リアクタンス、正相リアクタンスとする。

1.7 異常電圧

1.7.1 配電系統に生じる異常電圧の種類

電力系統における実際の電圧は系統の運転状態によって変わるが、系統ごとに公称電圧と呼ばれる値を用いて表現されることもある。正常な運転状態で発生する系統電圧の最高値を最高電圧と呼び、電力系統および電力機器の絶縁は、この最高電圧を基にして決められている（表 1.7）。

電気規格調査会（JEC：Japanese Electrotechnical Committee）は、「電気機械器具・材料などの標準化に関する事項を調査審議し、電気分野における標準化を通して、広く社会に貢献すること」を目的とし、その目的達成のため、次の事業を行っている [8]。

(1) 電気学会電気規格調査会標準規格（JEC 規格と称する）の制定および普及
(2) 本会が担当する分野の IEC※規格に係わる審議
(3) 本会が担当する分野の日本産業規格（JIS）に係わる審議
(4) 国内外の標準化機関との協力および連携
(5) その他、(1) ～ (4) の目的を達成するために必要な事業

※ IEC：International Electrotechnical Commission（国際電気標準会議）

表 1.7　国内配電線の公称電圧と最高電圧（JEC-158）

公称電圧〔kV〕	3.3	6.6	11	22	33
最高電圧〔kV〕	3.45	6.9	11.5	23	34.5

　ここで、電力機器の最高電圧（機器最高電圧と呼ばれる場合もある）とは、機器が正常に動作する使用限度であり、この値は機器が接続されている線路の最高電圧と同じである。最高電圧を U_m として、対地で $\frac{U_m}{\sqrt{3}}$、線間で U_m を超える電圧値は、過電圧（異常電圧と呼ばれることもある）と呼ばれており、過電圧には次の種類がある。

　・雷過電圧
　・開閉過電圧
　・短時間交流過電圧

　線路を進行する雷過電圧、開閉過電圧はそれぞれ雷サージ、開閉サージと呼ばれるが、しばしば過電圧とサージは同意義に用いられる。これに対し、同じ波形でも試験に用いる発生電圧はインパルスと呼ばれている。また、雷過電圧は雷から発生し、ほかの過電圧は電力系統内から発生する点から、前者を外部異常電圧や外雷、後者を内部異常電圧や内雷と呼ぶことがある。

雷過電圧

　雷撃により配電系統に生じる過電圧であり、配電設備に直接落雷する直撃雷（図 1.26）による過電圧のほか、配電設備近傍への落雷により線路に誘導される過電圧がある。雷過電圧は、数百 kV 以上にもなるが、継続時間は短く通常数十マイクロ秒以下で、繰り返し発生することもある。

開閉過電圧

　変電所遮断器の投入などに伴い線路に発生する過電圧で、通常は雷過電圧より持続時間が長く、数百マイクロ秒から数ミリ秒のオーダである。全ケーブルなどの単純な系では、通常その値は常規対地電圧波高値の 2 倍程度以下であ

図 1.26 配電設備への直撃雷

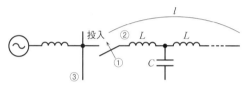

図 1.27 投入サージ [9]

るが、架空線とケーブルが混在することで系統中にインピーダンス不整合がある場合は、その値は 3 倍以上にまで上昇し、22 kV の実系統で約 3 倍の値が測定された例もある。

　また、一般的な配電系統では、事故発生時に変電所遮断器をいったん開放し、再投入（図 1.27 ①）する運用を行うのが通例であるが、この再投入の際に線路（図 1.27 ②）で地絡状態が継続している場合には、健全相（地絡を生じていない相）（図 1.27 ③）の運転電圧が常規対地電圧よりも上昇するため、健全相に生じる開閉過電圧はさらに高い値となり得る。

短時間交流過電圧

　短時間交流過電圧は、数ミリ秒から数秒の過電圧を意味し、雷や開閉過電圧に比べて持続時間の長い過電圧である。短時間交流過電圧の主なものは、周波数が電力系統と同じ過電圧（商用周波過電圧と呼ぶ）で、代表的な過電圧に 1 線地絡時の健全相対地電位上昇が挙げられる。変圧器中性点を直接接地する系統では、地絡故障時でも変電所における健全相の対地電位上昇はほぼ 0（ゼロ）であるが、抵抗接地系もしくは非接地系を採用している配電系統の場合では、

1線地絡時の健全相対地電位は最大1.7倍まで上昇する。

　ここで系統に生じる各種過電圧に対して、避雷器の効果や線路運用形態などの要素も見込んだ最大発生過電圧を想定する必要がある。この過電圧に対して、機器の絶縁特性や経年による機器の劣化等を考慮し、長期間にわたる機器の運転を保証するために初期に具備すべき絶縁耐力のことを必要耐電圧という。

◤ 1.7.2 配電機器に求められる必要耐電圧・試験電圧

　必要耐電圧を検証するために実施する耐電圧試験に用いる電圧値を、試験電圧と呼ぶ。「試験電圧標準（JEC-0102）」における耐電圧試験には、雷インパルス耐電圧試験、短時間商用周波耐電圧試験、長時間商用周波耐電圧試験の3種類が規定されており、有効接地系（187 kV以上）では雷インパルス耐電圧試験と長時間商用周波耐電圧試験、非有効接地系／非接地系（154 kV以下）では、雷インパルス耐電圧試験と短時間商用周波耐電圧試験が規定されている。従って、非有効接地系／非接地系における雷過電圧と短時間商用周波過電圧については、機器が必要耐電圧を有しているか否か直接試験を行い検証している。一方で開閉過電圧に対しては、雷インパルス耐電圧試験もしくは短時間商用周波耐電圧試験をもって検証することになるため、異なる種類の過電圧を等価換算するための「換算係数」が用いられる。換算係数は、機器の種類ごとにマイクロ秒から数分にわたるV-t特性を調査し、開閉インパルス耐電圧から雷インパルス耐電圧、開閉インパルス耐電圧から短時間商用周波耐電圧にそれぞれ換算するための係数を求めたものである。この係数は開閉インパルス耐電圧を雷インパルス耐電圧もしくは短時間商用周波耐電圧に換算する場合にのみ用いられ、逆方向の換算には用いられない。

　JEC-0102による配電電圧クラスの試験電圧を表1.8にまとめる。表1.9において、短時間商用周波耐電圧試験値と公称電圧の比を求めると、電圧階級が低いほどその値が大きくなる。すなわち公称電圧に対して試験電圧が高くなる傾向があるが、これは先に述べたように、6.6 kV以下の非接地系においては、間欠アーク地絡による持続性過電圧を考慮する必要があるためである。絶縁強度は、機器の寸法と重量、つまりコストに直接影響するので、何段かの代表的な値によって機器の絶縁設計の標準化を図っている。これを表すものが絶縁階

級であり、号数で示される。1つの公称電圧に対して、各絶縁階級について雷インパルスと商用周波の耐電圧試験電圧値が定められている。

表1.8 配電電圧クラスの試験電圧一覧

公称電圧〔kV〕	絶縁階級〔号〕	雷インパルス耐電圧試験〔kV〕	短時間商用周波耐電圧試験（実効値）〔kV〕
3.3	3A	45	16
	3B	30	10
6.6	6A	60	22
	6B	45	16
11	10A	90	28
	10B	75	
22	20A	150	50
	20B	125	
33	30A	200	70
	30B	170	

※絶縁階級の記号（A・B）は以下を示すもの
A：B以外
B：雷サージ侵入の少ない場合、あるいは避雷器などの保護装置によって異常電圧が十分低いレベルに抑制される場合

1.8 電力系統の絶縁設計

1.8.1 絶縁協調とは

　電力系統に適用される機器は、通常の運転電圧に対してはもちろん、過電圧に対しても絶縁耐力を有している必要がある。しかしながら、機器における絶縁耐力が、過剰に高いことも望ましいことではない。絶縁協調とは、電力系統の設備、機器の絶縁に関して技術上、経済上ならびに運用上からみて最も合理的な状態になるよう協調を図ることと定義されている。より具体的には、線路、機器等の絶縁設計にあたって、系統に生じる各種過電圧に対して、避雷器の効果や線路運用形態等の要素も見込んだ最大発生過電圧を想定し、この過電

圧に対して、機器の絶縁特性や経年による機器の劣化その他を考慮し、相互間の協調が取れた絶縁強度とすることによって、最小限の費用で絶縁の目的を達成することである。

1.8.2 配電系統における絶縁協調の考え方

配電電圧クラスでは、絶縁レベルが低く完全な雷保護は不可能であることから、系統に通常発生し得る内部異常電圧（開閉過電圧・短時間商用周波過電圧）に対しては系統の絶縁で耐えることとし、これに気象条件その他を加味して、耐雷・耐塩方策を施すことが一般的である。以下、JEC-0102制定時の考え方にならい、抵抗接地系、非接地系のそれぞれで絶縁協調手法を整理する。

抵抗接地系（22 kV 級・11 kV 級）

○短時間交流過電圧に対する協調

系統設備はその耐用年数の間、非汚損時の系統に発生する短時間交流過電圧に対して100％耐える絶縁とし、避雷器による過電圧保護は行わない。短時間交流過電圧としては、通常、1線地絡事故時に健全相対地電圧が達し得る最高値を選定する。また、非接地系でその発生が危惧される間欠アーク地絡による過電圧は、抵抗接地系では零相電圧が積み上がらないため、高い過電圧が発生する頻度は極めて稀と考えられており、通常は考慮しない。

○開閉過電圧に対する協調

開閉過電圧で発生する最大値の98％の大きさに耐え得る設備形成を実施し、残りの2％のごく稀に発生する過大な開閉過電圧は避雷器により保護をするものとする。なお、避雷器と被保護機器の開閉過電圧に対する保護裕度は通常15％程度が見込まれる。一般的に配電系統では、電線サイズの変更点や架空線とケーブルが混在することによるインピーダンス不整合により、サージ進行波の複雑な透過・反射が発生し、系統条件によっては高い開閉過電圧が生じることがあるが、近年の都市部でみられる全ケーブル系統では、そうした過電圧が発生し得ないことから、より低位の絶縁レベルを採用する傾向がある。

○雷過電圧に対する協調

配電系統においては、線路上に機器が分散配置され、避雷器による雷過電圧保護が不可欠であることから、避雷器制限電圧と被保護機器絶縁レベルの保護裕度は 20% 以上必要であると考えられている。なお、ケーブル系統など、雷サージ進入の恐れがない系統には避雷器を配置しないこととしている。

非接地系（6 kV 級・3 kV 級）

絶縁協調に関する基本的な考え方は、抵抗接地系の場合と同様、系統に生じる内部異常電圧に対しては系統自体の絶縁で耐えることとし、雷過電圧に対しては、線路絶縁と避雷器等の耐雷機材の組み合わせによりフラッシオーバ事故を極力抑えようとするものである。日本における配電線の線路絶縁は、雷害対策としては避雷器と架空地線を適宜組み合わせて施されており、避雷器は線路保護と機器保護の両方に用いられている。近年では、さらに避雷信頼度を高める方策として機器保護用の避雷素子を変圧器や開閉器に内蔵する方法も採用されている。6.6 kV 以下の配電系統においては、耐雷対策が各社一様ではないことに加えて、現行の絶縁レベルで非接地系固有の間欠アーク地絡も含めて内部異常電圧である JEC-0167 の試験電圧値が用いられている。

1.9 高調波

1986 年 7 月から 1987 年 5 月にかけて、通産省資源エネルギー庁長官の私的懇談会である電力利用基盤強化懇談会で高調波問題が取り上げられ、国内の実態と海外の動向を調査して、高調波に対する今後の取り組み方についてまとめられた。そこで高調波環境レベルの目標値として総合電圧ひずみ率において 6.6 kV 配電系 5%、特別高圧系 3% が妥当であると述べられ、機器から発生する高調波電流を適正なレベルに維持または抑制することが必要であると指摘された。

これを受けて 1987 年 11 月から 1990 年 6 月には電気協同研究会に高調波対策専門委員会が設置され、高調波発生機器の普及率と需要予測などを考慮する

と、高調波環境レベルの目標値を維持するためには、高調波の発生量を家電・汎用品は25%抑制、高圧または特別高圧需要家では50%抑制することが必要であることが示された[10]。

現在、JIS C 61000-3-2[11] および「高圧又は特別高圧で受電する需要家の高調波抑制対策ガイドライン[12]」（以下、高圧需要家ガイドライン）によって、需要家の機器から発生する高調波を抑制している。

■ 1.9.1 高調波の発生メカニズム

高調波とひずみ波形

日本の電力系統は、東日本では50 Hz、西日本では60 Hzの周波数の交流であり、この50 Hz、60 Hzの周波数を商用周波数と呼んでいる。この商用周波数の波を基本波と呼び、その整数倍の周波数の波を高調波という。発電所で発生しようとしている電気は、商用周波数の周波数成分、つまり基本波成分だけを持つ正弦波をした波であるが、これに高調波が加わると波形が変わってくる。基本波成分だけを持つ波形（正弦波）に、第5調波成分を順次その含有率を変えて加えていくと図1.28に示すような波形になる。このように基本波に高調波が加わるとひずんだ波形（正弦波ではない波形）となる。

商用周波数が50 Hz系の場合には、3倍の周波数である150 Hz、5倍の周波

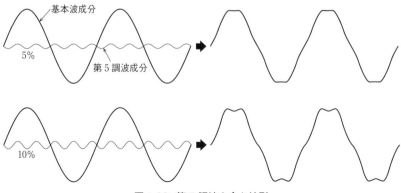

図1.28 第5調波を含む波形

数である 250 Hz などが高調波であり、それぞれ第 3 調波、第 5 調波（または三次、五次）などと呼ぶ。どの程度まで高い周波数を高調波に含めるかは厳密な定義はないが、一般的には第 40 調波程度までをいう。すなわち、電力の場合には高調波というと通常は商用周波数に加わっている 2～2.5 kHz 程度までの商用周波数の整数倍の周波数を指す。

高調波電流の発生

電力会社の発電所では、主に同期発電機などの回転機を用いて発電されているため、ひずみのない正弦波の電力を送電している。しかし、電気を使用する場所で電圧を測定すると多かれ少なかれ電圧がひずんでおり、完全な正弦波をしていることはない。その理由は電力系統にひずんだ電流、すなわち高調波を含んだ電流が流れているからである。正弦波の電圧に負荷機器の高調波電流が流れると、電圧波形はひずむことになる。

高調波電流が流れる代表的なものはテレビ、パソコン、ビデオなどのいわゆる電子機器、ならびにインバータエアコン、インバータ冷蔵庫などのインバータ機器である。これらの機器は直流に整流する過程で電流にひずみが生じる。これらの機器の電源に用いられているのは、コンデンサインプット型整流回路と呼ばれる。これは単相交流を直流に変換する回路の基本形である。さまざまなバリエーションの回路があるが、基本的には同じ形の電流波形となる。この電源回路の機器では電源の交流電圧の瞬時値が高くなる半波の中心部分だけ電流が流れ、図 1.29 のような波形になる。

三相機器にも図 1.29 のようなコンデンサ平滑回路が使われている。用途は汎用インバータや大型のインバータエアコン、エレベータなどがある。単相のコンデンサ平滑回路の電流は、半波の中に山が 1 つできる波形であったが、三

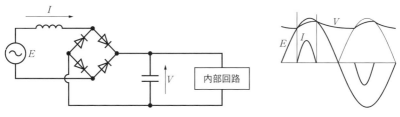

図 1.29　コンデンサ平滑回路とその電流波形

相回路では半波の中に2つの山ができる。三相機器は三次、九次などの3の倍数調波は原理的には含まれないが、電力系統で最も問題になっている第5調波の含有率は単相も三相もほぼ同じである。

非線形負荷と高調波電流源

通常の整流回路では、たとえ正弦波の電圧がかかっていても正弦波の電流は流れない。このように、電圧に対して電流が線形に対応しない負荷を非線形負荷と呼ぶ。

高調波の現象を検討する場合には、これらの非線形負荷を高調波の電流源として取り扱うことが多い。非線形負荷も負荷であるのに電流源という呼び方をしている理由を説明する。

図1.30に示すように、100Vの電源に非線形負荷が接続されている回路で考える。この非線形負荷に、基本波電流 I_1 と高調波電流 I_N がそれぞれに5A流れているとする。負荷にかかる基本波電圧 V_1 は、(a)のように Z での電圧降下によって100Vから85Vになる。高調波についても同様に考えると、電源電圧に高調波は含まれていないので(b)のようになる。つまり負荷にかかる高調波電圧 V_N は、高調波の電源電圧の0Vから Z における15Vの電圧降下によって -15V になる。

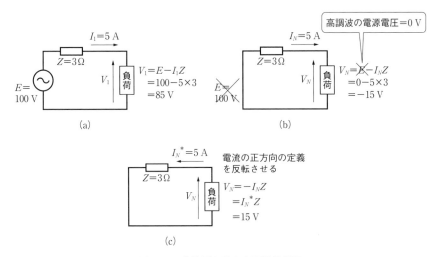

図1.30 非線形負荷と高調波電流源

（b）では電流の向きを左から右に正方向としているが、電流の向きを反対にして右から左に向いたものを $I_N{}^*$ とすると、$I_N{}^*=-I_N$ であるから、$V_N=-I_NZ=I_N{}^*Z$ として（c）のような回路で表される。

（c）を見ると非線形負荷から高調波電流が電源に向かって流れているものと考えることができ、非線形負荷端の電圧もその地点から電源側を見たインピーダンスとそこに流れる高調波電流との積によって求められる。

電流源とは内部インピーダンスが無限大であり、系統のインピーダンスが変化しても一定の値の電流値が流れるものである。非線形負荷がこの条件を満たしているかを考える。

電力系統は系統の切り替えを行ったり、発電機が接続されたり解列されたりして時々刻々と系統のインピーダンスは変化している。しかし、例えばテレビの電流波形を観測してもほとんど変化はない。また各家庭から電源側を見た系統インピーダンスは配電線の長さなどにより異なっているはずであるが、実際の家電機器の電流波形はほぼ同じである（図1.31）。これは系統インピーダンスが変化しても発生する高調波電流値は変わらないということであり、電流源といえる。

厳密にいえば系統インピーダンスによって電流波形は変化しており、発生する高調波電流値も変化している。しかし、もともと系統インピーダンスは機器インピーダンスと比べるとかなり小さいため、その変化分となるとさらに小さくなり、電流に与える変化はわずかである。従って、一般には非線形負荷を電流源として取り扱うことができる。

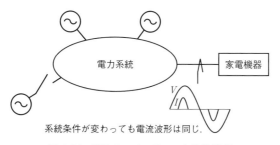

系統条件が変わっても電流波形は同じ.

図1.31　電源インピーダンスと電流波形

高調波電圧の発生

　高調波電流の発生だけでは、あまり大きな問題とならないが、高調波電流により高調波電圧が発生すると電圧がひずむため問題となる。

　高調波電流の発生源である非線形負荷は、自分自身にかかる電圧だけでなく他の負荷にかかる電圧もひずませてしまうことになる。電力系統の電圧ひずみは、系統に接続されている電気機器から流入する高調波電流がそれぞれ分流して流れた結果、電圧を生じることにより、系統全体として電圧源的に確立していると考えられる。

　近年、オフィスには、LED 照明機器と、パソコン、プリンタなどの OA 機器が普及している。これらの OA 機器の多くはコンデンサ平滑型電源回路であるので、電圧波形の瞬時値が大きい中心部分だけ電流が流れる。この電流が流れることによる電圧変化は電圧の正弦波の中心部分だけで起こる。そのため最近のオフィスの電圧波形を測定すると、図 1.32 のように正弦波の山の中心部分がへこんだ波形となっていることが多い。

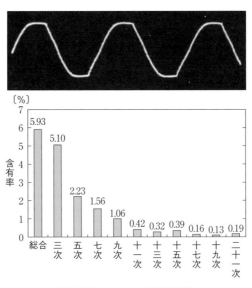

図 1.32　オフィスの電圧波形

1.9.2 高調波電圧の実態

電力系統の高調波電圧の推移

各電力会社では、毎年電圧ひずみの実態調査を行っている（図1.33）。

【測定対象】各一般送配電事業者で高調波障害が発生していない一般的な系統から代表変電所を選定し、その母線の電圧ひずみ率を測定

【測定時期】10月の金曜日から火曜日までの連続5日間、毎正時

【測定次数】総合、三次、五次、七次、十一次、十三次、十五次の各調波

　総合電圧ひずみ率とは、次式により全高調波次数の実効値の二乗和平方根を、基本波の実効値で割ったものを百分率で表現したものである。

総合電圧ひずみ率（THD：Total Harmonic Distortion）

$$\mathrm{THD} = \frac{\sqrt{\sum_{n=2} V_n^2}}{V_1} \times 100 \ (\%) \tag{1.9}$$

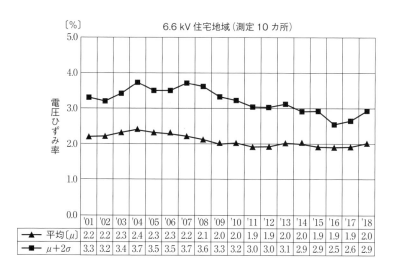

	'01	'02	'03	'04	'05	'06	'07	'08	'09	'10	'11	'12	'13	'14	'15	'16	'17	'18
▲ 平均〔μ〕	2.2	2.2	2.3	2.4	2.3	2.3	2.2	2.1	2.0	2.0	1.9	1.9	2.0	2.0	1.9	1.9	1.9	2.0
■ μ+2σ	3.3	3.2	3.4	3.7	3.5	3.5	3.7	3.6	3.3	3.2	3.0	3.0	3.1	2.9	2.9	2.5	2.6	2.9

6.6 kV 住宅地域（測定 10 カ所）

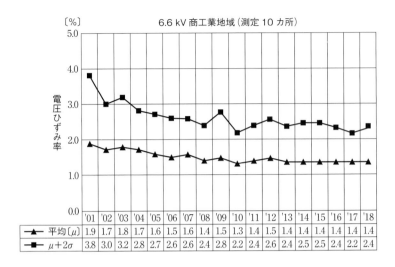

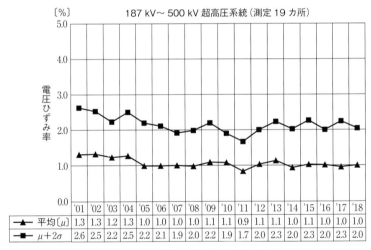

図 1.33 高調波電圧の年次変化 [13]

　実際にはすべての次数は測定できないので、測定した次数だけで計算することになる。この値は比較的大きい第5調波が支配的になり、成分が小さな高い次数を考慮に入れて計算しても総合電圧ひずみ率はあまり変わらない（図1.34）。

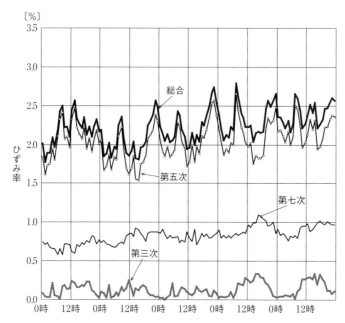

図 1.34　住宅地域の配電用変電所の電圧ひずみ率の例（電圧ひずみは第 5 調波電圧が支配的）

第 5 調波電流の位相

　電力需要が大きい時間帯に第 5 調波電圧も高くなると考えられるが、実際にはそのようになっていない。図 1.35 は、文献【14】で調査した重負荷期の工業地域と住宅地域の高圧配電線の有効電力の平均負荷曲線である。図 1.36 は、文献【10】において 6.6 kV 高圧配電系統の全国 100 カ所で測定した第 5 調波電圧含有率の平日と週末の平均値の時間推移である。正午から 13 時には含有率が上昇し、極大点ができている。このタイミングに第 5 調波電圧含有率が上昇する原因は、低圧単相受電の需要家の第 5 調波電流はあまり変化しないにも関わらず、それを打ち消す位相で流れる産業用電力の三相負荷の第 5 調波電流が減少するため、打ち消し効果が減少するためと考えられる[15]。

　電力需要が大きい月曜 13 時〜16 時に 1 分間隔で測定された第 5 調波電流の基本波電圧に対する位相の相対度数分布を図 1.37 に示す。単相負荷は 150〜180 度、三相負荷は 300〜330 度を中心に分布している。これらの第 5 調波の電流は、打ち消しあう位相関係にある。

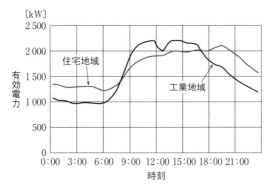

図 1.35　高圧配電線の有効電力の平均負荷曲線[14]

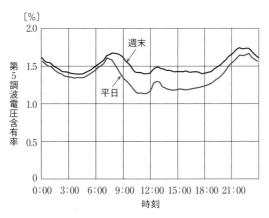

図 1.36　6.6 kV 高圧配電系統の第 5 調波電圧含有率の時間推移[10]

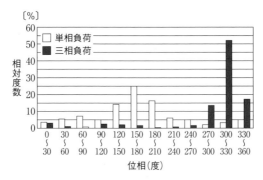

図 1.37　第 5 調波電流の基本波電圧に対する位相の相対度数分布[15]

1.9.3 高調波の対策

2016年度の高調波による障害の発生状況は、コンデンサあるいはリアクトルといった調相設備が50%、家電汎用品が50%を占めている。以下では、調相設備と高調波抑制の対策について説明する。

直列リアクトル設置の目的

○**コンデンサ設備を第5調波以上に対して誘導性にする**

直列リアクトルとは、進相コンデンサと直列に接続されるリアクトルである（図1.38）。高圧需要家のコンデンサの一部に設置されている。一般的に使用されているのは6%の直列リアクトルであり、8%、13%のものもある。この6%などの値はコンデンサの基本波リアクタンスに対する直列リアクトルの基本波リアクタンスである。

コンデンサのリアクタンスを X_C とする。L%の直列リアクトルの基本波に対するリアクタンス X_L は $\dfrac{-L}{100}X_C$ である。コンデンサのリアクタンスは周波数に対して反比例して低くなり、リアクトルのリアクタンスは高くなる。よって合成リアクタンス X_n は、

$$X_n = \left(\frac{1}{n} - \frac{L}{100} \cdot n \right) \cdot X_C \tag{1.10}$$

になる（$n=1$ の基本波も同じ式）。

ここで、6%の直列リアクトルを接続した場合を考える。コンデンサのリアクタンスは容量性なのでリアクタンスに－（マイナス）を付け、直列リアクトルのリアクタンスは誘導性なので、＋（プラス）を付けて表現する。コンデン

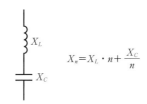

図1.38　直列リアクトル付力率改善用コンデンサ

表 1.9　基本波と第 5 調波のリアクタンス

	基本波	第 5 調波
X_L	6	30 (＝6×5)
X_C	−100	−20 (＝−100／5)
X_n	−94	10

サの基本波リアクタンスを X_C＝−100 とすると、直列リアクトル付きコンデンサのリアクタンスは表 1.9 の通りとなる。合成リアクタンスをみると、直列リアクトルを接続しても基本波に対しては符号がマイナス（X_n＝−94）であり、つまりコンデンサとして働いている。

　一方、第 5 調波に対しては合成リアクタンスの符号がプラス（X_n＝10）になっている。

　L＝6％のリアクトルとコンデンサとの直列共振点 n_s は、次式から、第 4.08 調波である。

$$n_s = \sqrt{\frac{100}{L}} \tag{1.11}$$

　直列リアクトル付きコンデンサは共振点よりも低い周波数に対しては容量性を示し、高い周波数に対しては誘導性を示す。つまり直列リアクトル付きコンデンサは基本波に対してはコンデンサであるが、電力系統で最も大きい第 5 調波に対してはリアクトルになる。

　直列リアクトルを付けると第 5 調波に対しては誘導性になることが重要であり、直列リアクトルを接続する大きな目的の 1 つである。

○投入電流を抑制する（瞬時電圧低下を防止する）

　投入するときにはコンデンサは短絡しているのと同じ状態であるため、コンデンサを投入した瞬間に大電流が流れる。そのため日常的にコンデンサの投入開放を繰り返すためには直列リアクトルを設置している必要がある。

　直列リアクトル付きのコンデンサを投入する場合には、投入瞬時の電圧は電源側リアクタンスと直列リアクタンスとによって分担される。つまり図 1.39 の回路のように直列リアクトル付きコンデンサを投入した瞬間には、母線の電

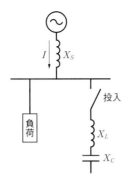

図1.39 直列リアクトル付きのコンデンサの投入

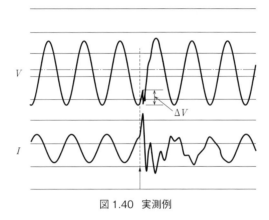

図1.40 実測例

圧 V は、

$$V = \frac{X_L}{X_S + X_L} \times 100 \ (\%) \tag{1.12}$$

になる。直列リアクトルがない場合、つまり $X_L = 0$ の場合には $V = 0$ となってしまう。

　直列リアクトルを設置する場合にも、電源側リアクタンスと比較して瞬時電圧低下が問題とならないところまで直列リアクトルのリアクタンスを大きくする必要がある。また、そのときには一般に使用される鉄心入りの直列リアクトルは投入時の磁気飽和により、そのリアクタンス値が定格の1/5〜1/10程度に低下することを考慮する必要がある。図1.40の実測例では、約45％の瞬時電圧降下 ΔV が発生している。

直列リアクトル設置の問題点

　コンデンサを高調波に対して誘導性にするためにリアクトル（L）を接続するが、そのLが高調波に対して障害が多いというジレンマがある。

　例として図 1.41 の回路で考える。このように L なしでコンデンサを接続すると、送電元の特別高圧系統において 2.6 % であった第 5 調波電圧が、コンデンサ端（＝需要家端）では 3.6 % に上昇してしまう（a）。ここでコンデンサの 6 % のインピーダンスを持つ L を接続すると、第 5 調波電圧は 1.7 % に低減する（b）。

　しかしこの需要家の近隣の需要家に 3 倍の容量の L なしコンデンサを接続したとすると、最初の需要家の第 5 調波電圧は 1.7 % であったものが 3.6 % に上昇することになる（図 1.42）。最初の需要家に関しては何も変わっていない。この値はリアクトルにとってはかなり厳しい値であり、高調波障害の可能性が出てくる。このように他の需要家が L なしのコンデンサを設置して高調波を拡大させてしまうことによって障害が発生してしまうことが、高調波問題の解決を困難にしている。

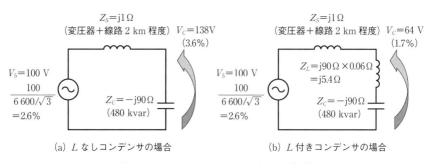

(a) L なしコンデンサの場合　　　　(b) L 付きコンデンサの場合

図 1.41　L なしと L 付きコンデンサの比較

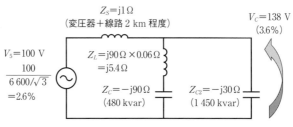

図 1.42　近隣の L なしコンデンサの影響

JIS C 61000-3-2 と高調波抑制対策ガイドライン

　機器から発生する高調波を抑制するための規格 JIS C 61000-3-2 と高圧需要家ガイドラインでは、対象としている機器が異なる。JIS C 61000-3-2 は、図 1.43 のように 300 V ならびに 20 A 以下の負荷機器を対象にしている。高圧需要家ガイドラインはそれを超過する機器を対象にしているので、すべての機器はどちらかの対象になる。ただし、高圧需要家ガイドラインは高圧か特別高圧で受電する需要家が対象なので、唯一どちらのガイドラインの対象にもならないのは、低圧で受電する需要家が使用する 300 V または 20 A を超過する機器である。

　高圧需要家ガイドラインは高圧や特別高圧で受電する需要家から発生する高調波電流に対する上限値を定めているが、この発生する高調波電流には JIS C 61000-3-2 対象範囲の 300 V、20 A 以下の機器は含めない。これは JIS C 61000-3-2 で限度を設けてあるので、二重に上限値を設けることを避けるためである。

　JIS C 61000-3-2 と高圧需要家ガイドラインの基本的な相違点は、JIS C 61000-3-2 の方は 300 V および 20 A 以下の比較的小型の機器個別の高調波電流限度値であるのに対して、高圧需要家ガイドラインの方は需要家一軒の電気設備を全体的に考えた上限値であることである（図 1.44）。

　従って、JIS C 61000-3-2 に対しては個々の機器の設計製造段階において機器の製造者が限度値を満足するように考慮することが必要である。そして限度値を満足するかどうかは測定して判定することになっている。そこで、JIS C

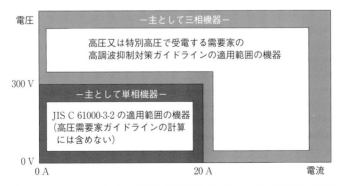

図 1.43　JIS C 61000-3-2 と高圧需要家ガイドラインの対象機器の範囲

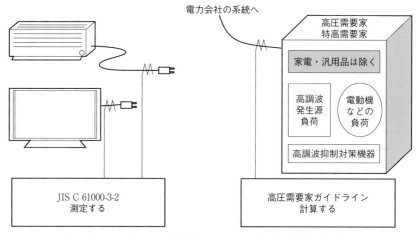

図1.44　JIS C 61000-3-2 と高圧需要家ガイドラインの違い

61000-3-2 には測定方法とそれに関する事項が示されている。例えばテレビの場合は輝度や音声レベルといった被測定機器の条件はもとより、測定器、測定回路、測定用電源の仕様が定められている。この JIS C 61000-3-2 はいわゆる大量生産品が対象であり、プロトタイプで測定して限度値をクリアしていれば、同様に製造することですべての機器が限度値をクリアするというものである。

　高圧需要家ガイドラインに対しては、高圧または特別高圧で受電する需要家構内の電気設備を計画する段階において需要家自身が、ガイドラインの上限値を満足するように考慮することが必要となる。上限値を満足するかどうかは計算して判定することになっている。そこで、高圧需要家ガイドラインには計算方法が示されている。計算が基本だが測定もあり得るのではなく、必ず計算して判定することに注意する必要がある。

2 kHz～9 kHz のエミッション限度値

　JIS C 61000-3-2 の適用範囲である四十次の高調波を超える限度値の規格は存在しない状況だった。しかし近年の電気・電子機器の高効率化を指向した電源回路の多様化（スイッチング回路、PFC コンバータの採用など）に伴い、2014 年に TS C 0058（電磁両立性 － 限度値 －2 kHz を超え 9 kHz 以下の周波

数帯における電流エミッション限度値）が公表された。本 TS は、IEC 規格に先駆け、2020 年 2 月に JIS C 61000-3-100 [16] として制定されたものである。

1.10 不平衡

1.10.1 電圧不平衡現象とは

　三相 3 線式の系統に単相負荷が偏って接続された場合や配電線のインピーダンスが相ごとに大きく異なる場合、各相の電圧・電流にばらつきが生じることがある（図 1.45）。このような状態を電圧不平衡現象と呼んでいる。電圧不平衡が著しくなると、発電機等の回転機の温度上昇や騒音、電力系統の各保護機器や制御機器の誤動作を招く恐れがあるため、このような障害を防止する必要がある。

1.10.2 不平衡に関する法令と省令

　国内における電力品質としての電圧不平衡の限度値については、規格によって定められてはいない。しかし、「電気設備に関する技術基準を定める省令」第 55 条において交流式電気鉄道に関する電圧不平衡による障害の防止についての規定がある。この条項では、「交流式電気鉄道は、その単相負荷による電圧不平衡により、交流式電気鉄道の変電所の変圧器に接続する電気事業の用に供する発電機、調相設備、変圧器、その他の電気機械器具に障害を及ぼさないよう

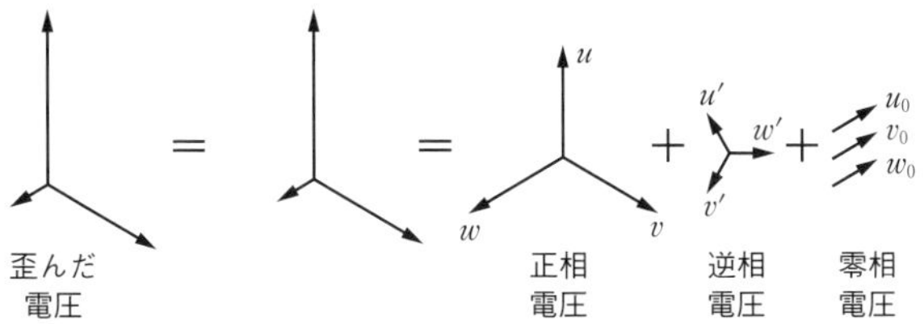

図 1.45　ゆがんだ電圧波形と正相電圧・逆相電圧の関係

に施設しなければならない」とされている。また、「電気設備の技術基準の解釈」第260条においては、「交流式電気鉄道の単相負荷による電圧不平衡率の限度は、交流式電気鉄道の変電所の変圧器の結線方式に応じ、その変電所の受電点において3%以下であること」とされている。限度3%は、各機器への影響度をかんがみた値であるが、あくまでも交流式電気鉄道における値である。しかし、三相不平衡が著しい場合は三相電力負荷に対しても悪影響を与えることから、電圧不平衡率（＝ 逆相電圧／正相電圧 ×100〔%〕）などによって管理されている場合が多い。具体的な不平衡率の計算方法については、3.7 節にて述べることとする。

1.10.3 電圧不平衡に対する対策

　電圧不平衡を改善する方法として、単相負荷の接続を替えることで偏りを抑えるといった対策が取られている。ただし、各単相負荷は季節や昼夜など使用する時間帯も需要家により変わるため、最も不平衡率が大きくなる時間帯のみを対象として電圧不平衡を解消したとしても、別の時間帯の不平衡率が解消できない可能性が高い。そのため、年間を通じて電圧不平衡率が最小となる負荷の接続替えが望ましい。また、単相負荷がどの相に接続しているかについても現場調査を実施し、各単相負荷の需要率も参考にしつつ、接続替えについての検証を行う必要がある。近年では太陽光発電に代表されるように低圧系統へ単相接続される分散型電源も増加しており、需要家の電気の使用のみならず分散型電源の発電状況によっても電圧は変化するため、不平衡の管理は難しくなっている。

　上記のような単相負荷の接続替えを行った場合においても不平衡率の改善が困難である場合には、リアクトルやコンデンサ等を用いた位相補償方式や無効電力補償装置（SVC：Static Var Compensator）などを施設するといった対策が考えられる。さらに、高圧受電設備では異容量V結線変圧器を使用している場合もあり、電圧不平衡が著しい場合には、変圧器の相を入れ替えるか、三相変圧器の導入についても検討する。

1.10.4 電圧不平衡に関する公的基準

配電系統における電圧不平衡に関する公的基準は存在しないが、需要家に対する内線規程 1305 節-1 において不平衡負荷の制限について記述がある。

一例として、低圧および高圧受電の三相 3 線式における設備の場合、設備不平衡率の限度値は、次の計算式で求められる値が 30％以下となることを求めている。

設備不平衡率＝

$$\frac{(各線間に接続される単相負荷総設備容量の最大最小の差)}{(総負荷設備容量の1/3)} \quad (1.13)$$

例えば、図 1.46 の回路では 設備不平衡率＝$\dfrac{(20-5)}{36/3}\times 100 = 125$〔％〕より、不平衡率の限度値である 30％を超過していることがわかる。

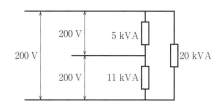

図 1.46　200 V 三相 3 線式の不平衡負荷接続例

1.11 フリッカ

電気機器に流れる負荷電流が変化すると、そこに電力供給している電源線路の電圧が変化する。この負荷電流の変化が急激かつ頻繁に繰り返されると、同じ電源線路に接続している照明機器の明るさにちらつきが生じる。このちらつきが大きくなると煩わしさを感じるようになる。この「ちらつき感」のことをフリッカと呼ぶ。フリッカは人間がちらつきをどの程度感じ、どの程度不快に思うかという人間の主観的な要素を含めて取り扱う必要がある。

1.11.1 フリッカの具体的な事例

フリッカの主な発生要因として古くより知られるものに、製鋼用の大型アーク炉がある。製鋼用アーク炉は、炉体にくず鉄や還元鉄を装入し、炭素電極との間に発生させたアークによって溶解し、鋼をつくる炉である。アーク炉では、アークが電極と材料であるくず鉄の間に生じ、この熱で発弧点のくず鉄が溶け落ちる。アーク長が絶えず変動すると共に、ときには周りの材料が崩落してアークを短絡させる。このためアーク電流はしばしば急激に増大し、不規則な変動を繰り返す。特に炉に流入する無効電力の動揺が激しい[17]。

アーク炉は負荷の変動が著しいために、アーク炉工場と同じ変電所母線または配電線から供給される他の需要家に支障を及ぼす場合がある。最近では太陽光発電の連系の増加に伴うフリッカ現象が確認されている[18]。

1.11.2 フリッカの評価指標

日本では、人間の視覚は 10 Hz 前後の電圧変動に伴う照度変化に最も敏感であるとの研究に基づき、10 Hz の正弦波電圧変動に最大感度を有する、ΔV_{10} フリッカメータが開発され使用されてきた。ΔV_{10} は、主として製鋼用アーク炉が引き起こす正弦波状電圧変動を対象にしている。

ΔV_{10} による電圧変動の評価

○ちらつき視感度曲線

音の場合には同じ音圧でも、1 kHz 程度の周波数の音は大きく聞こえ、20 Hz 以下や 20 kHz 以上の音はほとんど聞こえない。このように人間の聴覚には周波数特性がある。同様の現象が視覚にもあり、照明機器に同じ大きさの変動幅の電圧変動を与えたとしても、その電圧変動の周波数によって人間の感じ方は違ってくる。電圧変動の周波数とは、商用周波電圧の包絡線の周波数である（図 1.47）。アーク炉などによって発生する一般の電圧変動にはさまざまな周波数成分が含まれている。この変動周波数によるちらつき感の重み付けをするための係数が「ちらつき視感度曲線」である（図 1.48）。

ちらつき視感度曲線は、人間が感じる照明のちらつきは電源電圧が 10 Hz の

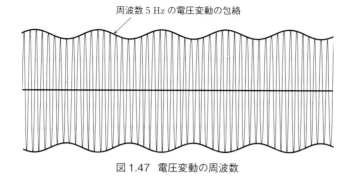

周波数 5 Hz の電圧変動の包絡

図 1.47　電圧変動の周波数

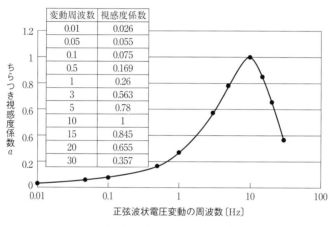

変動周波数	視感度係数
0.01	0.026
0.05	0.055
0.1	0.075
0.5	0.169
1	0.26
3	0.563
5	0.78
10	1
15	0.845
20	0.655
30	0.357

正弦波状電圧変動の周波数〔Hz〕

図 1.48　ちらつき視感度曲線 [19]

周波数変動をしているときが最大であることを示している。また、例えば、変動周波数 3 Hz（視感度係数 0.563）、変動振幅 1 V の電圧変動がもたらすちらつき感は、変動周波数 10 Hz（視感度係数 1）、変動振幅 0.563 V の電圧変動がもたらすちらつき感と同等であるということを示している。なお、この曲線はグラフ内の表に示す 11 ポイントの値が定義されているだけであり、それ以外の部分は定義されていない [20]。

　ちらつき視感度曲線は、照明のちらつきの周波数と人間の目の感度を示しているのではない。電圧の変動周波数と目の感度との関係を示しており、照明器具の特性も含まれている。この曲線は 60 W の白熱電球でのちらつきを使用して作成されたものである。

○ ΔV_{10}

ΔV_{10}は、さまざまな変動周波数の電圧変動を、ちらつき視感度係数（a_n）を使って 10 Hz の電圧変動に等価換算し、足し合わせたものであり、次のように定義されている[21][22]。

$$\Delta V_{10} = \sqrt{\sum_{n=1}^{\infty} (a_n \cdot \Delta V_n)^2} \tag{1.14}$$

ただし、a_n は 10 Hz を 1.0 とした f_n におけるちらつき視感度係数、ΔV_n は電圧動揺を周波数分析した結果、得られる変動周波数 f_n の電圧変動成分の振幅（実効値）とする。なお、測定時間は 1 分間単位とする。

○フリッカ最大値の読み取り方

ΔV_{10}メータで測定した出力チャートからフリッカの最大値を読み取るには、次の理由から「連続 1 時間における ΔV_{10}測定値 60 個のうち 4 番目最大値」とすることが推奨されている[23]。

・確率分布法に比較して処理が容易である
・4 番目最大値とは、1 分データの 60 個の集合のうち 95%値であり、正規分布を仮定した場合の $\mu + 2\sigma$（μ：平均値、σ：標準偏差）にあたる

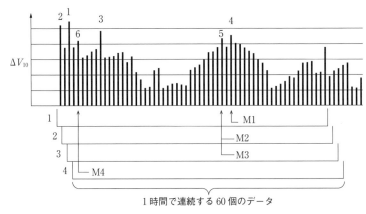

図 1.49　フリッカ最大値の読み取り方

測定は極力長時間行うことが望ましく、対象データとしては、4番目が最大となる1時間を取る。すなわち、連続した1時間を図1.49のように取り、順次1、2、3……と番号を振る。その時間帯における4番目最大値は順次 M1、M2、M3……と変わっていくが、これを全時間帯にわたって調べた結果の max（M1、M2、M3……）をフリッカ最大値とする。

○フリッカの許容値

フリッカの許容値は、下記の標準測定条件により測定した値の最大値と平均値に適用することとされている。

☑ 測定の時期

アーク炉の一工程は溶解期と精錬期に分けられるが、精錬期では溶解期の数分の1しかフリッカが発生しないので、測定の時期はアーク炉溶解期で電圧変動が最も激しい連続1時間とする。

☑ 測定の単位および測定回数

1回の測定単位を1分間とし、その最大値と平均値で比較する。最大値は、連続1時間における ΔV_{10} 測定値60個のうち4番目最大値（95%確率値に相当する値）を取ることが推奨される。

☑ フリッカの許容値

1960年に電気協同研究会の調査研究の報告書[9] がまとめられた当時では、電力会社によって希望する許容値が異なっていたが、現在ではいずれの電力会社も $\Delta V_{10} = 0.45\,\mathrm{V}$（1時間連続測定時の4番目最大値で評価）を許容値として管理している。

許容値の設定においては、ちらつき評価試験が行われた。試験は「ひらがな抹消試験」である。各電力会社と電力中央研究所が協力して評価試験は延べ580人の被験者が参加して行われた。各社は、ΔV_{10} 以前より用いていたそれぞれの指標値で測定し、換算係数を用いて ΔV_{10}（旧定義）に換算した。各社の結果にはかなりのばらつきが認められたが、委員会では全試験結果に被験者数

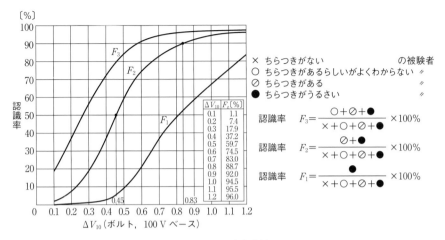

図 1.50　認識率曲線

のウエイトを考慮して一本化し、総合認識率曲線を作成した。ちらつきを認識した被験者の割合を認識率 F_2 とし、この F_2 が 50% となる値が $\Delta V_{10}=0.45$ V、20% となる値が $\Delta V_{10}=0.32$ V に対応する（図 1.50）。

　この試験が行われた当時は、各社で異なる指標値を用いて測定していたことに加え、現在の定義とは異なる、ΔV カウンタを用いた ΔV_{10}（旧定義）への換算値を用いていた。その後に、ΔV_{10} は再定義されているが、現在に至るまで、当時の認識率曲線に基づいた許容値が使われている。

1.11.3　IEC フリッカメータ

瞬時ちらつき感

　国際的には国際電熱連合（UIE：Union of International Electroheat）の UIE フリッカメータから発展した IEC 規格のフリッカメータがあり、日本以外のほとんどの国では IEC フリッカメータを使用している。

　1960 年、ヨーロッパを中心として活動する国際電熱連合において、国際的に統一されたフリッカメータの仕様を決定する活動が開始され、電圧変動〜照度変動に対する瞬時瞬時のちらつき感をそのまま出力するメータの構築を進めた。まずパルス状に変化する照度に対する視覚の特性を、300 ミリ秒の時定数

を持つ一次ローパスフィルタで模擬した、Rashbass モデルを開発した。その出力が瞬時ちらつき感である。ΔV_{10}にはこのステップがない点が大きな違いである。

　一方、電圧変動とランプの照度変動の関係を求めるため、標準ランプとして230 V-60 W の白熱電球を選定し、この電圧変動に対する照度変動の周波数特性を検討の上、Rashbass モデルと組み合わせてメータを構成した。

　この UIE フリッカメータの出力 $S(t)$ の単位を P.U.（Perceptibility Unit）と呼び、P.U.=1.0 をフリッカ知覚限度と定めた。P.U.=1.0 のフリッカとは、やっと人が感じることができるレベルであり、人が耐えがたいレベルとは違う。

　UIE フリッカメータは、ちらつき感の瞬時値を表示するメータである。1 Hz の矩形波変動を加えた場合の瞬時ちらつき感の出力を図に示す（図 1.51）。

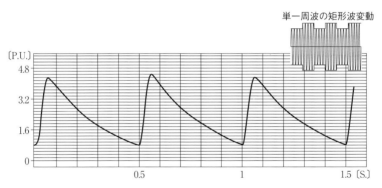

図 1.51　1 Hz、$\Delta V/V$＝1％の矩形波変動時の瞬時ちらつき感

短時間フリッカ指標：P_{st}

　矩形波変動に対する電圧変動の許容限界としては UIE フリッカメータが開発される以前から、IEC 555-3、現在の IEC 61000-3-3 [24] として規格化されていた。IEC 61000-3-3 に記載されている矩形波変動の限度値と、P.U.=1 となる矩形波変動の値を図示する（図 1.52）。

　やっと感じるレベルである P.U.=1 の曲線よりも限度値の方が上にある。この P.U.=1 の曲線と限度値の曲線を結び付けるために、以下に示す 5 点アルゴリズム手法が開発された。

図 1.53 に瞬時ちらつき感 $S(t)$ の時間推移の例を示す。縦軸は $S(t)$ のレベルを示し、電圧変動の大きさにより変化する。ここでは例として 0.2 P.U. 刻みで 10 クラスに分類している。各クラスは等間隔に区分けされており、各クラスに入る $S(t)$ の時間を合計する。例えばクラス 7 には 1.2〜1.4 P.U. に含まれる $S(t)$ が取り込まれ、$t_1+t_2+t_3+t_4+t_5$ がそれに相当する。t は時間またはサンプリングレートが一定なら度数と見ることができる。フリッカメータを規定する IEC 61000-4-15 [25] ではこのクラスを 64 以上、サンプリングレートを 50 回／秒以

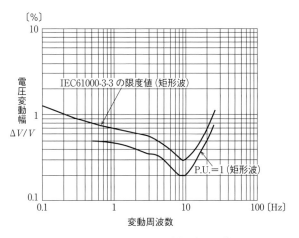

図 1.52　電圧変動の限度値（矩形波）

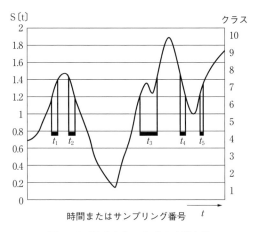

図 1.53　瞬時ちらつき感の時間変動

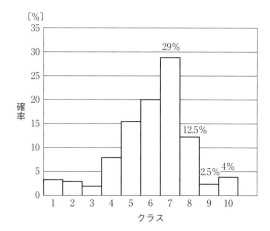

図 1.54 瞬時ちらつき感の確率分布

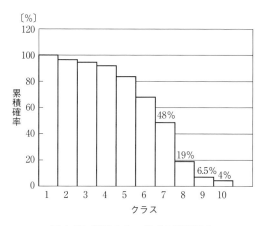

図 1.55 瞬時ちらつき感の累積確率

上と規定している。

$S(t)$ をクラス分けして確率分布を求めると図 1.54 のようになる。さらに確率分布から累積確率を求める（図 1.55）。累積確率の X% を超えるレベルを P_x とし、次式によりスムージングを行って、50%、10%、3%、1% および 0.1% を超えるレベルを計算する。

$$P_{50S} = \frac{P_{30} + P_{50} + P_{80}}{3}$$

$$P_{10S} = \frac{P_6 + P_8 + P_{10} + P_{13} + P_{17}}{5}$$

$$P_{3S} = \frac{P_{2.2} + P_3 + P_4}{3}$$

(1.15)

$$P_{1S} = \frac{P_{0.7} + P_1 + P_{1.5}}{3}$$

※ $P_{0.1}$ はスムージングしない

　最終的に、P_{st}（Period Short Time）が求まり、10分間に対するフリッカの評価値として定義される。

$$P_{st} = \sqrt{0.0314 P_{0.1} + 0.0525 P_{1S} + 0.0657 P_{3S} + 0.28 P_{10S} + 0.08 P_{50S}}$$

(1.16)

　式（1.16）の係数である 0.0314 などは、限度値の矩形波電圧変動を入力すれば、どの周波数においても出力が $P_{st}=1$ になるように試行錯誤のうちに求められたものである。

　また、不規則に作動する複数のフリッカ発生源の複合した影響を考慮する場合、または負荷変動サイクルの長いフリッカ発生源を考慮する場合に適する評価指標として、P_{lt}（Period Long Time）が設けられている。連続して測定した N 個の P_{st} から、次式によって計算される。

$$P_{lt} = \sqrt[3]{\sum_{i=1}^{N} \frac{P_{sti}^3}{N}}$$

(1.17)

　IEC 61000-3-3 に従った測定法では、$N=12$ とし、2時間分の P_{st} を用いて P_{lt} を計算することが推奨される。また表 1.10 に示す許容値が推奨されている。

　IEC はこの UIE のフリッカ測定評価方法を高く評価して、UIE フリッカメータの仕様を 1986 年に採択して、IEC 868 として規格化した。現在は改定されて番号は IEC 61000-4-15 と変わっている。

　以下に、ΔV_{10} メータと IEC フリッカメータによる両方の測定が同時にできる測定装置のブロック図を示す（図 1.56）。ΔV_{10} メータと IEC フリッカメータ

表 1.10　フリッカの許容推奨値

P_{st}	1.0
P_{lt}	0.65

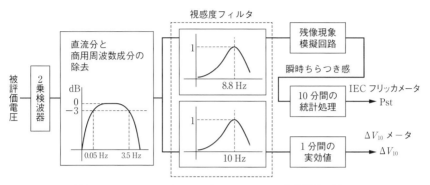

図 1.56　IEC フリッカメータと ΔV_{10} メータの基本構成の違い

は多くの部分を共有できるが、最も異なっている部分は Rashbass モデル「残像現象模擬回路」の有無である。

1.12 瞬時電圧低下

1.12.1 瞬時電圧低下現象とは

　雷などにより配電系統に地絡事故が発生し電圧降下が発生した際に、遮断器による事故区間の高速遮断がなされ、電圧が回復した後に再投入される。しかし、コンピュータや OA 機器、産業用ロボットなどの情報機器は、事故区間が高速遮断されるまでの瞬時電圧低下（瞬低）でも機器停止などの影響を受ける場合がある（図 1.57）。電気協同研究会報告（第 46 巻第 3 号瞬時電圧低下対策）においては、瞬時電圧低下を、「落雷などにより発生した故障点を系統から除去するまでの間、故障点を中心に電圧が低下する事象」と定義しており、配電系統におけるその継続時間は、一般的に 0.3 秒～2 秒程度としている。

1.12.2 瞬時電圧低下に関する基準と需要家の対策

電力品質確保に係る系統連系技術要件ガイドラインにおいて、瞬時電圧低下に関して「系統側電気事業者」と「系統へ連係を希望する側の発電設備の設置者」の間における技術的な指標について記載がある。この条項では、「誘導発電機（もしくは他励式の逆変換装置）を用いる場合であって、並列時の瞬時電圧低下により系統の電圧が適正値（常時電圧の10％以内）を逸脱するおそれがあるときには、発電設備の設置者において限流リアクトル等を設置するものとする」とされている。また、電気協同研究会報告（第46巻第3号瞬時電圧低下対策）に基づき、電力会社においても発電設備等や変動負荷により発生する瞬時

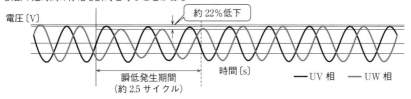

図1.57 瞬時電圧低下のイメージ [26]

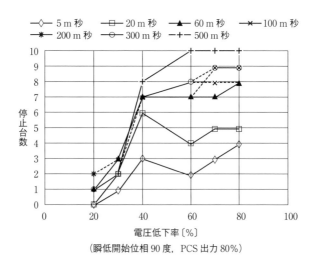

（瞬低開始位相90度，PCS出力80％）

図1.58 瞬低継続時間別にみた電圧低下率とPCSの停止台数の関係 [27]

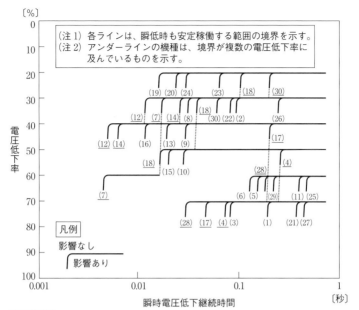

電子機器類
　(1) 汎用 PC　(2) 産業用 PC　(3) HUB　(4) デジタルテレビ（No.1）
　(5) デジタルテレビ（No.2）　(6) DVD レコーダ　(7) 産業用シーケンサ
動力機器類
　(8) 電磁開閉器（No.1）　(9) 電磁開閉器（No.2）　(10) 電磁開閉器（No.3）
　(11) 地絡継電器　(12) 信号用ミニチュアリレー（No.1）
　(13) 信号用ミニチュアリレー（No.2）　(14) 信号用ミニチュアリレー（No.3）
　(15) 信号用ミニチュアリレー（No.4）　(16) タイマー
照明機器類
　(17) 蛍光灯（シーリング形）　(18) 高圧放電ランプ（No.1）
　(19) 高圧放電ランプ（No.2）　(20) 高圧放電ランプ（No.3）
　(21) 高圧放電ランプ（No.4）
熱電気機器類
　(22) インバータエアコン　(23) 非インバータエアコン
　(24) 大型空調（インバータ形）　(25) 非インバータ冷蔵庫（No.1）
　(26) インバータ冷蔵庫　(27) 非インバータ冷蔵庫（No.2）
　(28) IH 機器（No.1）　(29) IH 機器（No.2）　(30) HP 式給湯器

図 1.59　瞬低時に機器が安定稼働する範囲（全機種）[27]

電圧低下は10%以内にすることが基準とされており、低圧100 V系統においては90 Vが下限値とされている。並列時に逸脱をする恐れがある場合には、当該発電設備設置者が限流リアクトルの設置やソフトスタート機能付き誘導発電機の設置により対策を行う。また、配電系統においても、発電設備等が連系する際に発生する突入電流により（誘導発電機については瞬間的に定格電流の5〜6倍）瞬時電圧低下が発生するということにつながっている。負荷側の対策として、無停電電源装置（UPS）などによる系統電源低下中の電源の確保などが行われている。

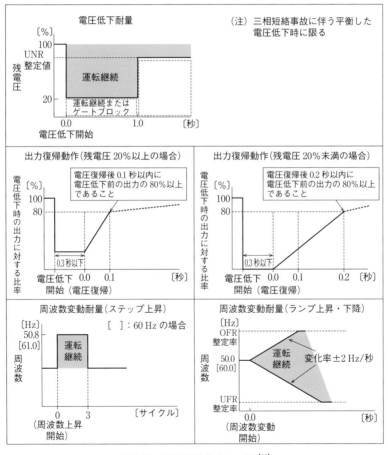

図 1.60　FRT 要件のイメージ [28]

瞬時電圧低下による分散型電源の停止台数と各家電機器の安定稼働の関係について、図 1.58 と図 1.59 に示す。なお、パワーコンディショナ（PCS）とは、太陽光発電設備で発電された直流の電力を交流に変換する機能も持ちつつ、電圧上昇や降下が著しい場合などには保護機能が動作し、太陽光発電設備を自動停止する機能を有する機器である。一方で広域的な瞬時電圧低下・瞬時周波数上昇、大規模電源脱落や系統分離による周波数変動により、一斉解列や出力低下継続などが発生すれば系統全体の電圧・周波数維持に大きな影響を与える可能性があるため、事故時運転継続要件（FRT 要件：Fault Ride Through）が求められている（図 1.60）。

引用・参考文献

【1】 岡　圭介（2001）「配電技術の変遷　供給信頼度向上への取り組み」，電気学会誌，121 巻 10 号.
【2】 東京電力 配電部（2003）『配電系統における絶縁設計』，電気書院.
【3】 東京電力パワーグリッド（―）「系統連系に係る設備設計について＜発電設備（高圧・低圧）＞」.
【4】 省エネルギーセンター（2019）「エネルギー管理研修テキスト」.
【5】 道上　勉（2001）『送電・配電　改定版』，電気学会，pp.216-217.
【6】 東京電力ホールディングス（―）「数値で見る東京電力」，（https://www.tepco.co.jp/about/fact_database/）.
【7】 道上　勉（2003）『送配電工学　改訂版（電気学会大学講座）』，電気学会.
【8】 電気学会（2019）「JEC パンフレット」，（http://www2.iee.or.jp/ver2/honbu/jec/02-about/pdf/jec_pamphlet.pdf）.
【9】 日本電気技術者協会（―）「電気技術解説講座」.
【10】 配電系統電力品質技術専門委員会（2005）「配電系統における電力品質の現状と対応技術」，電気協同研究，第 60 巻，第 2 号.
【11】 日本産業規格（2019）「JIS C 61000-3-2，電磁両立性 − 第 3-2 部，限度値 − 高調波電流発生限度値（1 相当たりの入力電流が 20A 以下の機器）」.
【12】 通商産業省資源エネルギー庁公益事業部（1994）「高圧又は特別高圧で受電する需要家の高調波抑制対策ガイドライン」.
【13】 福田泰史（2019）「電力系統における高調波の実態」，電気学会全国大会，6-089.
【14】 配電系統力率問題対応技術専門委員会（2011）「配電系統における力率問題とその対応」，電気協同研究，第 66 巻，第 1 号.
【15】 雪平謙二，岡田有功（2013）「高圧需要家受電点の第 5 調波電流による電圧ひずみ抑制効果」，電気学会論文誌 B，第 133 巻第 1 号，pp.2-9.
【16】 日本産業規格（2020）「JIS C 61000-3-100，電磁両立性 − 第 3−100 部，限度値 −2kHz を超え 9kHz 以下の周波数帯における電流エミッション限度値」.
【17】 神宮司武雄（1963）「製鋼用大形アーク炉によるフリッカとその防止対策」，電気学会，Vol.83，no.895，pp.433-439.
【18】 白崎圭亮，岡田有功，佐野憲一朗（2018）「岩月秀樹ステップ注入付周波数フィードバック方式に起因するフリッカ発生要因の実験的検証」，電気学会論文誌 B，138 巻 8 号，p.651-658.

【19】 山口寛（1962）「ちらつき評価試験」，電中研技術研究所報告，電力 62007.

【20】 雪平謙二（2000）「電圧変動評価手法の問題点と今後の課題 −ΔV10 メータと IEC フリッカメータの比較 −」，電力中央研究所 調査報告，T99041.

【21】 電気加熱技術協会 アーク炉によるフリッカ委員会（1976）「製鋼用大形アーク炉によって生ずる系統擾乱とその対策」，電気学会技術報告 II 部第 26 号.

【22】 電気加熱技術協会 アーク炉技術委員会（1978）「製鋼用アーク炉と電力供給に関する最近の動向」，電気学会技術報告 II 部第 72 号.

【23】 照明フリッカ基準値調査専門委員会（1964）「アーク炉による照明フリッカの許容値」，電気協同研究，第 20 巻 8 号.

【24】 IEC 61000-3-3, Electromagnetic compatibility（EMC）- Part 3-3, Limits - Limitation of voltage changes, voltage fluctuations and flicker in public low-voltage supply systems, for equipment with rated current ≤ 16 A per phase and not subject to conditional.

【25】 IEC 61000-4-15, Electromagnetic compatibility（EMC）- Part 4-15, Testing and measurement techniques - Flickermeter - Functional and design specifications.

【26】 日本電機工業会（一）「JEMA 用語解説」，(https://www.jema-net.or.jp/Japanese/res/dispersed/data/s02.pdf).

【27】 電気協同研究会（2011）「電力系統瞬時電圧低下対策技術」，電気協同研究，第 67 巻 第 2 号.

【28】 日本電気協会 系統連系専門部会（2019）『系統連系規程』，日本電気協会.

第2章

配電ネットワークシステムに関する計算の基礎

2.1 線路定数

　配電ネットワークシステムは、抵抗、インダクタンス、静電容量（キャパシタンス）、漏れコンダクタンス（リーカンス）の4つの電気定数からなる連続した電気回路で示すことができる。従って、配電ネットワークシステムの電気的特性、例えば電圧降下、受電電力、電力損失、充電電流などを計算するには、この4つの電気定数の値を知る必要がある。これらの電気定数を線路定数という。線路定数は、電線の種類、太さ、電線配置など物理的性質により定まるもので、送電電圧、電流、力率など電気量にほとんど左右されない特徴を有している。送電線の電気的特性は、通常そのこう長に応じて異なるモデルが採用される。数十 km にも及ぶ長距離の送電線においては、電気的現象をより精緻に再現するために分布定数回路の表現がよく用いられる。一方、配電系統においては単一区間のこう長がそこまで長距離となることは少ないため、基本波の実効値解析では集中定数回路を用いるが、雷サージ解析のように周波数が高い場合には分布定数回路を用いる。そこで、配電線は通常、図2.1のようなπ形の等価回路で表現されることが多い。架空電線路においては静電容量が小さく無視されることもあるが、地中配電線においては相対的に静電容量成分が大きくなるため無視できないことが多い。また、送電系統においてはリアクタンス成分に対して抵抗成分が十分に小さく、近似的にリアクタンス送電線（抵抗成分を無視してリアクタンス成分のみを持つと仮定した送電線モデル）とみなして計算されることもあるが、配電線は断面積が比較的小さく、抵抗成分が大きいことも特徴である。

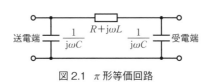

図2.1　π形等価回路

2.1.1 電力系統の構成

抵抗の式と導電率

一様な断面を持つ直線導体の抵抗 R 〔Ω〕は、その長さ l 〔m〕に比例し、断面積 A 〔m²〕に反比例するので次式で表される。

$$R = \rho \frac{l}{A} \tag{2.1}$$

ただし、ρ は抵抗率〔Ω・m〕とする。

ここで、抵抗率 ρ は、電線の種類および温度によって決まる定数である。式(2.1)で l を〔m〕、A を〔mm²〕で表すと、各電線の ρ 〔Ω/(m・mm²)〕は次の通りである。

軟銅線　　：1/58
硬銅線　　：1/55
硬アルミ線：1/35

2種硬銅より線、ならびに鋼心アルミより線の場合を例に、断面積や素線数に応じた諸量の変化を表2.1 および表2.2 に示す。

表皮効果

電線に交流電力を流す場合、電流は断面全体に均一には流れず、中心ほど流れにくく表面に近いほど多く流れるという現象が起こる。この現象を表皮効果という。導体を流れる交流電流は、導体中心部の電流ほど、その電流に交さする磁束の数が多くなり、インダクタンスが大きくなるため、導体表面に近い部分に集まる傾向がある。この現象により、見かけ上の断面積が減少することと等価となり、抵抗が増加する。この度合いを表すのが表皮深さ δ（表面電流が $1/e$ になる表面からの深さ）で、この値は交流の角周波数を ω、透磁率を μ、抵抗率を ρ とすると次式で表される。

$$\delta = \sqrt{\frac{2\rho}{\omega\mu}} \tag{2.2}$$

表2.1 2種硬銅より線 [1]

公称断面積 [mm²]	より線構成 素線数/素線径 [mm]	最小引張荷重 [kN(kg)]	参　考				
			計算断面積 [mm²]	外径 [mm]	質量 [kg/km]	電気抵抗 [Ω/km]	標準条長 [m]
200	19/3.7	77.6 (7 900)	204.3	18.5	1 838	0.0881	700
150	19/3.2	58.7 (6 000)	152.8	16.0	1 375	0.118	1 000
100	7/4.3	38.0 (3 880)	101.6	12.9	914.5	0.177	600
75	7/3.7	28.6 (2 910)	75.25	11.1	677.0	0.239	700
55	7/3.2	21.6 (2 210)	56.29	9.6	506.4	0.320	1 000
38	7/2.6	14.5 (1 480)	37.16	7.8	334.4	0.484	1 000
22	7/2.0	8.71 (888)	21.99	6.0	197.9	0.818	1 200

〔備考〕 1. この表の数値は 20℃ におけるものとする。
2. 計算断面積、外径、電気抵抗および質量は素線径の許容差零に対するものとする。
3. 引張荷重は素線の引張荷重の総和の 90% として計算した値である。
4. 電気抵抗および質量は、右表のより込率によって計算した値である。

より本数 [本]	より込率 [%]
7	1.2
19	
37	1.7
61	2.3
127	2.6

　従って、表皮効果は、周波数 f が高いほど、電線の抵抗率 ρ が小さい（導電率 σ が大きい）ほど、比透磁率 μ_s が大きいほど、大きくなる。このため、鋼心アルミより線は、図 2.2 に示すように中心部には強度がある代わりに比透磁率が大きい亜鉛めっき鋼線を用い、その周囲を導電率が小さい硬アルミ線で覆う構成となっている。電流は外側のアルミ部分を流れるとみてよいため、良好な導電率を保ちながら物理的な強度を確保できている。また、より線は、同じ相の電線を分割しているため、表皮効果の影響が少ない導体といえる。

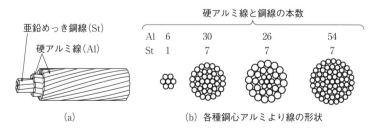

(a)　　　　(b) 各種鋼心アルミより線の形状

図 2.2　鋼心アルミより線の構造 [2]

表2.2 鋼心アルミより線 [3] [4]

公 称 断面積 [mm²]	より線構成 素線数/素線径 [mm]		最小引張荷重 [kN(kg)]	参 考						
	アルミ	鋼		計算断面積 [mm²]		外 径 [mm]		質 量 [kg/km]	電気 抵抗 [Ω/km]	標準 条長 [m]
				アルミ	鋼	アルミ	鋼			
610	54/3.8	7/3.8	180.0 (18 480)	612.4	79.38	34.2	11.4	2 320	0.0474	1 600
410	26/4.5	7/3.5	136.1 (13 910)	413.4	67.35	28.5	10.5	1 673	0.0702	1 600
330	26/4.0	7/3.1	107.2 (10 950)	326.8	52.84	25.3	9.3	1 320	0.0888	2 000
240	30/3.2	7/3.2	99.5 (10 210)	241.3	56.29	22.4	9.6	1 110	0.120	2 000
160	30/2.6	7/2.6	68.4 (6 980)	159.3	37.16	18.2	7.8	732.8	0.182	2 000
120	30/2.3	1/2.3	54.3 (5 540)	124.7	29.09	16.1	6.9	573.7	0.233	2 000
95	6/4.5	1/4.5	31.3 (3 180)	95.40	15.90	13.5	4.5	385.2	0.301	1 000
58	6/3.5	1/3.5	19.4 (1 980)	57.73	9.621	10.5	3.5	233.1	0.497	1 000
32	6/2.6	1/2.6	11.2 (1 140)	31.85	5.300	7.8	2.6	128.6	0.899	1 000
25	6/2.3	1/2.3	8.89 (907)	24.93	4.155	6.9	2.3	100.7	1.15	1 000

〔備考〕 1. 本表の数値は、20℃におけるものとする。
2. 計算断面積・外径および質量は、各素線径の許容差零に対するものとする。また電気抵抗は、亜鉛めっき鋼線を無視して、計算した値である。
3. 質量および電気抵抗の計算に用いるより込率は、右表のとおりとする。
4. 最小引張荷重は、硬アルミ線の最小引張荷重にその素線数を乗じたものと、亜鉛めっき鋼線の引張荷重にその素線数を乗じたものとの和の90%として計算したものである。

より線構成		より込率 [%]	
アルミ線	鋼線	アルミ線	鋼線
54	7	2.7	0.5
45	7	2.7	0.5
30	7	2.7	0.5
26	7	2.6	0.5
6	1	1.4	0

近接効果

都心部など需要が過密な地域における地中配電では、特定のルートに複数のケーブルを互いに近接させながら敷設して、大容量の送電を実現している。このように複数のケーブルが近接して配置されている場合、隣り合う電流同士に引力もしくは斥力が働くことにより、ケーブルの導体内部における電流分布に偏りが生じる場合がある。これにより導体の等価的な断面積が減少して抵抗成分が増大したように見える現象を、近接効果と呼ぶ。

抵抗の温度係数

電線の抵抗は、温度が上昇すれば増加する。今、標準温度 t_0 〔℃〕（通常20℃）における抵抗を R_0 〔Ω〕とすれば、t 〔℃〕における抵抗 R_t 〔Ω〕は標準

温度における温度係数を α として次式で表される。

$$R_t = R_0\{1 + \alpha(t - t_0)\} \tag{2.3}$$

ここで、温度係数 α は標準温度における値であるが、任意の温度 t〔℃〕における標準軟銅線の温度係数 α_t は次式で表される。

$$\alpha_t = \cfrac{1}{\cfrac{1}{\alpha} + (t - t_0)} \tag{2.4}$$

なお、標準温度 20℃ における温度係数 α_{20} は、標準軟銅線で 0.0039、硬銅線で 0.00381、硬アルミ線で 0.0040 である。

漏れコンダクタンス

がいし表面での漏れ電流やコロナ現象による漏れ電流がある場合は、漏れコンダクタンス（リーカンス）を考える必要がある。電線の外径とコロナ臨界電位は比例関係にあることから、コロナ放電は送電電圧に比べて電線外径が小さいときに発生し、電力系統側にはコロナ損による送電効率の低下、ラジオ受信障害、近接通信線の誘導障害などといった悪影響を及ぼす現象である。一般には、晴天はもちろん雨天でも漏れは小さいので、送電特性の計算上は無視できる場合が多い。1線の漏れコンダクタンスを g〔S/km〕とし、対地静電容量を C〔F/km〕、周波数を f〔Hz〕で表すと、アドミタンス Y は次式で表される。

$$Y = g + \mathrm{j}2\pi fC = g + \mathrm{j}\omega C \text{〔S/km〕} \tag{2.5}$$

◢ 2.1.2 インダクタンス（Inductance）

三相１回線送電線インダクタンス（正相インダクタンス）

半径 r〔m〕の３条の電線 A、B、C が線間距離 D〔m〕で、図 2.3（a）のように正三角形の頂点の位置に並行して配置されているものとし、電流の正方向を同一に取り対称三相交流とすれば、式（2.6）～式（2.9）が成立する。

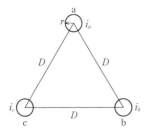 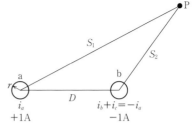

(a) 等間隔配置の
三相1回線送電線

(b) 図(a)を等価的に往復2導線に
置換した状態

図2.3　三相1回線送電線インダクタンス（正相インダクタンス）

$$i_a + i_b + i_c = 0 \tag{2.6}$$

※ただし、$i_a = i_a$、$i_b = a^2 i_a$、$i_c = a i_a$

従って、以下の式が成り立つ。

$$(i_b + i_c) = (a^2 + a) i_a = -i_a \tag{2.7}$$

すなわち、線間距離が等しい三相3線式のインダクタンスは図2.3（b）のように、往復2導線に置き換えて考えることができる。

同図（b）のように往路 a、復路 b にそれぞれ +1 A と −1 A の電流が流れているものとする。a 線の電流との全磁束鎖交数は、まず b 線を無視して a 線中の +1 A によって生じる全磁束と a 線の電流 +1 A との鎖交数 ϕ_{aa} を求め、次に a 線を無視して b 線中の −1 A によって生じる全磁束と a 線の電流 +1 A との鎖交数 ϕ_{ab} を求め、この2つを合計したものになる。

まず、a 線の電流による a 線電流自身との磁束鎖交数を、以下の通り導出する。導体内部を図2.4のように考えると、導体中心から半径 ρ〔m〕の位置における磁束密度は、アンペアの周回積分の法則から式（2.8）となる。

$$\oint_C B \cdot dl = \mu \iint_S J \cdot n dS$$
$$2\pi\rho B_\varphi = \mu \left(\frac{\rho}{a}\right)^2 i_a \tag{2.8}$$
$$B_\varphi = \frac{\mu}{2\pi\rho} \left(\frac{\rho}{a}\right)^2 i_a$$

図 2.4　導線内部の磁束

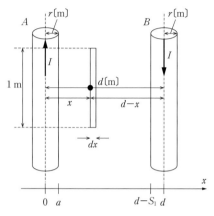

図 2.5　平行往復導線と磁界

　単位長さあたりのインダクタンスが保有するエネルギーは、式 (2.9) で表され、これより、導線内部の磁束 ϕ_{aa} は以下の通り表現できる。

$$\varphi_{aa} = Li_a = \frac{\mu i_a}{8\pi} = \frac{\mu_s}{2} \times 10^{-7} \tag{2.9}$$

　また、図 2.5 のように平行往復導線が配置され、ここに電流が循環している場合を考える。このとき、位置 x〔m〕における磁界は両電流からの磁界が強め合うため、

$$B_x = \frac{\mu_0 I}{2\pi x} + \frac{\mu_0 I}{2\pi (d-x)} \tag{2.10}$$

と表される。この磁界を位置 r〔m〕から S_1〔m〕にわたり積分して、一般に $r \ll S_1$ であることに注意して整理すると次式を得る。

$$\varphi_{ab} = \frac{\mu i_a}{\pi} \ln \frac{S_1}{r} = 2\ln \frac{S_1}{r} \times 10^{-7} \tag{2.11}$$

以上より、電流 i_a による鎖交磁束は次式の通りとなる。

$$\varphi_{aa}=\left(\frac{\mu_s}{2}+2\log_e\frac{S_1}{r}\right)\times10^{-7} \tag{2.12}$$

　　　※ただし、μ_s は非透磁率、r は電線半径〔m〕

　次に、b 線の電流による磁束は b 線を中心とする同心円筒状に分布するから、これが a 線と鎖交するものは b 線の中心から測って半径 D〔m〕より外側にあるものだけである。従って、b 線の電流 -1 A によって、これからの垂直距離 $x=D$ から $x=S_2$ までの間に生じる長さ 1 m ごとの磁束の a 線との鎖交数は、式（2.13）となる。

$$\varphi_{ab}=-2\times10^{-7}\log_e\frac{S_2}{D} \tag{2.13}$$

　今、$S_1=S_2=S$ とみなし得るくらいに、距離 S を D に比べて大きく取れば、a 線との全磁束鎖交数 ϕ_a は長さ 1 m ごとに、

$$\varphi_a=\varphi_{aa}+\varphi_{ab}=\left(\frac{\mu_S}{2}+2\log_e\frac{S}{r}-2\log_e\frac{S}{D}\right)\times10^{-7}$$

$$=\left(\frac{\mu_S}{2}+2\log_e\frac{D}{r}\right)\times10^{-7} \tag{2.14}$$

であって、これが a 線の長さ 1 m ごとのインダクタンス L_a〔H/m〕を表し、式（2.15）が得られる。

$$L_a=\left(\frac{\mu_S}{2}+2\log_e\frac{D}{r}\right)\times10^{-7} \tag{2.15}$$

　b、c 線についても、これと全く同様にして表せることは明らかである。上式右辺の $\mu_s/2$ は、内部の磁束鎖交数によるもので導線の大きさに関係なく、通常の硬銅線や鋼心アルミより線では $\mu_s=1$ とみなせるから、一般に電線 1 条の単位長ごとのインダクタンス L〔H/km〕は次式で表すことができる。

$$L=\left(\frac{1}{2}+2\log_e\frac{D}{r}\right)\times10^{-1}=\left(\frac{1}{2}+2\log_e\frac{D}{r}\right)\times10^{-1}$$

$$\approx0.05+0.4605\log_{10}\frac{D}{r} \tag{2.16}$$

　　　※ただし、$\log_e\frac{D}{r}=2.3026\log_{10}\frac{D}{r}$ とした。

2.1.3 キャパシタンス（Capacitance）

電線のキャパシタンス

一般に、長さあたり q〔C〕に帯電した無限円柱が、その中心から距離 x〔m〕の位置に作る電界は、次式となる。

$$E = \frac{q}{2\pi\varepsilon_0 x} \tag{2.17}$$

図 2.5 と同様に平行往復導線を考える場合、位置 x〔m〕における電界は、両導体からの寄与を重ね合わせて、

$$E = \frac{q}{2\pi\varepsilon_0 x} + \frac{q}{2\pi\varepsilon_0(d-x)} \tag{2.18}$$

となるため、これを両導体間で積分することで、導体間の電位差、ならびに静電容量が次式の通り求まる。

$$V_{AB} = \frac{q}{\pi\varepsilon_0} \ln \frac{d-a}{a} \qquad C = \frac{\pi\varepsilon_0}{\ln \dfrac{d-a}{a}} \tag{2.19}$$

同様に、導線と大地間に形成される対地静電容量は影像法により求めることができる。図 2.6 のように複数の導体がある場合にも、やはり影像法により、次式のように両導体の電位を定式化できる。

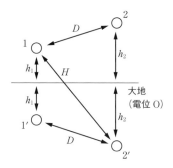

図 2.6 平行往復導線と大地

$$
\begin{cases}
V_1 = \dfrac{q_1}{2\pi\varepsilon_0}\ln\dfrac{2h_1}{a} + \dfrac{q_2}{2\pi\varepsilon_0}\ln\dfrac{H}{D} \\[3mm]
V_2 = \dfrac{q_1}{2\pi\varepsilon_0}\ln\dfrac{H}{D} + \dfrac{q_2}{2\pi\varepsilon_0}\ln\dfrac{2h_2}{a}
\end{cases}
\tag{2.20}
$$

　ここから対地静電容量ならびに導体間の静電容量を導出できる。この例では、次式の通りとなる。

$$
\begin{cases}
C_{11} = 2\pi\varepsilon_0\dfrac{\ln\dfrac{2h_2}{a} - \ln\dfrac{H}{D}}{\ln\dfrac{2h_1}{a}\ln\dfrac{2h_2}{a} - \left(\ln\dfrac{H}{D}\right)^2} \\[8mm]
C_{22} = 2\pi\varepsilon_0\dfrac{\ln\dfrac{2h_1}{a} - \ln\dfrac{H}{D}}{\ln\dfrac{2h_1}{a}\ln\dfrac{2h_2}{a} - \left(\ln\dfrac{H}{D}\right)^2} \\[8mm]
C_{12} = C_{21} = 2\pi\varepsilon_0\dfrac{\ln\dfrac{H}{D}}{\ln\dfrac{2h_1}{a}\ln\dfrac{2h_2}{a} - \left(\ln\dfrac{H}{D}\right)^2}
\end{cases}
\tag{2.21}
$$

ケーブルのキャパシタンス

　単心ケーブルの単位長さあたりの静電容量は、同軸円筒導体と同様に、以下の通り導出できる。まず、図2.7に示すような同軸線路を考える。ここで、内

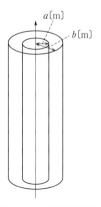

図2.7　同軸円筒導体

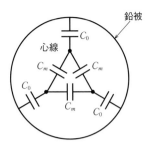

図2.8　三相一括形ケーブルの静電容量 [5]

導体に $+q$〔C/m〕、外導体に $-q$〔C/m〕の電荷を与えた場合の静電容量を考える。両導体間の電界は式 (2.18) に示した通りであるため、ここから両導体間の電位差を計算すると次式となる。

$$V_{AB} = -\int_b^a E dr = -\int_b^a \frac{q}{2\pi\varepsilon_0 r} dr = \frac{q}{2\pi\varepsilon_0} \ln \frac{b}{a} \tag{2.22}$$

ここから、静電容量は次式の通りとなる。

$$C = \frac{q}{V_{AB}} = \frac{2\pi\varepsilon_0}{\ln \dfrac{b}{a}}$$

$$C = \frac{\varepsilon}{1.8 \times 10^{10} \ln \dfrac{D}{d}} \tag{2.23}$$

三相一括形ケーブルの場合は、図2.7 の通り「相間」および「導体 － シース間」の両方の静電容量を考える必要があるため、図2.8 の等価回路で表現できる。以上より、導体1条あたりの大地に対する静電容量（作用静電容量）は次式となる。

$$C_n = 3C_m + C_0 \tag{2.24}$$

2.2 電圧の計算

2.2.1 電圧とは

電力品質として重要な要素の中に電圧がある。電圧は電気の特性の基本であり、ほかの要素と比較して特に重要である。電気機器や電子機器には、それぞれ許容できる電圧変動幅があり、機器の種類や特性により異なるが、一般的に電圧が低すぎる場合には照明の消灯や明滅、機器の誤動作・停止・不動作など、電圧が高すぎる場合には機器の故障や寿命の短縮、過電圧による温度上昇などが発生する。

電圧の大きさは実効値・平均値・波高値（最大値）で表される。電圧波形を $v = V \cdot \sin(t)$ とすると、波高値は V、実効値は $\dfrac{V}{\sqrt{2}}$、平均値は $\dfrac{2}{\pi}V$ と表すことができる（図 2.9）。波高値は電圧波形の大きさに相当する。なお、低圧配電線の 100 V は実効値を表しており、波高値は $100\sqrt{2}$ V（$\cong 141$V）となる。また、実効値と平均値については以下のように求められる。なお、一般的に公称電圧は実効値、最高電圧とは波高値のことを指す。

$$実効値 = \sqrt{\frac{1}{2\pi} \cdot \int_0^{2\pi} (V \cdot \sin(t))^2 \cdot dt} = \sqrt{\frac{V^2}{2\pi} \cdot \int_0^{2\pi} \sin^2 t \cdot dt}$$

$$= \sqrt{\frac{V^2}{2\pi} \cdot \int_0^{2\pi} \frac{1 - \cos 2t}{2} \cdot dt} = \sqrt{\frac{V^2}{4\pi} \cdot \left[t - \frac{\sin 2t}{2} \right]_0^{2\pi}}$$

$$= \sqrt{\frac{V^2}{4\pi} \cdot \left\{ \left(2\pi - \frac{\sin 4\pi}{2} \right) - \left(0 - \frac{\sin(2 \cdot 0)}{2} \right) \right\}} = \frac{V}{\sqrt{2}} \tag{2.25}$$

$$平均値 = \frac{1}{2\pi} \cdot \int_0^{2\pi} |V \cdot \sin(t)| dt = \frac{4}{2\pi} \cdot \int_0^{\frac{\pi}{2}} V \cdot \sin(t) \cdot dt$$

$$= -\frac{4V}{2\pi} \cdot [\cos(t)]_0^{\frac{\pi}{2}} = \frac{2}{\pi}V \tag{2.26}$$

電力系統では三相で設備が構築されるため、三相の電圧はそれぞれ $v_a = V \cdot \sin(t)$、$v_b = V \cdot \sin\left(t - \dfrac{2}{3}\pi\right)$、$v_c = V \cdot \sin\left(t + \dfrac{2}{3}\pi\right)$ と表現される。こ

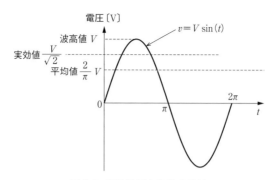

図2.9　交流波形と各値の比較

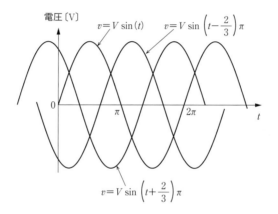

図2.10　三相交流の波形

れらは、120°ずつの位相差がある波形となり、三相交流の波形については図2.10に示す通りとなる。なお、電力系統が交流三相で構築されている理由の1つとして、三相は重ね合わせると合計が0（ゼロ）となるため、大地に接地を取ることで帰路の電線が不要となることも挙げられる。

2.2.2 電圧ベクトル計算

　配電用変電所から送られた電気は、電線を介して発電所や需要家とつながっている。変電所からの送電端 V_S と発電所・需要家の接続されている受電端 V_R を用いて、図2.11に示すようにベクトル図を描くことができる。発電所

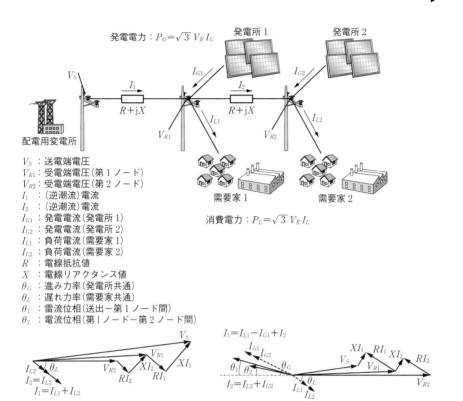

図2.11　電圧ベクトル図の概要

（太陽光）が発電していない場合には、電圧降下のみのため $V_S > V_{R1} > V_{R2}$ となることがわかる。また、太陽光発電所からの逆潮流 I_G の発生の際には、図2.11 (b) に示すように、$V_{R2} > V_{R1} > V_S$ となり電圧上昇が発生していることがわかる。

また、図2.11 におけるベクトル図より、V_S、V_{R1}、V_{R2} の関係性について記載すると次の通りとなる。

$$(V_{R2} + RI_2 \cdot \cos\theta_2 + XI_2 \cdot \sin\theta_2)^2$$
$$+ (XI_2 \cdot \cos\theta_2 - RI_2 \cdot \sin\theta_2)^2 = V_{R1}^2 \tag{2.27}$$

$$(V_{R2} + RI_1 \cdot \cos\theta_1 + RI_2 \cdot \cos\theta_2 + XI_1 \cdot \sin\theta_1 + XI_2 \cdot \sin\theta_2)^2$$
$$+ (XI_1 \cdot \cos\theta_1 + XI_2 \cdot \cos\theta_2 - RI_1 \cdot \sin\theta_1 - RI_2 \cdot \sin\theta_2)^2 = V_S^2 \tag{2.28}$$

ここで、V_S＝6 600〔V〕、R＝6.0〔Ω〕、X＝8.0〔Ω〕、I_1＝I_2＝$I_{L1}-I_{G2}$＝$I_{L1}-I_{G1}$＝ −10〔A〕、$\cos\theta_1$＝0.95 ($\sin\theta_1$＝0.312)、$\cos\theta_2$＝0.98 ($\sin\theta_2$＝0.199) とする。式 (2.28) において、V_{R2} を変数として、以下のように求めることができる。

$$(V_{R2}-57.0-58.8-24.96-15.92)^2+(-76-78.4+18.72+11.94)^2=6\,600^2$$
$$\rightarrow (V_{R2}-156.68)^2+123.74^2=6\,600^2$$
$$\therefore V_{R2}=6\,755.52 \text{〔V〕} \tag{2.29}$$

さらに、式 (3.27) について、この値を代入する。

$$(6\,755.52-58.8-15.92)^2+(-78.4+11.94)^2=V_{R1}^2$$
$$\therefore V_{R1}=6\,681.13 \text{〔V〕} \tag{2.30}$$

従って、送出電圧よりも受電端電圧が上昇していることがわかる。一方で、上記の例において太陽光の力率制御が適応された理想的な例として、$\cos\theta_1$＝1.0 ($\sin\theta_1$＝0)、$\cos\theta_2$＝1.0($\sin\theta_2$＝0) となる場合についても考えると、受電端電圧は同様に下記の通り求められる。

$$(V_{R2}-60-60)^2+(-80-80)^2=6\,600^2$$
$$\rightarrow (V_{R2}-120)^2+160^2=6\,600^2$$
$$\therefore V_{R2}=6\,718.06 \text{〔V〕} \tag{2.31}$$

このことから、現在太陽光発電設備の系統への連系において、力率制御（高圧の場合は90%、低圧の場合には95%を推奨）は配電系統における電圧上昇を抑制する効果があることが確認できる。

2.2.3　4 端子定数

交流回路の電力計算において、図2.12 に示すように2 対の端子を有し、そ

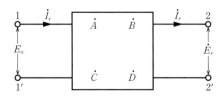

図2.12　4 端子回路

の1対を入力端子、他の1対を出力端子とする4端子回路あるいは4端子網という考え方が用いられている。

通常、4端子回路では起電力を持たないものとして、入力電圧、入力電流をそれぞれ $\dot{E}_s$、$\dot{I}_s$、出力電圧、出力電流をそれぞれ $\dot{E}_r$、$\dot{I}_r$ とすると、次式で表される。

$$\begin{pmatrix} \dot{E}_s \\ \dot{I}_s \end{pmatrix} = \begin{pmatrix} \dot{A} & \dot{B} \\ \dot{C} & \dot{D} \end{pmatrix} \begin{pmatrix} \dot{E}_r \\ \dot{I}_r \end{pmatrix} \tag{2.32}$$

$$\begin{pmatrix} \dot{A} & \dot{B} \\ \dot{C} & \dot{D} \end{pmatrix} \tag{2.33}$$

ここで、$\dot{A}$、$\dot{B}$、$\dot{C}$、$\dot{D}$ を4端子定数と言う。4端子定数のうち $\dot{A}$ と $\dot{D}$ は単位を持たず、単なる複素数であるが、$\dot{B}$ はインピーダンス、$\dot{C}$ はアドミタンスの単位を持つ。これらの式を展開すると式（2.34）で表され、式（2.35）の関係が成立する。

$$\begin{cases} \dot{E}_s = \dot{A}\dot{E}_r + \dot{B}\dot{I}_r \\ \dot{I}_s = \dot{C}\dot{E}_r + \dot{D}\dot{I}_r \end{cases} \tag{2.34}$$

$$\dot{A}\dot{D} - \dot{B}\dot{C} = 1 \tag{2.35}$$

図 2.12 については、特に図 2.13 のような π 形回路にて表現されることが多い。この場合の上式における $\dot{A}$、$\dot{B}$、$\dot{C}$、$\dot{D}$ については、下記の式のように求めることができる。

☑ 二次側端子開放時

$$\dot{E}_s = \frac{Z_{12} + Z_{23}}{Z_{23}} \cdot \dot{E}_r = \left(1 + \frac{Z_{12}}{Z_{23}} \right) \cdot \dot{E}_r \tag{2.36}$$

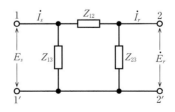

図 2.13　π 形回路

$$\dot{I}_s=\frac{\dot{E}_r}{Z_{23}}+\frac{\dot{E}_s}{Z_{13}}=\left(\frac{1}{Z_{23}}+\frac{Z_{12}+Z_{23}}{Z_{13}\cdot Z_{23}}\right)\cdot\dot{E}_r=\frac{Z_{12}+Z_{13}+Z_{23}}{Z_{13}\cdot Z_{23}}\cdot\dot{E}_r \qquad (2.37)$$

☑ 二次側端子短絡時

$$\dot{I}_s=\frac{Z_{12}+Z_{13}}{Z_{13}}\cdot\dot{I}_r=\left(1+\frac{Z_{12}}{Z_{13}}\right)\cdot\dot{I}_r \qquad (2.38)$$

電力系統では上記の式に置いて、配電線路の抵抗 R、リアクタンス L、対地静電容量 C にて、$Z_{12}=R+\mathrm{j}\omega L$、$Z_{13}=Z_{23}=\dfrac{1}{\mathrm{j}\omega C}$ と表される。これら上式の4端子定数に代入すると次のように変換できる。従って、式 (2.35) も組み合わせることにより、4端子定数は下記の通り求められる。

$$\dot{A}=1+\frac{Z_{12}}{Z_{23}}=(1-\omega^2 LC)+\mathrm{j}\omega RC \qquad (2.39)$$

$$\dot{B}=Z_{12}=R+\mathrm{j}\omega L \qquad (2.40)$$

$$\dot{C}=\frac{Z_{12}+Z_{13}+Z_{23}}{Z_{13}\cdot Z_{23}}=-\omega^2 RC^2+\mathrm{j}\omega C(2-\omega^2 LC) \qquad (2.41)$$

$$\dot{D}=1+\frac{Z_{12}}{Z_{13}}=(1-\omega^2 LC)+\mathrm{j}\omega RC \qquad (2.42)$$

例 題　※昭和50年度 電験第二種 二次試験出題

公称電圧 110 kV の送電線がある。その送電線の四端子定数は、$\dot{A}=0.98$、$\dot{B}=\mathrm{j}70.7$、$\dot{C}=\mathrm{j}0.56\times10^{-3}$、$\dot{D}=0.98$ である。無負荷時において、送電端電圧 110 kV を加えた場合、次の値を求めよ。なお、4端子回路は次の図とする。

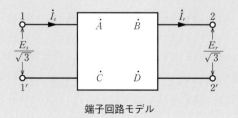

端子回路モデル

(1) 受電端電圧および送電端電流
(2) 受電端電圧を 110 kV に保つための受電端調相容量

解答

(1) 次の式の通りに 4 端子回路を表せる。また、二次側解放時の条件のことから、$E_S=110$〔kV〕、$I_R=0$〔A〕のため、受電端電圧および送電端電流についても、以下の式のように表現することができる。

【受電端電圧】

$$\begin{bmatrix} \dfrac{\dot{E}_S}{\sqrt{3}} \\ \dot{I}_s \end{bmatrix} = \begin{pmatrix} 0.98 & j70.7 \\ j0.56\times10^{-3} & 0.98 \end{pmatrix} \begin{bmatrix} \dfrac{\dot{E}_R}{\sqrt{3}} \\ \dot{I}_R \end{bmatrix}$$

$$\frac{110\times10^3}{\sqrt{3}} = 0.98 \times \frac{\dot{E}_R}{\sqrt{3}}$$

$$\therefore \dot{E}_R = \frac{110}{0.98}\times10^3 = 112.2 \text{〔kV〕}$$

【送電端電流】

$$\dot{I}_s = j0.56\times10^{-3}\times\frac{\dot{E}_R}{\sqrt{3}}$$

$$= j0.56\times10^{-3}\times\frac{112.2}{\sqrt{3}}$$

$$= j36.3 \text{〔A〕}$$

(2) 受電端電圧を 110 kV に保つために設置した整相設備からの電流を $\dot{I}_C$ とすると、以下のように計算できる。

$$\begin{bmatrix} \dfrac{110\times10^3}{\sqrt{3}} \\ \dot{I}_s \end{bmatrix} = \begin{pmatrix} 0.98 & j70.7 \\ j0.56\times10^{-3} & 0.98 \end{pmatrix} \begin{bmatrix} \dfrac{110\times10^3}{\sqrt{3}} \\ \dot{I}_C \end{bmatrix}$$

$$\frac{110\times10^3}{\sqrt{3}} = 0.98 \times \frac{110\times10^3}{\sqrt{3}} + j70.7\times\dot{I}_C$$

$$\therefore \dot{I}_C = \frac{1}{\mathrm{j}70.7} \times \frac{110 \times 10^3}{\sqrt{3}} \times 0.02$$

$$\cong -\mathrm{j}17.97 \text{ (A)}$$

従って、設備容量は $\sqrt{3}E_R I_C = \sqrt{3} \times 110 \times 10^3 \times 17.97 \times 10^{-3} \cong 3\,424$ (kV·A) と求められる。

2.2.4 潮流計算

潮流計算の概要

前項の4端子回路では、送電端・受電端における条件を固定し、等価回路によって近似的に電圧および電流を算出している。本項における潮流計算は、電力ネットワークシステム内の電力の流れ（潮流）や電圧をより厳密に計算する手法として説明する。2.2.2 項では、簡単な電力ネットワークシステムを線形回路で表し、ベクトル計算などによる電圧計算手法について述べた。しかしながら、実際の電力ネットワークシステムを電気回路モデルに置き換えると、ノード数は膨大であり、負荷や発電機の電圧特性によっては、非線形回路の解析が必要となる。そのような場合に一般的に用いられるのが潮流計算であり、ここでは簡単な電気回路モデルを例にとって説明する。

2ノード系統の電力方程式

図 2.14 は2ノード間の電線を π 型等価回路で表した電気回路モデルであり、回路素子をアドミタンスに描き直したものである。はじめにこの回路に関

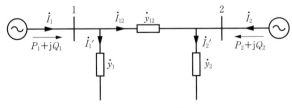

図 2.14　2ノード系統モデル

する節点方程式を導出する。キルヒホッフの電流則をノード 1 とノード 2 に適用し、アドミタンスを使って式を整理すると以下の式が得られる。

$$\dot{I}_1 = \dot{I}_{12} + \dot{I}_1{}' = \dot{y}_{12}(\dot{V}_1 - \dot{V}_2) + \dot{y}_1\dot{V}_1 = (\dot{y}_1 + \dot{y}_{12})\dot{V}_1 - \dot{y}_{12}\dot{V}_2 \tag{2.43}$$

$$\dot{I}_2 = -\dot{I}_{12} + \dot{I}_2{}' = -\dot{y}_{12}(\dot{V}_1 - \dot{V}_2) + \dot{y}_2\dot{V}_2 = -\dot{y}_{12}\dot{V}_1 + (\dot{y}_2 + \dot{y}_{12})\dot{V}_2 \tag{2.44}$$

$\dot{y}_1 + \dot{y}_{12} = \dot{Y}_{11}$、$-\dot{y}_{12} = \dot{Y}_{12}$、$-\dot{y}_{12} = \dot{Y}_{21}$、$\dot{y}_2 + \dot{y}_{12} = \dot{Y}_{22}$ とおけば、両式を行列でまとめることができる。

$$\begin{bmatrix} \dot{I}_1 \\ \dot{I}_2 \end{bmatrix} = \begin{bmatrix} \dot{Y}_{11} & \dot{Y}_{12} \\ \dot{Y}_{21} & \dot{Y}_{22} \end{bmatrix} \begin{bmatrix} \dot{V}_1 \\ \dot{V}_2 \end{bmatrix} \tag{2.45}$$

ここで $\dot{Y}_{11}$、$\dot{Y}_{22}$ はノード 1、2 の駆動点アドミタンスであり、各ノードに接続されているすべてのアドミタンスの和である。また $\dot{Y}_{12}$、$\dot{Y}_{21}$ は伝達アドミタンスであり、ノード間のアドミタンスに負符号を付けたものである。駆動点および伝達アドミタンスで表した行列をアドミタンス行列と呼ぶ。

次に、ノード 1 の電源が注入する電力について考える。ノード 1 の電圧と電源から注入する電流から算出される複素電力は、式 (2.45) を適用すると以下のように表される。

$$P_1 + \mathrm{j}Q_1 = \dot{V}_1\dot{I}_1{}^* = \dot{V}_1(\dot{Y}_{11}\dot{V}_1 + \dot{Y}_{12}\dot{V}_2)^* \tag{2.46}$$

ノード 2 についても同様に表すことができる。

$$P_2 + \mathrm{j}Q_2 = \dot{V}_2\dot{I}_2{}^* = \dot{V}_2(\dot{Y}_{21}\dot{V}_1 + \dot{Y}_{22}\dot{V}_2)^* \tag{2.47}$$

ここで $\dot{Y}_{11} = g_{11} + \mathrm{j}b_{11}$、$\dot{Y}_{12} = g_{12} + \mathrm{j}b_{12}$、$\dot{Y}_{21} = g_{21} + \mathrm{j}b_{21}$、$\dot{Y}_{22} = g_{22} + \mathrm{j}b_{22}$、$\dot{V}_1 = e_1 + \mathrm{j}f_1$、$\dot{V}_2 = e_2 + \mathrm{j}f_2$ と直交座標表示すると、式 (2.46)、式 (2.47) から以下に示す電力方程式が得られる。

$$P_1 = g_{11}(e_1{}^2 + f_1{}^2) + g_{12}(e_1e_2 + f_1f_2) + b_{12}(e_2f_1 - e_1f_2) \tag{2.48}$$

$$Q_1 = -b_{11}(e_1{}^2 + f_1{}^2) + g_{12}(e_2f_1 - e_1f_2) - b_{12}(e_1e_2 + f_1f_2) \tag{2.49}$$

$$P_2 = g_{22}(e_2{}^2 + f_2{}^2) + g_{21}(e_1e_2 + f_1f_2) + b_{21}(e_1f_2 - e_2f_1) \tag{2.50}$$

$$Q_2 = -b_{22}(e_2{}^2 + f_2{}^2) + g_{21}(e_1f_2 - e_2f_1) - b_{21}(e_1e_2 + f_1f_2) \tag{2.51}$$

送電線に関する変数（g_{11}、b_{11} など）は、電力ネットワークシステムの構成が

わかれば決まる値である。P_1、Q_1、P_2、Q_2、e_1、f_1、e_2、f_2 の8変数が未知数である。4つの式であることを考えると、4変数を指定することができれば、方程式を解くことで残りの変数が得られる。潮流計算の目的により指定する変数は異なるが、一般的には、ノード1を基準ノードとして e_1、f_1 を指定（例：変電所の送出電圧）、ノード2の電力 P_2、Q_2（例：負荷や分散型電源の電力）あるいは P_2、V_2（例：定電圧制御する電圧制御機器を導入）を指定することが多い。

繰り返し計算による解法

非線形連立方程式である電力方程式を解くためには、数値解析手法が用いられる。ここでは、ノード1電圧の指定値を e_{1s}、f_{1s}、ノード2電力の指定値を P_{2s}、Q_{2s} とし、ニュートン・ラフソン法で解くことを考える。式（2.50）、式（2.51）は電圧の関数であり、以下のように表現できる。

$$P_2 = P_2(e_1, f_1, e_2, f_2), \quad Q_2 = Q_2(e_1, f_1, e_2, f_2) \tag{2.52}$$

ノード1電圧の指定値 e_{1s}、f_{1s} を代入し、ノード2電圧に適当な数値 e_2'、f_2' を代入すると、式（2.52）で計算できる電力と指定値 P_{2s}、Q_{2s} は一致せず、差 ΔP_2、ΔQ_2 が生じる。

$$
\begin{aligned}
\Delta P_2 &= P_{2s} - P_2(e_{1s}, f_{1s}, e_2', f_2') \\
\Delta Q_2 &= Q_{2s} - Q_2(e_{1s}, f_{1s}, e_2', f_2')
\end{aligned}
\tag{2.53}
$$

潮流計算では、ΔP_2、ΔQ_2 が0（ゼロ）となるようなノード2の電圧を算出する。ニュートン・ラフソン法によると、近似値 e_2'、f_2' を与えた場合、ΔP_2、ΔQ_2 を0に近づけるために必要な修正量 Δe_2、Δf_2 は次式で表される。

$$
\begin{bmatrix} \Delta P_2 \\ \Delta Q_2 \end{bmatrix} =
\begin{bmatrix} \dfrac{\partial P_2}{\partial e_2} & \dfrac{\partial P_2}{\partial f_2} \\ \dfrac{\partial Q_2}{\partial e_2} & \dfrac{\partial Q_2}{\partial f_2} \end{bmatrix}
\begin{bmatrix} \Delta e_2 \\ \Delta f_2 \end{bmatrix}
\tag{2.54}
$$

修正量 Δe_2、Δf_2 が得られると、ノード2の電圧は以下のように修正される。

$$e_2 = e_2' + \Delta e_2, \quad f_2 = f_2' + \Delta f_2 \tag{2.55}$$

修正したノード2の電圧を再び式（2.53）に代入し、ΔP_2、ΔQ_2 が十分に小さ

くなるまで繰り返すことでノード 2 電圧を算出する。

　以上、ここでは簡易的な電気回路モデルを対象にして説明したが、詳細な方法については、文献【6】-【8】を参考にされたい。

2.3 送電特性と電線路モデル

　電線路は、厳密には線路定数、すなわち抵抗 R、インダクタンス L、キャパシタンス（静電容量）C、漏れコンダクタンス g が電線路に沿って一様に分布している分布定数回路であって、送受電端電力、電流、電圧、電力損失などを計算するには、分布定数回路として取り扱う必要がある。しかし、配電線路の場合はこう長が短く、線路定数が 1 カ所または複数箇所に集中していると仮定し、集中定数回路として取り扱っても大きな誤差は生じない。

　また、日本では大部分で交流三相 3 線式が採用されているので、定常状態を表現する場合には単に一相と中性点の相回路として取り扱い、線間電圧で表現する場合には、相回路の電圧を $\sqrt{3}$ 倍すればよい。

短距離電線路

　電線路のこう長が数 km 程度の非常に短い場合には、送電容量〔W〕は電流の許容電流だけを考えて次式で計算できる。

$$P=\sqrt{3}\ VI\cos \varphi_r=3\ EI\cos \varphi_r \tag{2.56}$$

　　　※ただし、I は許容電流〔A〕、V は線間電圧〔V〕、E は相電圧〔V〕、$\cos \varphi_r$ は負荷
　　　の力率とする。

　線路のこう長が 20 km 程度から数十 km の場合には、これを集中インピーダンスとみなして、抵抗とリアクタンスが 1 カ所に集中していると考え、キャパシタンスと漏れコンダクタンスは無視する。それぞれの値を次のように定義すると、この回路は図 2.15 のようになり、この場合の電圧、電流のフェーザ図は図 2.16 の通りとなる。

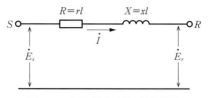

図2.15 短距離送電線の等価回路

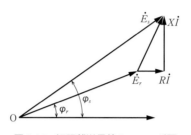

図2.16 短距離送電線のフェーザ図

$\dot{E}_s$　　　：送電端相電圧（1線と中性点の間の電圧）〔V〕

$\dot{E}_r$　　　：受電端相電圧（1線と中性点の間の電圧）〔V〕

$\dot{I}$　　　　：線電流〔A〕

$\cos \varphi_r$　：受電端の力率（遅れ）

r　　　　：電線1条1kmの抵抗〔Ω〕

x　　　　：電線1条1kmのリアクタンス（$x=2\pi fL$）〔Ω〕

l　　　　：送配電線路のこう長〔km〕

f　　　　：周波数〔Hz〕

R　　　　：電線1条の全抵抗（$R=rl$）〔Ω〕

X　　　　：電線1条の全リアクタンス（$X=xl$）〔Ω〕

$\dot{Z}$　　　　：電線1条の全インピーダンス（$Z=R+\mathrm{j}X$）〔Ω〕

従って、送電端電圧 $\dot{E}_s$〔V〕は次のようになる。

$$\dot{E}_s = \dot{E}_r + (R+\mathrm{j}X)\dot{I} \tag{2.57}$$

$\dot{E}_s$，$\dot{E}_r$，$\dot{I}$ は複素数表示でベクトル量であることに注意する。さらに、配電系統のように線路が非常に短い場合は $\phi_s = \phi_r$ と仮定することも可能であり、その場合の送電端電圧、電圧降下率、電力、力率などを示すと以下のようになる。

$$E_s = \sqrt{(E_r \cos\varphi_r + RI)^2 + (E_r \sin\varphi_r + XI)^2}$$
$$\approx E_r + (R\cos\varphi_r + X\sin\varphi_r)I \tag{2.58}$$

☑ 電圧降下率

$$\frac{E_s - E_r}{E_r} \times 100 = \frac{I(R\cos\varphi_r + X\sin\varphi_r)}{E_r} \tag{2.59}$$

☑ 送電端力率

$$\cos\varphi_s = \frac{I(R\cos\varphi_r + X\sin\varphi_r)}{E_r} \tag{2.60}$$

☑ 送電端の有効電力

$$P_S = 3(E_r I \cos\varphi_r + RI^2) \tag{2.61}$$

☑ 受電端の有効電力

$$P_r = 3E_r I \cos\varphi_r \tag{2.62}$$

2.4 電圧降下

　配電ネットワークシステムの電圧降下は、配電電流や負荷電流と配電線の線路定数（主に抵抗とリアクタンス）の積により生じる。電気機器・器具は適正な電圧、電流により適正な出力（明るさ、電動機の馬力など）や制御動作を行うが、配電線側で大きな電圧降下が発生すると電気機器・器具にかかる不適正な電圧により、適正な出力や制御動作をすることができず、照明が暗くなったり、電動機の出力が低下したりするなどの悪影響を与えることになる。以下では、配電線の電圧降下の計算について解説する。

2.4.1 単一負荷の電圧降下

抵抗やリアクタンスが集中した場合の電圧降下 v は、送電端電圧と受電端電圧の位相角が同じ $(\phi_s=\phi_r=\theta)$ であるとすると、式 (2.58) より、以下のように表すことができる。

☑ 単相 2 線式

$$v = V_s - V_r = 2I(R\cos\theta + X\sin\theta) \tag{2.63}$$

☑ 三相 3 線式

$$v = V_s - V_r = \sqrt{3}I(R\cos\theta + X\sin\theta) \tag{2.64}$$

また、三相 3 線式配電線の負荷端に電圧 V 〔kV〕、電力 P 〔kW〕および力率 $\cos\theta$ の負荷が接続されている場合の線路の電圧降下 v 〔V〕は次式で表される。

$$v = \frac{P}{V}(R + X\tan\theta) \tag{2.65}$$

電圧降下率と電圧変動率

○電圧降下率

送電端電圧 V_s と受電端電圧 V_r の差（電圧降下 v）と受電端電圧 V_r との比の百分率を電圧降下率〔%〕といい、次式で表される。

$$\varepsilon = \frac{V_s - V_r}{V_r} \times 100 = \frac{v}{V_r} \times 100 \tag{2.66}$$

従って、三相 3 線式の場合の電圧降下率 ε_3 〔%〕は次式のように表される。

$$\varepsilon_3 = \frac{\sqrt{3}I(R\cos\varphi_r + X\sin\varphi_r)}{V_r} \times 100 \tag{2.67}$$

○電圧変動率

無負荷時の受電端電圧 V_{0r} と全負荷時の受電端電圧 V_r との差と受電端電圧 V_r との比の百分率を電圧変動率〔%〕といい、次式で表される。

$$\frac{V_{0r} - V_r}{V_r} \times 100 \tag{2.68}$$

電圧降下の計算式は、電圧降下の計算はもちろん、電力損失や電線の太さを

計算する際の基礎となる重要な計算式である。実際の計算にあたってはI、R、Xなどがそのまま与えられず、受電端電力、受電端電圧および負荷力率が与えられることがあり、その場合は、これらから電流Iを求めて計算する必要がある。

2.4.2 多数負荷の電圧降下

○電圧降下率

図2.17のように2つの負荷がある場合の電圧降下を正確に求めるためにはE_1とE_2の間の位相差を考慮する必要があり、計算は複雑になる。しかし、この位相差はごくわずかであり、同相であると取り扱っても事実上差し支えない。このように考えると、以下2つの方法が考えられる。

・各負荷が単独にある場合の電圧降下を求め、これを重ね合わせる方法
・各区間の合成電流から区間ごとの電圧降下を求める方法

○重ね合わせの理による方法

図2.18のように、i_1、i_2がそれぞれ単独に流れていると考えて、それぞれの電圧降下を1線あたりv_1、v_2とすれば、

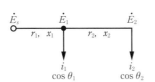

図2.17 2つの負荷の電圧降下

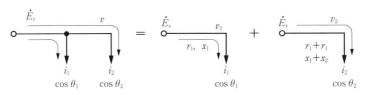

※ i_1とi_2がそれぞれ単独であるとする.

図2.18 2つの負荷の電圧降下

$$v_1 = i_1(r_1 \cos\theta_1 + x_1 \sin\theta_1) \tag{2.69}$$

$$v_2 = i_2\{(r_1+r_2)\cos\theta_2 + (x_1+x_2)\sin\theta_2\} \tag{2.70}$$

となる。従って、E_s と E_2 の間の電圧降下 v は次のようになる。

$$
\begin{aligned}
v &= v_1 + v_2 \\
&= i_1(r_1\cos\theta_1 + x_1\sin\theta_1) + i_2\{(r_1+r_2)\cos\theta_2 + (x_1+x_2)\sin\theta_2\}
\end{aligned} \tag{2.71}
$$

この場合に注意すべきは、i_2 による電圧降下についてはそれぞれ電源から負荷点までの値を使用しなければならないという点である。また、E_1 までの電圧降下を求めるためには i_1、i_2 が単独に E_1 の位置にあると考えて計算すればよい。

○各区間の電流から求める方法

E_s と E_1 の間の電流 I は i_1 と i_2 のベクトル和となるから、図2.19 より I は次のようにして求めることができる。

$$I = \sqrt{(\text{有効分電流})^2 + (\text{無効分電流})^2} \tag{2.72}$$

有効分電流は電圧と同相の電流であるから、図2.19 で O-a、無効分電流は電圧と直角の電流であるから a-b である。この図より、

$$有効分電流 = i_1 \cos\theta_1 + i_2 \cos\theta_2 \tag{2.73}$$
$$無効分電流 = i_1 \sin\theta_1 + i_2 \sin\theta_2 \tag{2.74}$$

となる。ここで、E_s と E_1 間および E_1 と E_2 間の電圧降下をそれぞれ v_1' と v_2' とすれば、以下の関係が成り立つ。

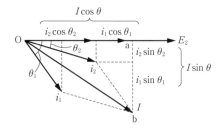

図2.19　各区間の電流による方法

$$v_1' = Ir_1 \cos\theta + Ix_1 \sin\theta = r_1(I\cos\theta) + x_1(I\sin\theta) \tag{2.75}$$

$$v_2' = i_2 r_2 \cos\theta_2 + i_2 x_2 \sin\theta_2 = r_2(i_2 \cos\theta_2) + x_2(i_2 \sin\theta_2) \tag{2.76}$$

$$\therefore v = v_1' + v_2'$$
$$= \{r_1(I\text{の有効分電流}) + r_2(i_2\text{の有効分電流})\}$$
$$+ \{x_1(I\text{の無効分電流}) + x_2(i_2\text{の無効分電流})\} \tag{2.77}$$

なお、上記の関係は、負荷がいくつあったとしても同様である。

2.4.3 分散負荷とループ式線路の電圧降下

平等分布負荷の電圧降下

図2.20のような平等分布負荷の電圧降下は、全負荷が全長の1/2のところに集中したと考えた場合の電圧降下に等しくなる。

これは、同図において点 x の線路電流 I_x は両端の電流を I_1、I_2、線路の距離を L とすれば、

$$I_x = \int_x^L i\,dx + I_2 = i(L-x) + I_2 \tag{2.78}$$

となり、$x=0$ とすれば $I_x = I_1$ となる。すなわち $i = (I_1 - I_2)/L$ となり、

$$I_x = \frac{I_1 - I_2}{L}(L-x) + I_2 = I_1 - \frac{x}{L}(I_1 - I_2) \tag{2.79}$$

となる。dx の部分の電圧降下 dv は、r を電線1条の単位長あたりの抵抗とすれば以下のように表される。ただし、K は配電方式によって異なる定数（三相3線式：$\sqrt{3}$、単相2線式：2、単相3線式（回路がバランスして中性線に電流が流れない場合）：1）とする。

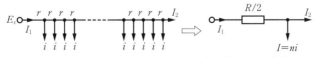

全負荷が $R/2$ の位置にある.

図2.20 平等分布負荷の電圧降下

$$dv = KI_x r\, dx \tag{2.80}$$

これを 0 から L まで積分すれば、求める電圧降下となり次式で表される。

$$v = \int_0^L KI_x r\, dx = Kr \int_0^L I_x\, dx = Kr \int_0^L \left\{ I_1 - (I_1 - I_2)\frac{x}{L} \right\} dx = Kr \left[\left\{ I_1 x - \frac{1}{2L} \right. \right.$$

$$\left. \left. (I_1 - I_2)\, x^2 \right\} \right]_0^L = KrL \left\{ I_2 + \frac{1}{2}(I_1 - I_2) \right\} = \frac{1}{2} KrL\, (I_1 + I_2) \tag{2.81}$$

つまり、式（2.81）で $I_1 + I_2$ は平等負荷の全電流を表しており、それが $rL/2$ の点に集中していることを示している。

ループ式線路の電圧降下

図 2.21 のようなループ式線路の電圧降下を求める方法には、ループのまま解く方法と供給点（A 点）で切り分けて解く方法がある。いずれの場合も次の順序で求めればよい。

・任意の区間の電流の大きさと向きを仮定する
・仮定した電流をもとに、各区間の電流の大きさと向きを決める
・電圧降下の式を作り、それにより仮定した電流を求める
・各区間の電流を求め、それにより各区間の電圧降下、電力損失などを求める

図 2.22 (a) のような点 F から線間電圧 102 V で供給する直流 2 線式のループ配電線路の各点の電圧を、上記手順によって求めてみる。F から A に向かう電流を I_x と仮定すれば、各区間の電流の大きさと方向は同図 (b) のようになる。

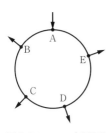

図 2.21 ループ式線路

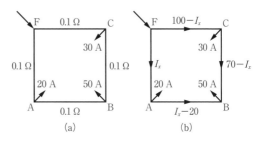

図 2.22 ループ式線路の計算例

次に、電圧降下の式として左回りに一巡して 0（ゼロ）とすると、上記 I_x 電流から $I_{AB}=I_x-20=27.5$〔A〕、$I_{FC}=100-I_x=52.5$〔A〕、$I_{CB}=70-I_x=22.5$〔A〕として各部の電流を求めることができる。

$$v_{FA}+v_{AB}-v_{BC}-v_{CF}=0.1I_x+0.1(I_x-20)-0.1(70-I_x)-0.1(100-I_x)=0$$

$$I_x+I_x-20-70+I_x-100+I_x=0$$

$$\therefore \quad I_x=\frac{190}{4}=47.5\text{〔A〕} \tag{2.82}$$

よって、求める各点の電圧は点 F の電圧より点 F からの線路の電圧降下を差し引いたものであるから、次式で求められる。

$$V_A=102-0.1I_x=102-0.1\times47.5=97.25\text{〔V〕} \tag{2.83}$$

$$V_B=V_A-0.1I_{AB}=97.25-0.1\times27.5=94.5\text{〔V〕} \tag{2.84}$$

$$V_C=102-0.1I_{FC}=102-0.1\times52.5=96.25\text{〔V〕} \tag{2.85}$$

例 題 フリッカの計算

図 A に示す変動成分（破線）が含まれた電圧波形（実線：フリッカ波形例）がある。この波形の ΔV_{10} を求めよ。なお、変動成分は、$Ex=0.1\sin(2\pi\times20\times t)$ とし、ちらつき視感度係数 a_n は図 B を用いることとする。

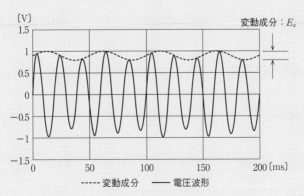

図 A　変動成分を含む電圧波形（フリッカ波形例）

107

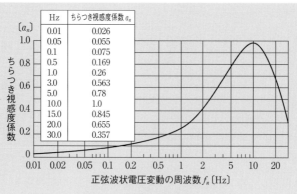

Hz	ちらつき視感度係数 a_n
0.01	0.026
0.05	0.055
0.1	0.075
0.5	0.169
1.0	0.26
3.0	0.563
5.0	0.78
10.0	1.0
15.0	0.845
20.0	0.655
30.0	0.357

図B ちらつき視感度曲線 [9]

解 答

ΔV_{10} は、変動周波数 f_n で分類されるそれぞれの電圧変動幅に対し、ちらつき視感度係数 α_n により各電圧変動に重み付けをし、以下の式より求めることができる。ただし、ΔV_{10} はフリッカ〔V〕、ΔV_n は変動周波数 f_n の電圧変動分（実効値）〔V〕、α_n は周波数 f_n における視感度係数で、ちらつきを最も感じやすい 10 Hz を 1 とした場合の視感度係数とする。

$$\Delta V_{10} = \sqrt{\sum_{n=1}^{\infty} (\alpha_n \cdot \Delta V_n)^2}$$

変動成分 $Ex = 0.1\sin(2\pi \times 20 \times t)$ から、変動周波数は 20 Hz 単一で電圧変動分は $\Delta V_{20} = 0.1 \div \sqrt{2} = 1/(10\sqrt{2})$ V である。また、図Bのちらつき視感度曲線から 20 Hz 時の視感度係数 $\alpha n = 0.655$ となる。従って、ΔV_{10} は以下の式で表される。

$$\Delta V_{10} = \frac{1}{10\sqrt{2}} \times 0.655 \cong 0.0463 \text{〔V〕}$$

例 題 瞬時電圧低下の計算

（1）図Aの系統において、発電設備設置者が誘導発電機を並列させた場

合、末端低圧需要家における瞬時電圧 V_i を求めよ。瞬時電圧は末端低圧需要家において並解列時に 10% 以内である 90 V 以上に抑制することとし、電圧降下率 ε は下記の式によって近似されることとする。ただし、V_r は誘導発電機並列前の受電端電圧、ΔV は誘導発電機並列時の瞬時電圧変化分、X は誘導発電機の拘束リアクタンス、R_0 は系統側インピーダンス（実部）、X_0 は系統側インピーダンス（虚部）とする。なお、誘導発電機連系前の末端低圧需要家の重負荷時の電圧は 95 V であった。

(2) 末端低圧需要家において電圧対策が必要な場合に、誘導発電機に限流リアクトルの取り付けが必要となる。図 A の系統において、必要となる限流リアクトルの容量を求めよ。

(3) 誘導発電機の突入電流を抑制するための、ソフトスタートという方法がある。ソフトスタートとは、系統と誘導発電機との間に、電力用半導体（サイリスタ）を使用して、並列連系する誘導発電機の印加電圧を制御（低減）するものである。誘導発電機の並列時の最大電流 I_s が定格電流の 1.4 倍に制限されていると仮定するとき、10 MVA ベースに換算した誘導発電機の並列時における末端低圧需要家の瞬時電圧 V_i を求めよ。

$$\varepsilon \fallingdotseq \frac{\sqrt{R_0^2+(X_0+X')^2}-X'}{\sqrt{R_0^2+(X_0+X')^2}} \times 100 \ (\%)$$

　　　　※ X' は誘導発電機の等価リアクタンス（ソフトスタート）

(4) 設問 (3) のソフトスタート適用時に、誘導発電機に対して並列に 300

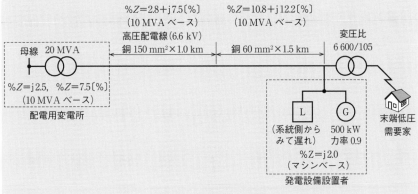

図 A　配電系統の例 [10]

kvar の補償用コンデンサを設置することする。10 MVA ベースに換算した誘導発電機の並列時における端低圧需要家の瞬時電圧 V_i を求めよ。また設問 (3) のソフトスタートのみに比べ、瞬時電圧変動はどの程度改善されるか求めよ。

(5) 設問 (3) のソフトスタートを適用した場合、および設問 (4) の補償用コンデンサを適用するに当たって、注意すべきことについてそれぞれ述べよ。

解 答

(1) 誘導発電機設置点からみた系統の全％インピーダンスは下記の通り求められる。

$$R_0+jX_0 = j2.5+j7.5+(2.8+j7.5)+(10.8+j12.2)=13.6+j29.7 〔\%〕$$

また、誘導発電機の拘束リアクタンスは、力率 0.9 を考慮すると 10 MVA をベースとすると、下記の通り求められる。

$$X=20 〔\%〕×10 〔MVA〕／(500／0.9)〔kVA〕=360 〔\%〕$$

従って、問題文の電圧降下率の式に代入すると、$\varepsilon \simeq 7.68$ 〔%〕と求められる。さらに、問題文より末端低圧需要家の柱上変圧器は 6 600／105 の変圧比であることから、$V_i=95-(7\,677／100)×105 \simeq 86.9$ 〔V〕と求められる。よって末端低圧需要家の受電電圧は 10% 以内である 90 V から下限逸脱していることがわかる。よって、系統連系時には対策が必要となる。

(2) 発電設備事業者の誘導発電機に限流リアクトル X_l を設置することとする。この場合の電圧降下率は次式のように表現される。

$$\varepsilon = \frac{\varDelta V}{V_r} \fallingdotseq \frac{\sqrt{R_0^2+(X_0+X+X_1)^2}-(X+X_1)}{\sqrt{R_0^2+(X_0+X+X_1)^2}}$$

この式において、$90 \leqq 95-\varepsilon／100×105$ を満たす X_l を求める。これを解くと、$X_l \geqq 237$ 〔%〕とある。よって、10 MVA ベースにおいて、237% 以上のインピーダンスを有する限流リアクトルを設置すればよい。

（3）誘導発電機連系時の最大電流 I_s および誘導発電機の等価リアクタンス X' は下記の通り求められる。

$$I_s=(500 ／ 0.9)／(\sqrt{3}\times6.6)\times1.4=68〔A〕$$
$$X'=10\times10^3／(\sqrt{3}\times6.6\times68)=1\,286〔\%〕$$

従って、問題文の式に数値を代入すると $\varepsilon=2.26〔\%〕$ となるため、V_i $=95-(2.263／100)\times105\simeq92.6〔V〕$ と求められる。よって末端低圧需要家の受電電圧は 10% 以内である 90 V を満たす。

（4）誘導発電機に対して並列に 300 kvar の補償用コンデンサを設置された際の無効分最大突入電流を I_s'、等価リアクタンスを X'' とすると、下記の通り求められる。

$$I_s'=I_s-300／(\sqrt{3}\times6.6)=42〔A〕$$
$$X''=10\times10^3／(\sqrt{3}\times6.6\times42)=2\,083〔\%〕$$

従って、（3）の問題文の式に数値を代入すると $\varepsilon=1\,408〔\%〕$ となるため、$V_i=95-(1\,408／100)\times105\simeq93.5〔V〕$ と求められる。よって末端低圧需要家の受電電圧は 10% 以内である 90 V を満たし、ソフトスタートのみの電圧補償に比べて瞬時電圧変動を 0.9 V 小さくすることができた。

（5）ソフトスタートでは、並列瞬時の電圧変動だけではなく、並列後の過渡的な特性についても留意が必要である。実際の協議においては、制御シーケンスを含めた確認を十分に行い、最大電流や継続時間を決定する必要がある。

補償用コンデンサにおいては、誘導発電機が並列する前や誘導発電機の突入電流が減衰した後で、補償用コンデンサが投入状態になっている場合には、系統の電圧が上昇することがあるため、並解列タイミングなどに対して留意が必要である。

2.5 不平衡の計算

2.5.1 対称座標法

　1線地絡時や2線短絡時などは不平衡故障である。すなわち abc 相からなる実用座標では、故障電流や各部電圧は不平衡となる。そこで、実用座標系を対称座標系に変換して故障計算を行う。対称座標法により得られる正相、逆相、零相回路はそれぞれ対称座標であるため、計算が容易になる。

対称座標法を用いた計算の流れ

　対称座標法を用いた故障計算の流れを図2.23に示す。まず、実用座標系の電圧や電流を用いて故障条件を表現し、これらの条件を対称座標系に変換する。次に、故障時の対称座標系での電圧と電流の関係を「発電機の基本式」を用いて結び付ける。最後に、対称座標系で表された変数を変換し、実用座標系で表現される所望の電圧、電流を得る。

図2.23　対称座標法の計算手順

対称座標系への変換

abc 相からなる実用座標系の電圧 $\dot{V}_a$、$\dot{V}_b$、$\dot{V}_c$、電流 $\dot{I}_a$、$\dot{I}_b$、$\dot{I}_c$ は、対称座標系の電圧 $\dot{V}_0$、$\dot{V}_1$、$\dot{V}_2$、電流 $\dot{I}_0$、$\dot{I}_1$、$\dot{I}_3$ へ、以下のよう変換される。ただし、対称座標系の変数の添え字 0、1、2 は、それぞれ零相、正相、逆相を表す。

☑ 零相

$$\dot{V}_0 = \frac{1}{3}[\dot{V}_a + \dot{V}_b + \dot{V}_c] \quad \dot{I}_0 = \frac{1}{3}[\dot{I}_a + \dot{I}_b + \dot{I}_c] \tag{2.86}$$

☑ 正相

$$\frac{1}{3}[\dot{V}_a + a\dot{V}_b + a^2\dot{V}_c] \quad \dot{I}_1 = \frac{1}{3}[\dot{I}_a + a\dot{I}_b + a^2\dot{I}_c] \tag{2.87}$$

☑ 逆相

$$\frac{1}{3}[\dot{V}_a + a\dot{V}_b + a^2\dot{V}_c] \quad \dot{I}_1 = \frac{1}{3}[\dot{I}_a + a\dot{I}_b + a^2\dot{I}_c] \tag{2.88}$$

ただし、$a = e^{j\frac{2}{3}\pi}$ であり、回転を表す。対称座標変換は、以下のように行列形式で表される。

$$\begin{bmatrix} \dot{V}_0 \\ \dot{V}_1 \\ \dot{V}_2 \end{bmatrix} = \frac{1}{3}\begin{bmatrix} 1 & 1 & 1 \\ 1 & a & a^2 \\ 1 & a^2 & a \end{bmatrix}\begin{bmatrix} \dot{V}_a \\ \dot{V}_b \\ \dot{V}_c \end{bmatrix} \quad \begin{bmatrix} \dot{I}_0 \\ \dot{I}_1 \\ \dot{I}_2 \end{bmatrix} = \frac{1}{3}\begin{bmatrix} 1 & 1 & 1 \\ 1 & a & a^2 \\ 1 & a^2 & a \end{bmatrix}\begin{bmatrix} \dot{I}_a \\ \dot{I}_b \\ \dot{I}_c \end{bmatrix} \tag{2.89}$$

回路を構成するインピーダンスも、実用座標系から対称座標系に変換することが可能である。式 (2.89) のように、実用座標系と対称座標系のオーム式が成り立つとき、式 (2.90) ～式 (2.92) の等式が成立する。

$$\begin{bmatrix} \dot{V}_a \\ \dot{V}_b \\ \dot{V}_c \end{bmatrix} = \begin{bmatrix} \dot{Z}_{aa} & \dot{Z}_{ab} & \dot{Z}_{ac} \\ \dot{Z}_{ba} & \dot{Z}_{bb} & \dot{Z}_{bc} \\ \dot{Z}_{ca} & \dot{Z}_{cb} & \dot{Z}_{cc} \end{bmatrix}\begin{bmatrix} \dot{I}_a \\ \dot{I}_b \\ \dot{I}_c \end{bmatrix} \tag{2.90}$$

$$\begin{bmatrix} \dot{V}_0 \\ \dot{V}_1 \\ \dot{V}_2 \end{bmatrix} = \begin{bmatrix} \dot{Z}_{00} & \dot{Z}_{01} & \dot{Z}_{02} \\ \dot{Z}_{10} & \dot{Z}_{11} & \dot{Z}_{12} \\ \dot{Z}_{20} & \dot{Z}_{21} & \dot{Z}_{22} \end{bmatrix}\begin{bmatrix} \dot{I}_0 \\ \dot{I}_1 \\ \dot{I}_2 \end{bmatrix} \tag{2.91}$$

$$\begin{bmatrix} 1 & 1 & 1 \\ 1 & a^2 & a \\ 1 & a & a^2 \end{bmatrix}\begin{bmatrix} \dot{V}_0 \\ \dot{V}_1 \\ \dot{V}_2 \end{bmatrix}=\begin{bmatrix} \dot{Z}_{aa} & \dot{Z}_{ab} & \dot{Z}_{ac} \\ \dot{Z}_{ba} & \dot{Z}_{bb} & \dot{Z}_{bc} \\ \dot{Z}_{ca} & \dot{Z}_{cb} & \dot{Z}_{cc} \end{bmatrix}\begin{bmatrix} 1 & 1 & 1 \\ 1 & a^2 & a \\ 1 & a & a^2 \end{bmatrix}\begin{bmatrix} \dot{I}_0 \\ \dot{I}_1 \\ \dot{I}_2 \end{bmatrix} \tag{2.92}$$

したがって、対称座標系のインピーダンスは、実用座標系のインピーダンスを用いて、以下のように表される。

$$\begin{aligned}
\begin{bmatrix} \dot{V}_0 \\ \dot{V}_1 \\ \dot{V}_2 \end{bmatrix} &= \begin{bmatrix} 1 & 1 & 1 \\ 1 & a^2 & a \\ 1 & a & a^2 \end{bmatrix}^{-1}\begin{bmatrix} \dot{Z}_{aa} & \dot{Z}_{ab} & \dot{Z}_{ac} \\ \dot{Z}_{ba} & \dot{Z}_{bb} & \dot{Z}_{bc} \\ \dot{Z}_{ca} & \dot{Z}_{cb} & \dot{Z}_{cc} \end{bmatrix}\begin{bmatrix} 1 & 1 & 1 \\ 1 & a^2 & a \\ 1 & a & a^2 \end{bmatrix}\begin{bmatrix} \dot{I}_0 \\ \dot{I}_1 \\ \dot{I}_2 \end{bmatrix} \\
&= \begin{bmatrix} 1 & 1 & 1 \\ 1 & a^2 & a \\ 1 & a & a^2 \end{bmatrix}^{-1}\begin{bmatrix} \dot{Z}_{aa} & \dot{Z}_{ab} & \dot{Z}_{ac} \\ \dot{Z}_{ba} & \dot{Z}_{bb} & \dot{Z}_{bc} \\ \dot{Z}_{ca} & \dot{Z}_{cb} & \dot{Z}_{cc} \end{bmatrix}\begin{bmatrix} 1 & 1 & 1 \\ 1 & a^2 & a \\ 1 & a & a^2 \end{bmatrix}\begin{bmatrix} \dot{I}_0 \\ \dot{I}_1 \\ \dot{I}_2 \end{bmatrix} \\
&= \frac{1}{3}\begin{bmatrix} 1 & 1 & 1 \\ 1 & a & a^2 \\ 1 & a^2 & a \end{bmatrix}\begin{bmatrix} \dot{Z}_{aa} & \dot{Z}_{ab} & \dot{Z}_{ac} \\ \dot{Z}_{ba} & \dot{Z}_{bb} & \dot{Z}_{bc} \\ \dot{Z}_{ca} & \dot{Z}_{cb} & \dot{Z}_{cc} \end{bmatrix}\begin{bmatrix} 1 & 1 & 1 \\ 1 & a^2 & a \\ 1 & a & a^2 \end{bmatrix}\begin{bmatrix} \dot{I}_0 \\ \dot{I}_1 \\ \dot{I}_2 \end{bmatrix}
\end{aligned} \tag{2.93}$$

$$\begin{bmatrix} \dot{Z}_{00} & \dot{Z}_{01} & \dot{Z}_{02} \\ \dot{Z}_{10} & \dot{Z}_{11} & \dot{Z}_{12} \\ \dot{Z}_{20} & \dot{Z}_{21} & \dot{Z}_{22} \end{bmatrix}=\frac{1}{3}\begin{bmatrix} 1 & 1 & 1 \\ 1 & a & a^2 \\ 1 & a^2 & a \end{bmatrix}\begin{bmatrix} \dot{Z}_{aa} & \dot{Z}_{ab} & \dot{Z}_{ac} \\ \dot{Z}_{ba} & \dot{Z}_{bb} & \dot{Z}_{bc} \\ \dot{Z}_{ca} & \dot{Z}_{cb} & \dot{Z}_{cc} \end{bmatrix}\begin{bmatrix} 1 & 1 & 1 \\ 1 & a^2 & a \\ 1 & a & a^2 \end{bmatrix} \tag{2.94}$$

さらに、自己インダクタンスと相互インダクタンスがa相、b相、c相で等しいとき、インピーダンス行列は以下のように書ける。

$$\dot{Z}_s \equiv \dot{Z}_{aa} \cong \dot{Z}_{bb} \cong \dot{Z}_{cc}$$

$$\dot{Z}_m \equiv \dot{Z}_{ab} \cong \dot{Z}_{ba} \cong \dot{Z}_{bc} \cong \dot{Z}_{cb} \cong \dot{Z}_{ca} \cong \dot{Z}_{ac}$$

$$\begin{bmatrix} \dot{Z}_{aa} & \dot{Z}_{ab} & \dot{Z}_{ac} \\ \dot{Z}_{ba} & \dot{Z}_{bb} & \dot{Z}_{bc} \\ \dot{Z}_{ca} & \dot{Z}_{cb} & \dot{Z}_{cc} \end{bmatrix}=\begin{bmatrix} \dot{Z}_s & \dot{Z}_m & \dot{Z}_m \\ \dot{Z}_m & \dot{Z}_s & \dot{Z}_m \\ \dot{Z}_m & \dot{Z}_m & \dot{Z}_s \end{bmatrix} \tag{2.95}$$

このとき、線路インピーダンス行列は、以下のように表される。

$$\begin{bmatrix} \dot{Z}_{00} & \dot{Z}_{01} & \dot{Z}_{02} \\ \dot{Z}_{10} & \dot{Z}_{11} & \dot{Z}_{12} \\ \dot{Z}_{20} & \dot{Z}_{21} & \dot{Z}_{22} \end{bmatrix}=\begin{bmatrix} \dot{Z}_s+2\dot{Z}_m & 0 & 0 \\ 0 & \dot{Z}_s-\dot{Z}_m & 0 \\ 0 & 0 & \dot{Z}_s-\dot{Z}_m \end{bmatrix} \tag{2.96}$$

このように、インピーダンス行列の対称座標成分は、対角項のみである。このことは、零相、正相、逆相が互いに干渉しないことを意味する。すなわち、対称座標系の各相は、独立した回路として回路方程式を立てることができる。

☑ 零相回路

$$\dot{V}_0 = \dot{Z}_0 \dot{I}_0 \qquad (2.97)$$

☑ 正相回路

$$\dot{V}_1 = \dot{Z}_1 \dot{I}_1 \qquad (2.98)$$

☑ 逆相回路

$$\dot{V}_2 = \dot{Z}_2 \dot{I}_2 \qquad (2.99)$$

　故障時に生じる電圧、電流は、故障回路中の発電機に起因するものであるので、発電機も対称座標系で表現し、故障回路に組み込む必要がある。発電機の対称座標表示は、「発電機の基本式」と呼ばれ、故障計算において対称分の電圧と電流を結び付ける役割を担う。

　三相平衡である内部電圧源、内部インピーダンスを持ち、接地インピーダンスで中性点接地されているという前提のもとでは、発電機は相座標で以下のように表される。

$$\begin{bmatrix} \dot{E}_a \\ \dot{E}_b \\ \dot{E}_c \end{bmatrix} + \begin{bmatrix} \dot{V}_n \\ \dot{V}_n \\ \dot{V}_n \end{bmatrix} - \begin{bmatrix} \dot{V}_a \\ \dot{V}_b \\ \dot{V}_c \end{bmatrix} = \begin{bmatrix} \dot{Z}_s & \dot{Z}_m & \dot{Z}_m \\ \dot{Z}_m & \dot{Z}_s & \dot{Z}_m \\ \dot{Z}_m & \dot{Z}_m & \dot{Z}_s \end{bmatrix} \begin{bmatrix} \dot{I}_a \\ \dot{I}_b \\ \dot{I}_c \end{bmatrix} \qquad (2.100)$$

　内部起電力と中性点電圧、端子電圧・電流は、対称座標系で以下のように書ける。

☑ 内部起電力

$$\begin{cases} \dot{E}_a = \dot{E} \\ \dot{E}_b = a^2 \dot{E} \\ \dot{E}_c = a\dot{E} \end{cases}$$

$$\begin{bmatrix} \dot{E}_0 \\ \dot{E}_1 \\ \dot{E}_2 \end{bmatrix} = \frac{1}{3} \begin{bmatrix} 1 & 1 & 1 \\ 1 & a & a^2 \\ 1 & a^2 & a \end{bmatrix} \begin{bmatrix} \dot{E}_a \\ \dot{E}_b \\ \dot{E}_c \end{bmatrix} = \frac{1}{3} \begin{bmatrix} 1 & 1 & 1 \\ 1 & a & a^2 \\ 1 & a^2 & a \end{bmatrix} \begin{bmatrix} \dot{E} \\ a^2 \dot{E} \\ a\dot{E} \end{bmatrix} = \begin{bmatrix} 0 \\ \dot{E} \\ 0 \end{bmatrix} \qquad (2.101)$$

☑ 中性点電圧

$$\dot{V}_n = \dot{Z}_n(-\dot{I}_a - \dot{I}_b - \dot{I}_c) = \dot{Z}_n(-3\dot{I}_0) \qquad (2.102)$$

$$[\dot{V}_a \dot{V}_b \dot{V}_c] \Rightarrow [\dot{V}_0 \dot{V}_1 \dot{V}_2] \quad [\dot{I}_a \dot{I}_b \dot{I}_c] \Rightarrow [\dot{I}_0 \dot{I}_1 \dot{I}_2]$$

$$\begin{bmatrix} 0 \\ \dot{E} \\ 0 \end{bmatrix} - 3 \begin{bmatrix} \dot{Z}_n \dot{I}_0 \\ 0 \\ 0 \end{bmatrix} - \begin{bmatrix} \dot{V}_0 \\ \dot{V}_1 \\ \dot{V}_2 \end{bmatrix} = \begin{bmatrix} \dot{Z}_0 & 0 & 0 \\ 0 & \dot{Z}_1 & 0 \\ 0 & 0 & \dot{Z}_2 \end{bmatrix} \begin{bmatrix} \dot{I}_0 \\ \dot{I}_1 \\ \dot{I}_2 \end{bmatrix} \qquad (2.103)$$

☑ **対称座標系から相座標系への逆変換（電圧の場合）**

$$\begin{bmatrix} \dot{V}_a \\ \dot{V}_b \\ \dot{V}_c \end{bmatrix} = 3 \begin{bmatrix} 1 & 1 & 1 \\ 1 & a & a^2 \\ 1 & a^2 & a \end{bmatrix}^{-1} \begin{bmatrix} \dot{V}_0 \\ \dot{V}_1 \\ \dot{V}_2 \end{bmatrix} = \begin{bmatrix} 1 & 1 & 1 \\ 1 & a^2 & a \\ 1 & a & a^2 \end{bmatrix} \begin{bmatrix} \dot{V}_0 \\ \dot{V}_1 \\ \dot{V}_2 \end{bmatrix}$$

※電流も同様の演算で逆変換が可能

例 題 不平衡三相回路1

　三相交流回路で、図Aのように Δ 接続された不平衡負荷がある。インピーダンスは図示の通りであり、電源は対称三相電源、$V_{ab} = 6\,600\angle 0°$、$V_{bc} = 6\,600\angle 240°$、$V_{ca} = 6\,600\angle 120°$ である。この回路における負荷各部の電流（相電流）および線電流を求めよ。

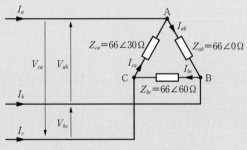

図A Δ接続された不平衡負荷

解 答

　負荷各部の電流は、各線間電圧をそれぞれのインピーダンスで除した値

となる。

$$I_{ab} = \frac{V_{ab}}{Z_{ab}} = \frac{6\,600\angle 0°}{66\angle 0°} = 100\angle 0°$$

$$I_{bc} = \frac{V_{bc}}{Z_{bc}} = \frac{6\,600\angle 240°}{66\angle 60°} = 100\angle 180°$$

$$I_{ca} = \frac{V_{ca}}{Z_{ca}} = \frac{6\,600\angle 120°}{66\angle 30°} = 100\angle 90°$$

また、各線電流は接続点 A・B・C におけるキルヒホッフの第一法則より、求められる。

$$I_a = I_{ab} - I_{ca} = 100\angle 0° - 100\angle 90° = 100\cos(0°) + j100\sin(0°)$$
$$-100\cos(90°) - j100\sin(90°) = 100 + j0 - 0 - j100 = 100\angle 315°$$

また、各線電流は接続点 A・B・C におけるキルヒホッフの第一法則より、求められる。

$$I_a = I_{ab} - I_{ca} = 100\angle 0° - 100\angle 90° = 100\cos(0°) + j100\sin(0°)$$
$$-100\cos(90°) - j100\sin(90°) = 100 + j0 - 0 - j100 = 100\angle 315°$$

$$I_b = I_{bc} - I_{ab} = 100\angle 180° - 100\angle 0° = 100\cos(180°) + j100\sin(180°)$$
$$-100\cos(0°) - j100\sin(0°) = -100 - j0 - 100 - j0 = -200\angle 0°$$

$$I_c = I_{ca} - I_{ab} = 100\angle 180° - 100\angle 0° = 100\cos(180°) + j100\sin(0°)$$
$$-100\cos(90°) - j100\sin(90°) = 0 + j100 - 100 - j0 = 100\angle 135°$$

2.5.2 不平衡三相回路

　対称座標法は、三相回路の不平衡問題を解く上で使われる数学である。対称座標法では不平衡電流や電圧を生のまま取り扱わず、それを対照的な３つの成分（零相・正相・逆相）に分けて解析を行う（対称座標法）。対称座標法の詳細な定義については、前項の例題で述べている。

　不平衡回路において、各相の不平衡電圧をそれぞれ E_a、E_b、E_c とすると、零相・正相・逆相電圧および不平衡率 ε〔％〕については次式となる。ただし、

$a = e^{j\frac{2}{3}\pi}$ とする。

☑ **零相電圧**

$$E_0 = \frac{1}{3}(E_a + E_b + E_c) \tag{2.104}$$

☑ **正相電圧**

$$E_1 = \frac{1}{3}(E_a + aE_b + a^2E_c) \tag{2.105}$$

☑ **逆相電圧**

$$E_2 = \frac{1}{3}(E_a + a^2E_b + aE_c) \tag{2.106}$$

☑ **不平衡率**

$$\varepsilon = \frac{|E_2|}{|E_1|} \times 100 = \frac{|E_a + a^2E_b + aE_c|}{|E_a + aE_b + a^2E_c|} \times 100 \tag{2.107}$$

例　題　不平衡三相回路 2

　三相交流回路で、電源は三相不平衡電源、$E_a = 6\,550\angle0°$、$E_b = 6\,650\angle240°$、$E_c = 6\,700\angle120°$ である。この回路における零相電圧・正相電圧・逆相電圧および不平衡率について求めよ。なお、電圧に関しては有効数字 4 桁、不平衡率については有効数字 3 桁とする。

解　答

　零相電圧・正相電圧・逆相電圧について、次のように求められる。
【零相電圧】

$$E_0 = \frac{1}{3}(E_a + E_b + E_c) = \frac{1}{3}(6\,550\angle0° + 6\,650\angle240° + 6\,700\angle120°)$$

$$= \frac{1}{3}\{6\,550\cos(0°) + j6\,550\sin(0°) + 6\,650\cos(240°) + j6\,650\sin$$

$$(240°) + 6\,700\cos(120°) + j6\,700\sin(120°)\} = -41.67 + j14.43$$

【正相電圧】

$$E_1 = \frac{1}{3}(E_a + aE_b + a^2E_c) = \frac{1}{3}(6\,550\angle0° + 6\,650\angle360° + 6\,700\angle360°)$$

$$= \frac{1}{3}\{6\,550\cos(0°) + j6\,550\sin(0°) + 6\,650\cos(0°) + j6\,650\sin(0°)$$

$$+ 6\,700\cos(0°) + j6\,700\sin(0°)\} = 6\,633$$

【逆相電圧】

$$E_2 = \frac{1}{3}(E_a + a^2E_b + aE_c) = \frac{1}{3}(6\,550\angle0° + 6\,650\angle120° + 6\,700\angle240°)$$

$$= \frac{1}{3}\{6\,550\cos(0°) + j6\,550\sin(0°) + 6\,650\cos(120°) + j6\,650\sin(120°)$$

$$+ 6\,700\cos(240°) + j6\,700\sin(240°)\} = -41.67 - j14.43$$

【不平衡率】

$$\varepsilon = \frac{|E_2|}{|E_1|} \times 100 = \frac{\sqrt{41.67^2 + 14.43^2}}{\sqrt{6\,633^2}} \times 100 = 0.665$$

2.6 故障計算

2.6.1 配電線事故の種類

　配電線路には、自然災害などにより、地絡や短絡といった故障が発生し得る。故障が生じると、電力供給ができなくなるばかりでなく、感電や付近の通信線の電磁誘導障害の恐れも高まる。図2.24に国内で発生した配電線事故の原因

別の割合を示す。配電線事故の主な原因は雷や台風などの自然災害によるもので、大雨・洪水や動物の接触、設備事故や雷、大雪、地震といった原因が挙げられる。図2.25に配電線事故の発生例を挙げる。配電線事故は、落雷により充電部と電柱設備の金具部やコンクリ部が接触することによる地絡や短絡、樹木などの接触に伴い充電部から樹木を通じて地面に電気が流れてしまうことによる地絡のほか、異なる相が樹木を介して電気的につながってしまい短絡に至るケースや、柱上変圧器における内部短絡など、さまざまな事象で発生する。

本節では、地絡や短絡といった線路故障の種類を確認したのち、故障計算の

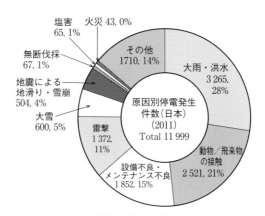

図2.24 原因別停電発生件数（2011年度）

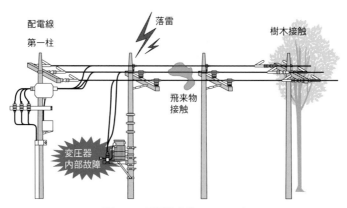

図2.25 配電線事故のイメージ

120

必須ツールである％インピーダンス法・単位法を学び、簡易法による故障計算を行う。さらに、対称座標法を用いた不平衡故障時の計算方法について述べる。

2.6.2 配電線の故障

短絡

短絡とは、電気が流れている導体同士が相対的に低いインピーダンスで電気的に接続されている状態である。

電流が流れている電線のうち、2本線が接触することを二相短絡、3本線が短絡することを三相短絡と呼ぶ。配電系統では、三相短絡が最も過酷な短絡事故であり、極めて大きな電流が流れ、すぐに遮断しなければ大惨事につながる。すなわち、電路が短絡すると極めて高い熱が電線全体から生じ、電線を被覆しているビニルやポリエチレンが加熱され、溶けてしまう。内部の導体も発熱によって損傷し、短絡事故を経験した電線は著しく性能が低下することから、変電所の遮断器等で速やかに遮断することが求められる。

地絡

地絡とは、電気回路が大地と電気的に接続される状態である。地絡事故が生じると、事故点と電気回路にあらかじめ設けられている接地極に地絡電流が流れる。大きな事故電流は、接地極や接地極近傍の大地に電位差を生じさせる。接地極と大地の間に生じる電位差を接触電圧、大地の地表間2地点に生じる電位差を歩幅電圧と呼び、いずれも感電事故の原因となる。

地絡の原因には、電路への接触物や飛来物、被覆の劣化などがある。接触物や飛来物には、野生動物やそれらの営巣、ビニルシートなどがある。

地絡時の電気回路を構成するインピーダンスは短絡と比較すると大きいため、地絡電流の大きさも短絡電流と比べて小さい。

2.6.3 故障計算のための回路表現

オーム法

　線路や各機器のインピーダンスをオーム値で計算する方式で、変圧器を含む場合はその一次側または二次側に換算したオーム値を用いる必要がある。これは変圧器の一次側から測ったインピーダンスと二次側から測ったインピーダンスが異なることに起因しており、一次側から測ったインピーダンスを Z_1〔Ω〕、二次側から測ったインピーダンスを Z_2〔Ω〕、一次側電圧と二次側電圧の電圧比（変圧比）を a とすると、次式のような関係となる。

$$\frac{Z_1}{Z_2} = a^2 \tag{2.108}$$

　そのため、オーム法において変圧器インピーダンスを表す場合には、変圧器の一次側、二次側のどちら側から測った値かを示す必要がある。

単位法（per-unit method）

　単位法は、電圧、電流、電力、インピーダンスを、ある基準値に対する倍数として表す方法である。単位法を用いることで配電系統に接続される各機器の諸元を無次元の正規化された値として捉えることができ、変圧器を含む系統の回路計算が容易となる。このため、単位法での解析がよく用いられる。単相回路において実際に実効値で得られる電圧値を V〔V〕、電圧の基準値を E_B〔V〕とすると、単位法による電圧値 V_{pu}〔p.u.〕は、次式で表すことができる。

$$V_{pu} = \frac{V}{E_E} \tag{2.109}$$

　また、一相分の基準容量を S_B〔VA〕とすると、基準電流 I_B〔A〕、基準インピーダンス Z_B〔Ω〕は、それぞれ以下の式で求まる。

$$I_B = \frac{S_B}{E_B} \tag{2.110}$$

$$Z_B = \frac{E_B^2}{S_B} \tag{2.111}$$

　上記は単相回路の場合であるが、三相回路の場合には基準値として、三相基

準容量 $S_B^{3\varphi}$ 〔VA〕、線間電圧 V_B 〔V〕を採用し、基準電流 I_B 〔A〕、および基準インピーダンス Z_B 〔Ω〕は、次式で定義する。

$$I_B = \frac{S_B^{3\varphi}}{\sqrt{3}\,V_B} \tag{2.112}$$

$$Z_B = \frac{V_B^2}{S_B^{3\varphi}} \tag{2.113}$$

ここで、変圧器インピーダンスについて、変圧器の基準容量を一次側、二次側共通として S_B 〔VA〕、一次側の基準電圧を定格一次電圧 V_{B1} 〔V〕、二次側の基準電圧を定格二次電圧 V_{B2} 〔V〕とすると、一次側から測ったインピーダンス Z_1 〔Ω〕、二次側から測ったインピーダンス Z_2 〔Ω〕は、式（2.108）より、以下のように求めることができる。

$$Z_{1pu} = \frac{Z_1}{Z_{B1}} = \frac{Z_1 \cdot S_B}{V_{B1}^2} \text{ [p.u.]} \tag{2.114}$$

$$Z_{2pu} = \frac{Z_2}{Z_{B2}} = \frac{Z_2 \cdot S_B}{V_{B2}^2} = \frac{\left(\dfrac{1}{a^2} \cdot Z_1\right) \cdot S_B}{\left(\dfrac{1}{a} \cdot V_{B1}\right)^2} = \frac{Z_1 \cdot S_B}{V_{B1}^2} \text{ [p.u.]} \tag{2.115}$$

これらの式からわかるように、単位法を用いると変圧器インピーダンスは一次側、二次側のどちら側から測るかは関係なく、同じ値として考えることができるため、回路計算が極めて簡単になる。

ただし、単位法では同じインピーダンスでも採用する基準値により値が異なる。変圧器インピーダンスは、一般的に変圧器の定格容量、定格電圧を基準とした自己容量基準（マシンベース）で与えられることが多く、変圧器が接続された系統全体での計算を行う際には、系統全体で採用する基準値に変換する必要がある。

今、インピーダンス Z 〔Ω〕を考える。ある基準容量 S_B^{old} 〔VA〕、基準電圧 E_B^{old} 〔V〕で求められるインピーダンスを Z_{pu}^{old} 〔p.u.〕とすると、新しい基準容量 S_B^{new} 〔VA〕、基準電圧 E_B^{new} 〔V〕を用いたインピーダンス Z_{pu}^{new} 〔p.u.〕は、次式で求めることができる。

$$Z_{pu}^{new} = Z_{pu}^{old} \cdot \left(\frac{E_B^{old}}{E_B^{new}}\right)^2 \cdot \left(\frac{S_B^{new}}{S_B^{old}}\right) \tag{2.116}$$

次の三相電力回路において、三相基準容量を $S_B^{3\phi}=100$〔MVA〕、各区間の基準線間電圧を $V_{B1}=11$〔kV〕、$V_{B2}=154$〔kV〕、$V_{B3}=66$〔kV〕とするとき、送電端電圧 V_s〔kV〕を求めよ。

解　答

各諸元を単位法に換算する。線路インピーダンスについて、三相基準容量と基準線間電圧が与えられているから、

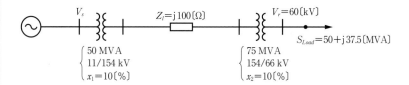

$$Z_{B2}=\frac{V_{B2}^2}{S_B^{3\varphi}}=\frac{154^2}{100}=237.16 \text{〔}\Omega\text{〕}$$

$$Z_l(pu)=\frac{\text{j}100}{237.16}=\text{j}0.422 \text{〔p.u.〕}$$

となり、三相負荷電力は、

$$S_{Load}(pu)=\frac{50+\text{j}37.5}{100}=0.5+\text{j}0.375 \text{〔p.u.〕}$$

となる。各変圧器のインピーダンス値は自己容量換算での値であるため、与えられた三相基準容量に変換すると、

$$x_1(pu)=\text{j}0.1\cdot\frac{100}{50}=\text{j}0.2 \text{〔p.u.〕}$$

$$x_2(pu)=\text{j}0.1\cdot\frac{100}{75}=\text{j}0.133 \text{〔p.u.〕}$$

となる。受電端電圧を基準とすると、

$$V_r(pu) = \frac{60 \angle 0^\circ}{66} = 0.909 \angle 0^\circ \ [\text{p.u.}]$$

であるから、単位法に換算した回路図は次のようになる。

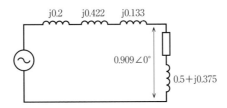

受電端を流れる負荷電流は、

$$I(pu) = \left(\frac{S_{Load}(pu)}{V_r(pu)}\right)^* = \frac{0.5+\text{j}0.375}{0.909 \angle 0^\circ} = 0.55 - \text{j}0.412 \ [\text{p.u.}]$$

となるから、送電端電圧は、

$$V_s(pu) = (\text{j}0.2 + \text{j}0.422 + \text{j}0.133) \cdot (0.55 - \text{j}0.412) + 0.909 = 1.220 + \text{j}0.415$$
$$= 1.289 \angle 18.79^\circ \ [\text{p.u.}]$$

と求まり、kV 値に換算すると以下のようになる。

$$V_s(\text{kV}) = 1.289 \times 11 = 14.18 \ [\text{kV}]$$

パーセント法

パーセント法は、定格電流 I_n〔A〕、Z〔Ω〕のインピーダンス中を流れるときに生じるインピーダンス電圧降下 $I_n Z$ が、定格電圧 V_n〔V〕の何パーセントに当たるかで表す％インピーダンスを用いて計算する方法である。抵抗、リアクタンスについても同じ考え方に基づき、％抵抗、％リアクタンスとして使用する。式で表すと、単相の場合は次式で与えられる。

$$\%Z = \frac{I_n \times Z}{V_n} \times 100 \ [\%] \tag{2.117}$$

$$\%R = \frac{I_n \times R}{V_n} \times 100 \ [\%] \tag{2.118}$$

$$\%X = \frac{I_n \times X}{V_n} \times 100 \ \text{〔\%〕} \tag{2.119}$$

ここで、負荷容量または基準容量を P〔kVA〕、定格線間電圧 V_{n1}〔kV〕とすると、式（2.117）～式（2.119）は、式（2.120）～式（2.122）で表される。

$$\%Z = \frac{P \times Z}{10 \times V_{n1}{}^2} \tag{2.120}$$

$$\%R = \frac{P \times R}{10 \times V_{n1}{}^2} \tag{2.121}$$

$$\%X = \frac{P \times X}{10 \times V_{n1}{}^2} \tag{2.122}$$

式（2.121）～式（2.123）の％インピーダンスをオーム値へ換算する場合は、式（2.124）～式（2.126）で表される。

$$Z = \frac{10 V_n{}^2 \times \%Z}{P} \ \text{〔Ω〕} \tag{2.123}$$

$$R = \frac{10 V_n{}^2 \times \%R}{P} \ \text{〔Ω〕} \tag{2.124}$$

$$X = \frac{10 V_n{}^2 \times \%\text{X}}{P} \ \text{〔Ω〕} \tag{2.125}$$

なお、単位法はパーセント法で表した値を 100 で除した値となる。

パーセント法を用いた場合の短絡電流と短絡容量

％インピーダンス法を用いる場合、基準容量、基準電圧を定める必要がある。定格容量 P_1〔kVA〕、定格電圧 V_{n2}〔kV〕、変圧比 n の変圧器のインピーダンスが％Z であるとする。基準容量を P_0〔kVA〕として計算する場合、基準容量に換算した変圧器のインピーダンス％Z_0 は式（3.126）で表され、変圧比 n が含まれないため、計算が容易になる。

$$\%Z_0 = \%Z \times \frac{P_0}{P} \tag{2.126}$$

短絡電流〔A〕および短絡容量〔kVA〕は、式（2.127）および式（2.128）で表される。

2.6 故障計算

序章

第1章

第2章

第3章

第4章

第5章

$$短絡電流＝\frac{100}{\%Z}×定格電流 \tag{2.127}$$

$$短絡容量＝\frac{100}{\%Z}×定格容量 \tag{2.128}$$

例　題

　変電所から 10 km の距離にある 20 kVA の単相柱上変圧器の低圧側端子で短絡した。配電線 1 条あたりの抵抗およびインダクタンスをそれぞれ 0.8 Ω/km、1 mH/km、変圧器の%リアクタンスを 2.5%、%抵抗を 1.7% とすると、低圧側に流れる短絡電流〔A〕を求めよ。ただし、周波数は 50 Hz、変圧器のタップは 6 000 V/200 V、変圧器の母線電圧は 6 600 V で短絡しても、電圧の変動はないものとする。

解　答

　変圧器の% R_T、% x_T を x〔Ω〕に換算する。

$$R_T＝\frac{10V_n^2×\%R}{P}＝\frac{10×6^2×1.7}{20}＝30.6 〔Ω〕$$

$$x_T＝\frac{10V_n^2×\%x_T}{P}＝\frac{10×6^2×2.5}{20}＝45 〔Ω〕$$

【線路の抵抗】

$$r_L＝2×10 〔km〕×0.8 〔Ω/km〕＝16 〔Ω〕$$

【線路のリアクタンス】

$$x_L＝2×10 〔km〕×2\pi f×10^{-3} 〔H/km〕＝2×3.14×50×0.02＝6.28 〔Ω〕$$

【合成インピーダンス】

$$Z＝\sqrt{(30.6＋16)^2＋(45＋6.28)^2}＝69.29 〔Ω〕$$

【高圧側の短絡電流】

$$I_s＝\frac{V_s}{Z_S}＝\frac{6 600}{69.29}≒95.25 〔A〕$$

【低圧側の短絡電流】

$$I_{s2} = I_s \times \frac{6\,000}{200} = 95.25 \times 30 \fallingdotseq 2.86 \ \text{[kA]}$$

例　題

　10 MVA、66 kV/22 kV の変圧器より給電しているこう長2 km の三相3線式配電線路がある。末端で三相短絡事故が発生したときに流れる短絡電流はいくらか。変圧器のリアクタンスは8%、配電線の1条あたりの抵抗およびリアクタンスは、0.4Ω/km、0.6Ω/km として求めよ。

解　答

　変圧器の% x_T を x 〔Ω〕に換算する。

$$x_T = \frac{10 V_n{}^2 \times \% x_T}{P} = \frac{10 \times 22^2 \times 8}{10\,000} = 3.872 \ \text{[Ω]}$$

【線路の抵抗】

$$r_L = 2 \ \text{[km]} \times 0.4 \ \text{[Ω/km]} = 0.8 \ \text{[Ω]}$$

【線路のリアクタンス】

$$x_L = 2 \ \text{[km]} \times 0.6 \ \text{[Ω/km]} = 1.2 \ \text{[Ω]}$$

【三相短絡電流】

$$I_s = \frac{V_s}{\sqrt{3} \times Z_0} = \frac{V_s}{\sqrt{3} \times \sqrt{r_L{}^2 + (x_T + x_L)^2}} = \frac{22\,000}{\sqrt{3} \times \sqrt{0.8^2 + (3.7872 + 1.2)^2}}$$

$$\fallingdotseq 2.47 \ \text{[kA]}$$

2.7 対称座標法を用いた故障計算

前節では単位法を用いた故障計算の例を示したが、本節では対称座標法を用いた故障計算について説明を行う。

例題 1線地絡故障

図 A は中性点非接地の配電系統を表す。上位系統は無限大母線であり、系統インピーダンスは一相あたり $C=1\,\mu F$ の対地静電容量のみを考えている。以下の問いに答えよ。

(1) 正相、逆相、零相インピーダンスをそれぞれ求めよ。

(2) 故障点抵抗 R を介して端子 a が地絡した場合の、地絡電流および零相電圧を求めよ。

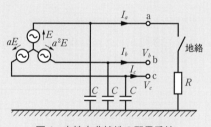

図A 中性点非接地の配電系統

解答

(1) 正相インピーダンス Z_1 について、端子 abc から左側の電源を短絡し、端子 abc に正相順の対称三相電圧を加える。

元の電源の中性点で三相短絡するので、対地の C には電流が流れない。正相順の対称三相電圧と三相短絡点の間の線路インピーダンスを考えていないので、$V=Z_1 I$ から $Z_1=0$ となる。

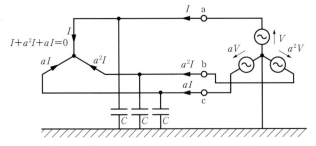

図B　正相インピーダンスの求めるための考え方

また、逆相インピーダンス Z_2 も同様に、端子 abc に逆相順の対称三相電圧を加えると、Z_1 と同様のことが起こるので、$Z_2＝0$ となる。

零相インピーダンス Z_0 について、abc 端を一括して対地間に単相電圧 V_0 を加えると、abc 端の電位差は 0 なので、元の電源の中性点には電流は流れない。

よって $V_0＝\dfrac{I_0}{{\rm j}\omega C}$ が成立するので、$Z_0＝\dfrac{V_0}{I_0}＝\dfrac{1}{{\rm j}\omega C}$ となる。

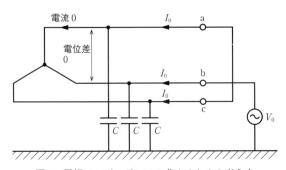

図C　零相インピーダンスの求めるための考え方

(2) 故障条件は $V_a＝RI_a$、$I_b＝I_c＝0$ であるので、以下のように表せる。

$$\begin{bmatrix} I_0 \\ I_1 \\ I_2 \end{bmatrix}＝\frac{1}{3}\begin{bmatrix} 1 & 1 & 1 \\ 1 & a & a^2 \\ 1 & a^2 & a \end{bmatrix}\begin{bmatrix} I_a \\ 0 \\ 0 \end{bmatrix}＝\frac{1}{3}\begin{bmatrix} I_a \\ I_a \\ I_a \end{bmatrix} \quad I_0＝I_1＝I_2＝\frac{I_a}{3}$$

$$\begin{bmatrix} V_a \\ V_b \\ V_c \end{bmatrix} = \frac{1}{3}\begin{bmatrix} 1 & 1 & 1 \\ 1 & a^2 & a \\ 1 & a & a^2 \end{bmatrix}\begin{bmatrix} V_0 \\ V_1 \\ V_2 \end{bmatrix} \qquad V_a = V_0 + V_1 + V_2 = RI_a = 3RI_0$$

発電機の基本式の各辺を足して、$Z_1 = Z_2 = 0$ を代入する。

$$\begin{bmatrix} 0 \\ E \\ 0 \end{bmatrix} - \begin{bmatrix} V_0 \\ V_1 \\ V_2 \end{bmatrix} = \begin{bmatrix} Z_0 I_0 \\ Z_1 I_1 \\ Z_2 I_2 \end{bmatrix}$$

$$E - (V_0 + V_1 + V_2) = Z_0 I_0$$

$$E - 3RI_0 = \frac{I_0}{j\omega C} \quad \text{より、} \quad I_0 = \frac{E}{3R + \dfrac{1}{j\omega C}} \quad \text{が成り立つ。}$$

よって、地絡電流、および零相電圧は以下となる。

$$I_a = 3I_0 = \frac{3E}{3R + \dfrac{1}{j\omega C}}$$

$$V_0 = -Z_0 I_0 = -\frac{1}{j\omega C} \times \frac{E}{3R + \dfrac{1}{j\omega C}} = -\frac{E}{1 + j3\omega CR}$$

2 線短絡故障

2線短絡故障は二相故障のうちの1つである。図 2.26 は、b 相と c 相の故障点抵抗が 0 Ω のときの故障回路の概念図である。2線短絡故障は、雷による異相（二相）地絡短絡、線路に付着した氷雪が脱落した際に線路が跳ね上がるスリート・ジャンプや、氷雪の重みと風により線路が大きく振動するギャロッピングなどにより発生する。

この回路の各相の電圧、電流を求める。まず、故障条件として、健全相 a 相の電流は 0 A、電圧は電源電圧と同じである。次に故障相については、電圧は等しく、電流は向きが逆となる。従って、以下の式が成り立つ。

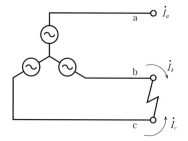

図 2.26　2 線短絡故障の概念図

$$\dot{I}_a = 0$$

$$\dot{I}_b + \dot{I}_c = 0$$

$$\dot{V}_b = \dot{V}_c \tag{2.129}$$

まず、対称座標変換する。

$$\begin{bmatrix} \dot{I}_0 \\ \dot{I}_1 \\ \dot{I}_2 \end{bmatrix} = \frac{1}{3} \begin{bmatrix} 1 & 1 & 1 \\ 1 & a & a^2 \\ 1 & a^2 & a \end{bmatrix} \begin{bmatrix} \dot{I}_a \\ \dot{I}_b \\ \dot{I}_c \end{bmatrix} = \frac{1}{3} \begin{bmatrix} 1 & 1 & 1 \\ 1 & a & a^2 \\ 1 & a^2 & a \end{bmatrix} \begin{bmatrix} 0 \\ \dot{I}_b \\ -\dot{I}_b \end{bmatrix} \tag{2.130}$$

すなわち、

$$\dot{I}_0 = \frac{1}{3}(\dot{I}_a + \dot{I}_b + \dot{I}_c) = 0$$

$$\dot{I}_1 = (a + a^2)\dot{I}_b$$

$$\dot{I}_2 = -(a^2 + a)\dot{I}_b \tag{2.131}$$

であり、$\dot{I}_2 = -\dot{I}_1$ が得られる。

次に、電圧を対称座標変換する。

$$\begin{bmatrix} \dot{V}_0 \\ \dot{V}_1 \\ \dot{V}_2 \end{bmatrix} = \frac{1}{3} \begin{bmatrix} 1 & 1 & 1 \\ 1 & a & a^2 \\ 1 & a^2 & a \end{bmatrix} \begin{bmatrix} \dot{V}_a \\ \dot{V}_b \\ \dot{V}_c \end{bmatrix} = \frac{1}{3} \begin{bmatrix} 1 & 1 & 1 \\ 1 & a & a^2 \\ 1 & a^2 & a \end{bmatrix} \begin{bmatrix} \dot{V}_a \\ \dot{V}_b \\ \dot{V}_c \end{bmatrix} \tag{2.132}$$

すなわち、

$$\dot{V}_0 = \frac{1}{3}(\dot{V}_a + 2\dot{V}_b)$$

$$\dot{V}_1 = (a + a^2)\dot{V}_b$$

$$\dot{V}_2 = (a^2 + a)\dot{V}_b \tag{2.133}$$

であるので、$\dot{V}_2 = \dot{V}_1$ が得られる。

次に、発電機の基本式より、

$$\dot{V}_0 = -\dot{Z}_0\dot{I}_0 = 0$$

$$\dot{V}_1 = \dot{E}_a - \dot{Z}_1\dot{I}_1$$

$$\dot{V}_2 = \dot{Z}_2\dot{I}_1 \tag{2.134}$$

であり、$\dot{V}_2 = \dot{V}_1$ より $\dot{E}_a - \dot{Z}_1\dot{I}_1 = \dot{Z}_2\dot{I}_1$ が得られる。さらに $\dot{I}_2 = -\dot{I}_1$ より、正相、逆相の電流、電圧は以下のように書ける。

$$\dot{I}_1 = \frac{\dot{E}_a}{\dot{Z}_1 + \dot{Z}_2}$$

$$\dot{I}_2 = -\frac{\dot{E}_a}{\dot{Z}_1 + \dot{Z}_2}$$

$$\dot{V}_1 = \dot{V}_2 = \dot{Z}_2\dot{I}_1 = \frac{\dot{Z}_2}{\dot{Z}_1 + \dot{Z}_1}\dot{E}_a \tag{2.135}$$

これで、すべての対称座標系変数が求められたので、最後にこれらを実用座標系に変換する。まず電流について、以下のように変換できる。

$$\begin{bmatrix} \dot{I}_a \\ \dot{I}_b \\ \dot{I}_c \end{bmatrix} = \begin{bmatrix} 1 & 1 & 1 \\ 1 & a^2 & a \\ 1 & a & a^2 \end{bmatrix} \begin{bmatrix} \dot{I}_0 \\ \dot{I}_1 \\ \dot{I}_2 \end{bmatrix} = \begin{bmatrix} 1 & 1 & 1 \\ 1 & a^2 & a \\ 1 & a & a^2 \end{bmatrix} \begin{bmatrix} 0 \\ \dfrac{\dot{E}_a}{\dot{Z}_1 + \dot{Z}_2} \\ -\dfrac{\dot{E}_a}{\dot{Z}_1 + \dot{Z}_2} \end{bmatrix} \tag{2.136}$$

$$\dot{I}_b = \frac{a^2 - a}{\dot{Z}_1 + \dot{Z}_2}\dot{E}_a = \frac{\mathrm{j}\sqrt{3}}{\dot{Z}_1 + \dot{Z}_2}\dot{E}_a$$

$$\dot{I}_c = \frac{\mathrm{j}\sqrt{3}}{\dot{Z}_1 + \dot{Z}_2}\dot{E}_a \tag{2.137}$$

さらに電圧について、以下のように変換できる。

$$
\begin{bmatrix} \dot{V}_a \\ \dot{V}_b \\ \dot{V}_c \end{bmatrix} = \begin{bmatrix} 1 & 1 & 1 \\ 1 & a^2 & a \\ 1 & a & a^2 \end{bmatrix} \begin{bmatrix} \dot{V}_0 \\ \dot{V}_1 \\ \dot{V}_2 \end{bmatrix} = \begin{bmatrix} 1 & 1 & 1 \\ 1 & a^2 & a \\ 1 & a & a^2 \end{bmatrix} \begin{bmatrix} 0 \\ \dfrac{\dot{Z}_2}{\dot{Z}_1 + \dot{Z}_2} \dot{E}_a \\ \dfrac{\dot{Z}_2}{\dot{Z}_1 + \dot{Z}_2} \dot{E}_a \end{bmatrix} \tag{2.138}
$$

$$
\dot{V}_a = \frac{2\dot{Z}_2}{\dot{Z}_1 + \dot{Z}_2} \dot{E}_a
$$

$$
\dot{V}_b = \dot{V}_c = (a + a^2) \frac{\dot{Z}_2}{\dot{Z}_1 + \dot{Z}_2} \dot{E}_a = -\frac{\dot{Z}_2}{\dot{Z}_1 + \dot{Z}_2} \dot{E}_a \tag{2.139}
$$

　このように、健全相 a 相ならびに故障相 b 相、c 相の電圧、電流が得られた。なお、$\dot{Z}_1 \fallingdotseq \dot{Z}_2$ が成り立つとき、健全相の電圧は電源電圧とほぼ等しく、故障相の電圧は電源電圧の半分程度となる。

2.8 短絡容量と低減対策

2.8.1 短絡容量

　電力系統で短絡故障が発生すると、各電源から短絡地点に向かって短絡電流が流れる。短絡電流の大きさは短絡発生の瞬間から時間の経過と共に減衰するが、その大きさや分布は系統構成のあり方や故障点の位置、または故障の種類等によって複雑に変化する。短絡容量は短絡電流に線間電圧を乗じたもので、$W_s = \sqrt{3} I_s V$ で与えられる。ここで、W_s は三相短絡容量〔MVA〕、I_s は短絡電流〔kA〕、V は線間電圧〔kV〕を表す。短絡電流の供給源は電力系統で運転されている同期発電機であり、発電機と故障地点までの送電線の電気的距離が短いほど短絡電流は大きくなる。近年の系統電源の大容量化ならびに系統運用の信頼性の向上などの理由による太線化などの配電系統の強化により、系統短絡容量が増大してきた。

　電力系統で短絡容量が増大することにより生じる不具合は、以下の通りである。

・短絡事故時の電流が大きくなる。そのため、短絡電流を遮断できる大容量の遮断器が必要になる。また、大電流による電気的および機械的な衝撃に耐え得る断路器や変流器などが必要となる

・2線地絡などの地絡を伴う短絡事故時に地絡電流が大きくなる。その結果、地絡事故点の鉄塔付近の接触電圧、歩幅電圧（地絡電流により、接地点近傍にいる人の歩幅程度で生じる大きな電位差を指す）が高くなる

・故障電流が大きいので莫大な熱量が一気に発生し、クランプ部等が溶断する可能性がある。地中ケーブルでは地表面が爆発的に破裂することもある

2.8.2 短絡容量低減対策

系統の短絡電流が遮断器の定格遮断電流を超過する場合には、次のような対策が考えられる。

・定格容量の大きい遮断器への取り替え
・系統分割方式または系統分離方式の採用
・高次系統電圧の導入（昇圧）
・直流による交流系統相互の連系
・高インピーダンス機器の採用
・限流リアクトルの採用

　系統分割方式は常時母線を分割しておく方法であり、系統分離方式は、常時は母線を連系した状態で運用し、事故時に母線を開放し、事故点の遮断器を開放する方法である。いずれも系統を分けて短絡容量を抑制する。系統分割方式は有効な方法であるが、系統連系の利点が大きく損なわれる。一方、系統分離方式は系統連系の利点は維持できるが、各配電用変電所（バンク）負荷の不平衡および事故除去遅延などの欠点がある。

　直流による交流系統相互の連系は、連系の主目的である有効電力の融通により周波数を確保しつつ、短絡電流を抑制することができる。ただし、交直変換装置が高価であるため、交流連系に比較して大幅な費用増となる。

　高インピーダンス機器の採用は、発電機や変圧器のインピーダンスを高くし

て短絡容量を抑える方式である。一般的に高インピーダンス機器の導入は、系統の電圧変動率が大きくなり、安定度は低下する。ただし、磁束が小さく導体巻き数の大きい銅機械となることから、機器の利用率が向上し、制作費が安価になるなどの利点もある。従って、これらを勘案して最適インピーダンスを決定する。

　限流リアクトルの採用は、母線に限流リアクトルを挿入して短絡容量を軽減する方法であり、直列リアクトル方式および分離リアクトル方式の2通りがある。限流リアクトルの設置においては、事故時のフラッシオーバ、再起電圧、リアクトルの保護など、技術面で留意する必要がある。

2.9 電力損失計算と低減対策

　発電した電気は効率よく需要家に送ることが理想であるが、損失として失われる部分があり、これを電力損失と呼ぶ。日本の電力損失は比較的少ないが、発電した電気のうち、5%程度は送配電の過程で失われている。本節では、配電系統における電力損失とその低減策について概説する。

2.9.1 配電系統における損失の概要

　図2.27に配電用変圧器二次側（6.6 kV側）以降の配電系統における損失の概要を示す。配電系統における損失は、大きく高圧配電線、低圧配電線および変圧器における損失に分類される。

2.9.2 高低圧配電線における損失

　電線の導体に電流が流れると、ジュール熱としてエネルギーが放出される。この失われた分を抵抗損と呼び、電流を I、電線の抵抗を R とすると、式 (2.140) で表される。

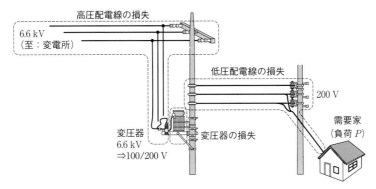

図 2.27　配電系統における損失の概要

$$Loss = I^2 R \ \text{〔W〕} \tag{2.140}$$

　架空配電線で生じる電力損失の大半は、電線で発生する抵抗損である。例えば、電線の導体に電流が流れるとジュール熱が発生してエネルギーが失われる。ここでは、配電系統の高圧線、および低圧線における抵抗損の算出法について述べる。

高圧配電線の抵抗損

○三相 3 線式

　図 2.28 に示すように、高圧 6.6 kW 配電線から柱上変圧器を介して降圧され、需要家に電力を供給する際に、高圧配電線部分で発生する抵抗損を算出する。同図における高圧配電線の供給方式を三相 3 線式と呼び、柱上変圧器以降

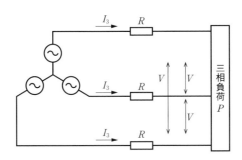

図 2.28　三相 3 線式の等価回路の例（高圧配電線部分）

の負荷を P〔kW〕に集約した場合、図 2.28 に示す等価回路で表すことができる。なお、高圧配電線では主として三相 3 線式が用いられている。

図 2.28 に示すように、高圧配電線の線間電圧を V〔V〕、負荷を P〔W〕、力率を $\cos\theta$ とすると、負荷電流 I_3〔A〕と抵抗損はそれぞれ次式で表される。なお、高圧電線は 3 条あるので、抵抗損は 1 線あたりの損失を 3 倍している。

$$I_3 = \frac{P}{\sqrt{3}\,V\cos\theta} \tag{2.141}$$

$$Loss = 3I_1{}^2R = 3\left(\frac{P}{\sqrt{3}\,V\cos\theta}\right)^2 R = \frac{P^2 R}{V^2\cos^2\theta} \tag{2.142}$$

式（3.142）からわかるように、抵抗損は電圧の 2 乗と力率の 2 乗に反比例する。より大きな電圧で電気を送ること、また、力率を改善して $\cos\theta$ を大きくすることで、抵抗損を低減することができる。

低圧配電線の抵抗損

○三相 3 線式

低圧配電線から電力供給するモータ等の動力負荷には三相 3 線式で電力を供給しており、先に述べた高圧配電線の三相 3 線式の場合と同様の手法で抵抗損を計算することができる。

○単相 2 線式

図 2.29 のように、高圧 6.6 kW 配電線から柱上変圧器で 100 V に降圧され、

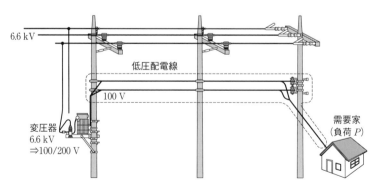

図 2.29　配電線から需要家への供給方式の例（低圧単相 2 線式）

低圧 100 V 配電線から需要家に電力を供給する場合を考える。このような低圧配電線の供給方式を単相 2 線式と呼び、図 2.30 の低圧配電線の部分に示す等価回路で表すことができる。

図 2.30 に示すように需要家の負荷にかかる電圧を V〔V〕、負荷を P〔W〕、力率を $\cos\theta$ とすると、負荷電流 I_1〔A〕は式（2.143）で表される。

$$I_1 = \frac{P}{V\cos\theta} \tag{2.143}$$

電線は 2 条あるので抵抗損は式（2.145）で表される。

$$Loss = 2{I_1}^2 R = 2\left(\frac{P}{V\cos\theta}\right)^2 R = \frac{2P^2 R}{V^2\cos^2\theta} \tag{2.144}$$

上記は需要家 1 軒の単純なケースであるが、実際の低圧配電系統は、複数の需要家に電力を供給する場合が多い。図 2.31 に示す低圧配電線単相 2 線式の部分を等価回路で表すとの図 2.32 ように表すことができる。

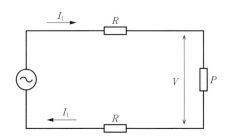

図 2.30 単相 2 線式の等価回路の例（需要家 1 軒の場合）

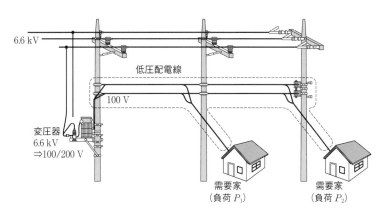

図 2.31 配電線から需要家への供給方式の例（低圧単相 2 線式）

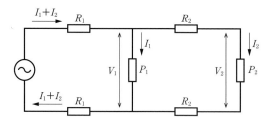

図2.32 単相2線式の等価回路の例（需要家2軒の場合）

図2.32のように、需要家の負荷にかかる電圧を V_1〔V〕、V_2〔V〕、負荷を P_1〔W〕、P_2〔W〕、力率を $\cos\theta$ とすると、負荷電流 I_1〔A〕と I_2〔A〕はそれぞれ次式で表される。

$$I_1 = \frac{P_1}{V_1 \cos\theta} \tag{2.145}$$

$$I_2 = \frac{P_2}{V_2 \cos\theta} \tag{2.146}$$

$$Loss = 2(I_1+I_2)^2 R_1 + 2I_2^2 R_2 \tag{2.147}$$

例　題

単相2線式の配電線路の抵抗損に関する次の記述で誤っているものを選べ。

(1) 線路電流の2乗に比例する
(2) 線間電圧の2乗に反比例する
(3) 負荷電力の2乗に比例する
(4) 負荷力率に反比例する
(5) 線路抵抗に比例する

解　答

単相2線式の抵抗損は次式で表される。

$$Loss = 2I^2 R = 2\left(\frac{P}{V\cos\theta}\right)^2 R = \frac{2P^2 R}{V^2 \cos^2\theta}$$

上記の式より、抵抗損は負荷力率の2乗に反比例するので（4）が誤りである。

2.9.3 変圧器における損失

変圧器内部の損失は、無負荷損と負荷損に大別される。

無負荷損は負荷の有無に関係なく発生する損失であり、大半は変圧器の鉄心で生じる鉄損が占めるが、その他に励磁電流による巻線の抵抗損や絶縁体の誘電体損も含まれる。

負荷損は、変圧器二次側に負荷電流が流れることにより発生する損失であり、主として一次巻線と二次巻線の抵抗でジュール熱となって生じる銅損によるものである。

鉄損と銅損以外の損失は小さいため、変圧器の損失は鉄損と銅損の和で表されることが多い。

鉄損

鉄損（L_{iron}）は、ヒステリシス損（L_h）と渦電流損（L_e）の和で表すことができる。

$$L_{iron} = L_h + L_e \tag{2.148}$$

鉄心に蓄積された磁気エネルギーが減少時に完全に放出されないことによる損失が生じ、この損失をヒステリシス損と呼ぶ。また、鉄心に流れる渦電流により発生する損失を渦電流損と呼ぶ。

銅損

銅損（L_{copper}）は変圧器の巻線抵抗で発生する損失であり、r_1を一次巻線抵抗、r_2を二次巻線抵抗、aを変圧器巻数比、I_1を一次側電流とすると、式（2.149）で表すことができる。

$$L_{copper} = (r_1 + a^2 r_2) I_1^2 \tag{2.149}$$

上式より、変圧器の銅損は負荷電流の2乗に比例することがわかる。

2.9.4 損失係数

　配電線を流れる電流は絶えず変化するので、前述の式で簡単に求めることはできない。そこで、損失係数を用いて簡易的に一定期間の電力損失を求める方法を紹介する。損失係数〔%〕は、式（2.150）のように、ある期間中の平均損失電力〔kW〕と最大電力損失〔kW〕の比で定義される。

$$損失係数 L = \frac{平均損失電力}{最大電力損失} \times 100 \tag{2.150}$$

　よって、最大電力損失と損失係数から平均損失電力を求め、時間を乗じることで一定期間の電力損失量を簡易に算出できる。なお、損失係数は負荷率（一定期間の平均電力需要〔W〕の同期間中の最大電力需要〔W〕に対する比率）を F、定数を α（負荷種別により異なり、0.1～0.4 程度）から計算することができる。

$$L = \alpha F + (1-\alpha) F^2 \tag{2.151}$$

2.9.5 電力損失の低減策

　前述の抵抗損式より、配電系統では線路の抵抗と電流を減らし、力率を改善することが施策の中心となる。そのためには、系統の電力の状態を適切に管理することが必要である。例えば、新規の需要家に対して配電系統から電力を供給する場合に、電線に流せる電流の許容値を超えないよう適切な電線を使用することや、電力を供給する際の電圧の選定が重要となる。主な電力損失低減策を以下に記す。

- ・昇圧を行い、流れる電流量を低減する
- ・系統構成の変更（例：負荷が大きい線路を別の配電線から供給する）
- ・コンデンサ等を用いて、力率を改善する
- ・変圧器巻線の材料に損失の小さい電気銅を用いて負荷損を低減する

引用・参考文献

【1】 日本産業規格（1994）「JIS C 3105　硬銅より線」

【2】 道上　勉（2003）『送配電工学　改訂版（電気学会大学講座）』，電気学会.

【3】 日本産業規格（1994）「JIS C 3110　鋼心アルミニウムより線」.

【4】 日本産業規格（1993）「JIS C 3404　溶接用ケーブル」.

【5】 道上　勉（2001）『送電・配電　改訂版』，電気学会.

【6】 関根泰次（1971）『電力系統解析理論』，電気書院.

【7】 新田目倖造（1996）『電力系統技術計算の基礎』，電気書院.

【8】 谷口治人（2009）『電力システム解析 ―モデリングとシミュレーション』，オーム社.

【9】 電気協同研究会（1964）「アーク炉による照明フリッカの許容値」，電気協同研究，第 20 巻 第 8 号，付録 2.

【10】 日本電気協会 系統連系専門部会（2019）『系統連系規程』，日本電気協会.

第3章

配電ネットワークシステムの計画・保安・運用

3.1 電圧管理・制御

3.1.1 運用における電圧変動の許容範囲と目標値

供給電圧は極力一定であることが望まれるが、一般的に季節や時刻によって変化する負荷の影響等により、電力系統の電圧は変動する。特に配電線については、線路こう長や負荷特性が多種多様であることから供給電圧は常に変動している。

また、すべての需要家の供給電圧を常に一定に保つことは技術的に困難であることから、実用上支障なく電気機器を使用できる許容範囲が規定されている。

電気事業法第26条および電気事業法施行規則第38条により、標準電圧100Vの場合は101±6V、標準電圧200Vの場合は202±20Vを超えない値とすることが定められており、供給電圧を一定範囲内に維持することが求められている。なお、高圧需要家の電圧については特に法的な規定はないが、実用上問題ない範囲として中心電圧の±10%程度に維持されている。

3.1.2 供給電圧の維持・調整

一般的に、配電用変電所で高圧配電線の送り出し電圧を遠方監視・制御しているが、需要家への供給電圧を一定範囲内に維持するために、配電用変電所だけでなく配電線路においても、以下に示すような電圧調整を行っている。

配電用変電所における電圧調整

こう長の長い配電線路の場合や負荷電流が大きい場合は、配電用変電所近傍と遠端で電圧差が顕著に現れることから、配電用変電所からの送り出し電圧を負荷電流に応じて調整している。

なお、経済的に有利であることから、フィーダ単位ではなくバンク一括調整の方法が主に採用されている（図3.1）。

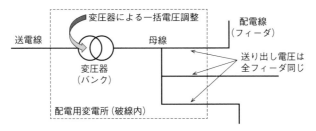

図 3.1　配電用変電所の電圧調整（変圧器一括調整）

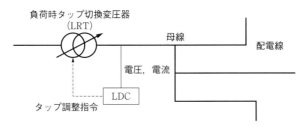

図 3.2　線路電圧降下補償器（LDC）方式

　配電用変電所送り出し電圧の調整方式には、手動と自動の両方式があるが、一般的には自動方式が採用されている。自動方式には、負荷電流を随時計測して負荷変動に応じて調整する方式（LDC 方式）と、負荷電流を予測して時間によって定めたスケジュールで調整する方式（プログラム調整方式）がある。

線路電圧降下補償器（LDC）方式

　高圧配電線の重負荷時および軽負荷時の負荷電流に応じて送り出し電圧を調整することにより、需要家の供給電圧を規定値内に維持することが可能となる。配電用変電所における電圧調整は、高圧配電線路の電圧降下を補償するものであり、実際の負荷電流および電圧を取り込むことで、線路電圧降下補償器（LDC：Line Drop Compensation）が目標となる電圧に調整している（図 3.2）。

　電圧調整には、負荷時電圧調整器（LRA：Load Ratio Adjuster）や、負荷時タップ切換変圧器（LRT：Load Ratio control Transformer）が一般的に採用されている。どちらの機器も負荷電流が流れた状態でタップの切り換えが行える装置であるが、単巻変圧器または直列変圧器と組み合わせて使用するものをLRA と呼び、負荷時タップ切換器（LTC：on-Load Tap Changer）を内蔵した

147

変圧器を LRT と呼んでいる。

柱上変圧器における電圧調整

　負荷電流による電圧降下の影響により、同じ高圧配電線路であっても配電用変電所近傍と遠端で電圧差が生じる。こう長の長い配電線路の場合や負荷電流が大きい場合は、特にこの電圧差が顕著に現れる。一般的に配電線路には高圧（6.6 kV）から低圧（100 V/200 V）に変換する変圧器（架空配電線路では柱上変圧器）が設置されているが、複数の変圧比を持つ変圧器のタップ比を変えて低圧電圧側の電圧調整を行っている場合がある（図3.3）。

配電線路における電圧調整

　配電用変電所の同一バンクにおいて、線路こう長が大きく異なると、フィーダ間によって電圧降下が著しく異なる場合がある。また、過剰に進相コンデンサが設置されている地域などでは、局所的に電圧が異なる場合がある。このような場合においては、配電用変電所や柱上変圧器による電圧調整だけでは需要家の供給電圧を維持するには不十分であり、配電線路においても電圧調整を行うことがある。

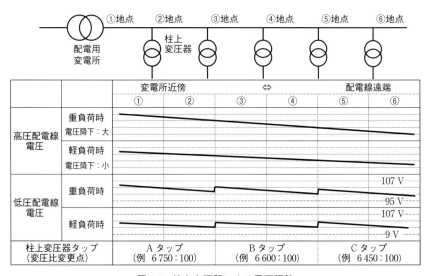

図3.3　柱上変圧器による電圧調整

ステップ式自動電圧調整器 (SVR)

線路こう長の長い配電線路では供給電圧を規定値内に維持することが困難であるため、線路途中にステップ式自動電圧調整器 (SVR：Step Voltage Regulator) などの線路電圧調整器が施設される。SVR は単巻変圧器と負荷時タップ切換機構で構成されるもので、その機能は次の通りである。

・取付点より負荷側の要求する電圧調整幅、タップ幅を有する
・線路容量に見合う自己容量を有する
・制御方式は LDC 方式が一般的
・多くは柱上に施設されるため、小形・軽量化が必要

電圧降下が極めて大きい配電線路においては、複数台を施設することがあるが、次の点に注意する必要がある。

・末端に近いほど動作回数が増加し、寿命が短くなる
・相間電圧や対地静電容量の不平衡 (V 結線 SVR を使用する場合)

昇圧時は変圧タップを上げ、降圧時は変圧タップを下げることで電圧管理を行う。SVR は、フィーダに設置される比較的小容量のタップ制御機器であり、単一フィーダの電圧制御を行う。SVR は変電所からの電圧降下により設置箇所が決められるため、電圧降下の少ない系統では設置されず、反対に幹線が長く電圧降下の大きい系統では複数台設置されることもある。

SVR の制御方式は、タップ制御機器が計測した電圧（自端電圧）と制御機器を通過する電流（通過電流）の値などから参照点電圧を推定し、推定参照点電圧（以下、参照電圧）の不感帯逸脱量が一定の値を超過した場合にタップを動作させる方式の「Line Drop Compensation（以下 LDC）」が広く使われている。

スカラー LDC 方式

LDC 方式は、スカラー LDC 方式とベクトル LDC 方式の 2 種類が存在するが、ここではスカラー LDC 方式について述べる。スカラー LDC 方式では、自端電圧、通過電流の大きさ、設定力率から参照点電圧の推定を行い、目標範囲

内に収めるように電圧制御を行う方式である。式（3.1）より参照点電圧の推定を行い、式（3.4）より不感帯からの推定電圧の逸脱量に応じてタップ変更を行う。式（3.2）は電圧偏差を、式（3.3）は電圧逸脱の時間積算を示す。ただし、$V_{\mathrm{sec}}(t)$ はタップ制御機器二次側電圧、$i(t)$ は通過電流、$\cos\theta$ は遅れ力率設定値、R'、X' は線路模擬インピーダンス、$V_{\mathrm{ref}}(t)$ は参照電圧、V_{tar} は目標電圧、$D(t)$ は不感帯からの逸脱量とする。図 3.4、図 3.5 にそれぞれスカラー LDC 方式とタップ切換動作のイメージを示す。

$$V_{\mathrm{ref}}(t) = V_{\mathrm{sec}}(t) - \sqrt{3}\,|i(t)|(R'\cos\theta + X'\sin\theta) \tag{3.1}$$

$$\Delta V(t) = V_{\mathrm{ref}}(t) - V_{\mathrm{tar}} \tag{3.2}$$

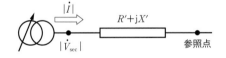

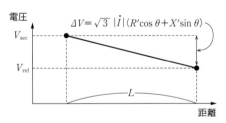

図 3.4　スカラー LDC 方式

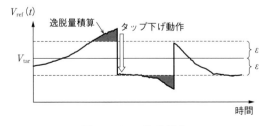

図 3.5　タップ切換動作

$$D(t) = \begin{cases} \int (\mathrm{sign}(\varDelta V(t)) \times (|\varDelta V(t) - \varepsilon|)) \, dt & (\varDelta V(t) > \varepsilon) \\ 0 & (\varDelta V(t) \leq \varepsilon) \end{cases} \tag{3.3}$$

$$\mathrm{tap}(t) = \begin{cases} \mathrm{tap}(t-1) - 1 & (D_{\mathrm{ref}} < D(t)) \\ \mathrm{tap}(t-1) & (|D(t)| < D_{\mathrm{ref}}) \\ \mathrm{tap}(t-1) + 1 & (D(t) < -D_{\mathrm{ref}}) \end{cases} \tag{3.4}$$

静止形無効電力補償装置（SVC）

　静止形無効電力補償装置（SVC：Static Var Compensator）は、一般にコンデンサと並列接続したリアクトルの無効電力を交流変換器で調整する LC 並列形が用いられている。具体的な性能については、SVR との比較と併せて図 3.6、図 3.7 に示す。

分路リアクトル（ShR）

　従来、モータや変圧器など遅れ要素の負荷力率を補償するために、進相コンデンサを設置してきた。しかしながら、近年ではインバータ化などにより負荷力率が向上したため、力率改善に必要な進相コンデンサ容量も小さくなり、高圧需要家に過剰に進相コンデンサが設置されている場合も散見され、フェランチ現象を発生させている。その対策として、高圧需要家には自動力率調整機能付コンデンサ設置の推奨や過剰な進相コンデンサの切り離しを依頼しているが、系統側の対策として進み要素の負荷力率を補償するために分路リアクトル（ShR：Shunt Reactor）を施設する場合もある。高圧需要家に設置されている進相コンデンサについては、休日・夜間など軽負荷時に開放するだけでなく、使用設備に適した容量に見直しをすることが推奨されている。

		ステップ式自動電圧調整器（SVR）			無効電力補償装置（SVC）
装置概要 および 装置外観		PT1 PT2　67　分散型電源 逆流原因判定継電器　逆流継電器			SVR　連系用変圧器　電力変換器（インバータ）　分散型電源
		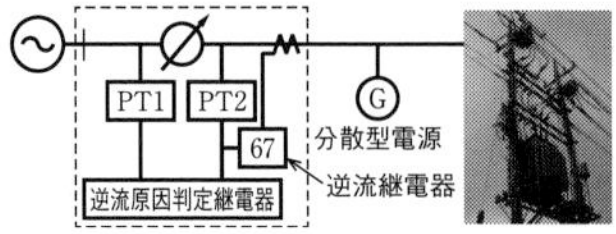 配電線に直列に挿入し、通過電流に基づき負荷中心点電圧一定制御により変圧器一次側のタップを自動的に変え、二次側の電圧を制御する。一般型（旧製品）、逆潮流時タップ固定型（現行品）、分散型電源対応型（開発品）の3種類がある			 任意の電圧が出力できる電圧型インバータを連系リアクタンスを介して、配電線に並列に接続することで構成されている。この構成で、インバータ電圧を配電線電圧より大きめにすることで進み無効電力が、逆に小さめにする事で遅れ無効電力を配電線に出力することができる
機　能		・定常的な電圧の上昇の抑制（逆潮流、分散型電源） ・定常的な電圧降下の抑制			・SVRでは補償が不可能な分散型電源やモータの起動・停止時に突発的に生じる配電線の急峻な電圧変動を補償する
基本仕様	種　別	一般型 SVR	逆走時タップ固定型 SVR	分散型電源対応型 SVR	500 kVA（100％出力時　1分間運転 /3分停止の短時間仕様：連続定格　170 kVA相当）
	定格容量	3 000 kVA	3 000, 5 000 kVA	3 000, 5 000 kVA	
	電圧補償量	一次電圧	6 100 V〜6 900 V （100 V刻み、9タップ）		2.0%（5 km）、3.6%（9 km）、5.6%（14 km）線種：AI-OE　120 mm^2
		二次電圧	6 500 V、6 700 V固定タップもしくは6 600 V〜6 900 Vの4タップ		電圧補償量は変電所から設置点までの距離に比例
	電圧調整時間	タップ切換時間：2.5〜9秒			応答時間　100 ms以下
	結　線	V結線	Y結線（3 000 kVAはV結線）	Y結線	三相3線式
	制　御	電圧調整継電器（90）：不感帯幅±1.0〜±4.0％、動作時限　0〜200秒・％			系統電圧およびSVC出力を監視し、電圧設定値を超過した際には起動し、出力する。また、出力の極性を見ており、極性が反転した際には停止するといった処理をディジタル演算している
		電圧降下補償器（LDC）：抵抗分　0〜24％（1％ステップ）、リアクタンス分　0〜24％（1％ステップ）			制御
			逆流継電器（67）：動作業域95°（進み）〜85°（遅れ）、動作時間5秒		
				逆潮流原因判定継電器（60）	主な用途・瞬時電圧変動対策
	寸　法	一例　1 270×1 645×2 070 mm （幅×奥行き×高さ）			変圧器部　1 120×630×1 800 mm、変換器部1 100×1 255×2 000 mm（幅×奥行き×高さ）
	重　量	一例　3 000 kg			3 100 kg（並列 Tr 1 400 kg、変換器 1 700 kg）
	装　柱	H柱（2本の柱にやぐらを組む）			単柱（1本の柱に取り付け可能）

図 3.6　SVR と SVC の比較（仕様）

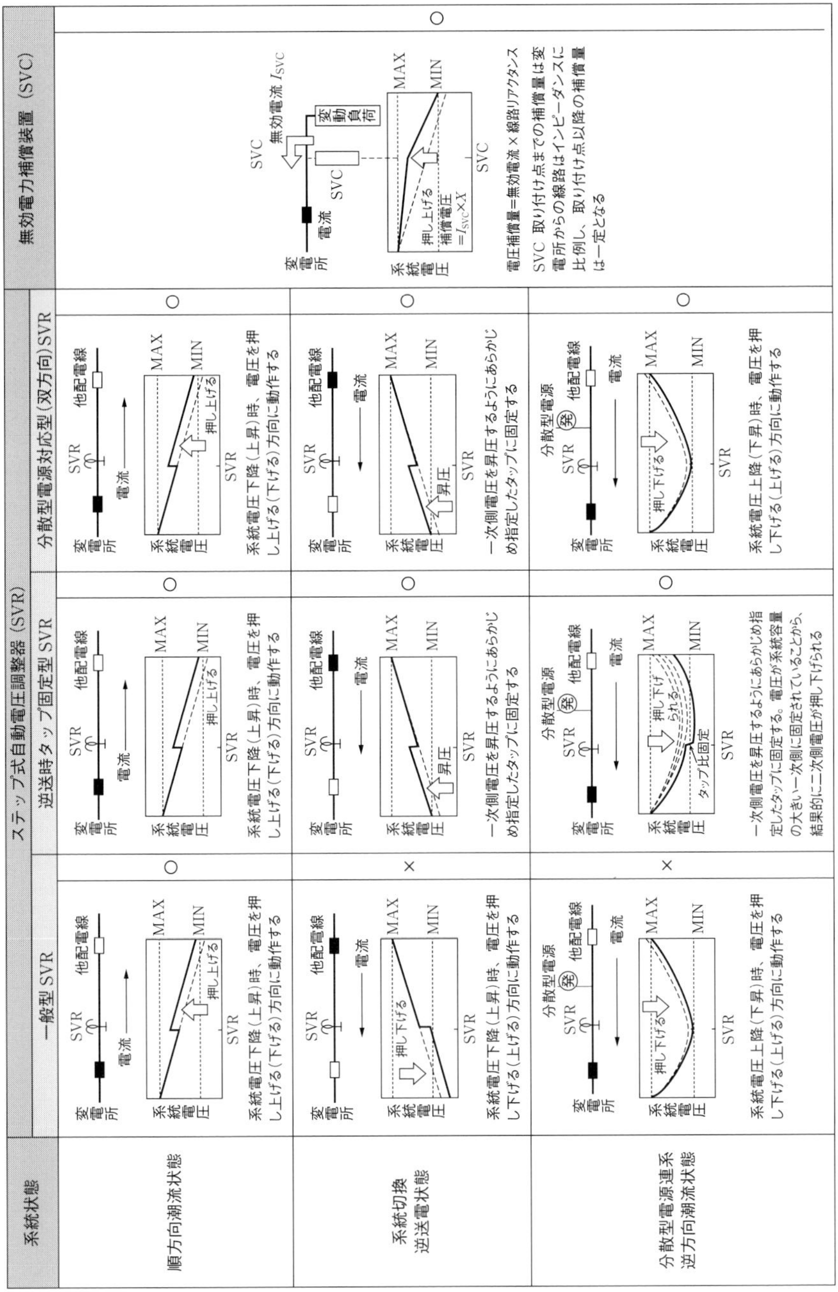

系統状態	ステップ式自動電圧調整器（SVR）			無効電力補償装置（SVC）
	一般型 SVR	逆送時タップ固定型 SVR	分散型電源対応型（双方向）SVR	
順方向潮流状態	○ 系統電圧下降（上昇）時、電圧を押し上げる（下げる）方向に動作する	○ 系統電圧下降（上昇）時、電圧を押し上げる（下げる）方向に動作する	○ 系統電圧下降（上昇）時、電圧を押し上げる（下げる）方向に動作する	○ 電圧補償量＝無効電流×線路リアクタンス SVC 取り付け点までの補償量は変電所からの線路はインピーダンスに比例し、取り付け点以降の補償量は一定となる
系統切換逆送状態	× 系統電圧下降（上昇）時、電圧を押し下げる（上げる）方向に動作する	○ 一次側電圧を昇圧するようにあらかじめ指定したタップに固定する	○ 一次側電圧を昇圧するようにあらかじめ指定したタップに固定する	
分散型電源連系逆方向潮流状態	× 系統電圧上昇（下降）時、電圧を押し下げる（上げる）方向に動作する	○ 一次側電圧を昇圧するようにあらかじめ指定したタップに固定するとその方が大きい。一次側電圧に固定されていることから、結果的に二次側電圧が押し下げられる	○ 系統電圧上昇（下降）時、電圧を押し下げる（上げる）方向に動作する	

図 3.7　SVR と SVC の比較（制御）

3.2 電力系統の運用

3.2.1 配電用変電所の構成

22 kV、6 kV 配電線は、一般的に 66 kV（154 kV）／22 kV、66 kV（154 kV）／6 kV の配電用変電所において、22 kV または 6 kV 母線から 6〜8 回線がそ

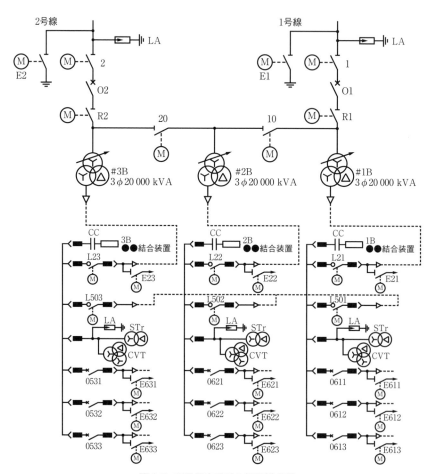

図 3.8 配電用変電所の標準構成例

れぞれ遮断器、断路器を介して引き出される（図3.8）。

22 kV、6 kV配電線は配電用変電所の母線遮断器以降、配電線ごとに単独・独立して運転されている。各配電線の系統構成は、配電線事故の発生を考慮して、配電線を常時閉路（N.C.：normally close）の開閉器により数区間に分割している。また、それぞれの区間は隣接する配電線と連系し、連系点では常時開路（N.O.：normally open）の開閉器が設置されている。配電線事故発生時には、当該配電線の事故原因区間以外の健全区間は隣接配電線との連系開閉器を投入（close）することにより、復旧（逆送）できるよう系統を構成するのが通常である。

3.2.2 系統構成に対する基本的な考え方

高圧配電線は配電用変電所から需要家近傍もしくは需要家引込口までの電力流通経路であり、通過ルートは配電線負荷の特質および線路の保守運用などの点から主に道路沿い施設されている。すなわち、従来配電線路は新規需要発生の都度、新たに設備を構築してきたため、地域の需要分布に見合って放射状形態を成していることが一般的である。

また、高圧配電線の系統構成は配電線事故発生時の事故（停電）区間の縮小化と、健全区間への逆送により系統信頼度の向上を図るため、下記の開閉器を施設するのが標準である。

・配電線の幹線を適当な区間に分割する開閉器　　　➡幹線開閉器
・分割された区間ごとに隣接配電線から逆送できる開閉器　➡連系開閉器

従って、幹線系統は連系線（連系開閉器）により隣接配電線と連系され、配電線事故発生時にすべての健全区間は連系線（連系開閉器）を通して、隣接配電線に切り替え可能な、いわゆる「多分割多連系」方式を採る（図3.9）。

「多分割多連系」配電線における系統負荷は、隣接配電線事故発生時に連系線を通して「隣接区間」の負荷を分担するため、事故時の負荷の切り替えによって当該配電線の許容容量が超過しないよう考慮する必要がある。しかし、すべての配電線が常に切替余力を確保しているとは限らず、負荷増などにより一部の配電線については切替不能な区間を有する場合がある。

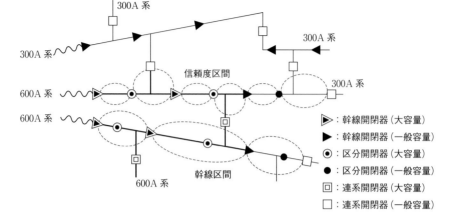

図 3.9　多分割多連系方式による系統構成

■ 3.2.3　配電線の稼働率と裕度

配電線の稼働率

　配電線は、隣接配電線事故発生時に区間負荷の一部、または全部を分担するため常時切替余力を確保することが重要である。従って、配電線の稼働率は従来の常時稼働率 E のほかに、事故時に負荷の切り替えを考慮した稼働率（有効稼働率 η）についても把握・管理する必要がある。

○常時稼働率

　常時稼働率 E は、配電線の負荷電流が常時許容電流を超過しているか否かを判別するものであり、次のように定義される。

$$常時稼働率 E = \frac{配電線負荷電流（常時）}{常時許容電流} \times 100 〔\%〕 \tag{3.5}$$

○有効稼働率

　有効稼働率 η は、隣接配電線事故発生時に行う負荷切替を考慮した配電線負荷電流に対する許容電流の割合で定義され、配電線事故発生時の切替可否を判別するものである。実践的には、切り替えが必要となる時間が事故復旧までの

比較的短時間であることから、設備の有効活用の観点より、許容電流に短時間許容電流を用いることが妥当である。

○**短時間許容電流**

配電線路などにおける電気事故により他配電線路から電力を融通する場合において、融通元の配電線では、融通先の分の電流も流れることから、許容電流以上の電流が流れる場合がある。短時間許容電流は、その継続時間と頻度があまり大きくなければ流すことができる電流で、継続時間は数分～数時間を対象としたものを指す。

以上により、有効稼働率は、その定義から次式で表現できる。

$$有効稼働率 \eta = \frac{（配電線負荷電流（常時）＋連系する幹線区間の最大負荷電流）}{短時間許容電流}$$
$$\times 100 〔\%〕 \tag{3.6}$$

配電線の裕度

配電線の有効稼働率 η は、100%を臨界値として配電線事故発生時（配電線の立ち上がり付近の事故を想定）、全区間の切り替えが可能か否かを判別する指標である。従って、配電系統における系統信頼度から見た裕度としては、切替余力があるか否かを示す有効稼働率 η が100%以下か、もしくは超過するかの臨界値をもって指標とすることができる。

有効稼働率 η が100%以下の場合は、裕度があることを意味する。地域および1事業所単位規模における高圧系統の裕度を高圧線の系統信頼度の面から考える場合、各々の配電線について裕度があるか否かを判別し、有効稼働率 $\eta \leqq 100\%$ の配電線が、当該地域における高圧系統の中で裕度を持った配電系統とみなすことができる。従って、各地域間を相対的比較する場合は、全配電線数に対して裕度のある配電線の割合（以下、適正配電線率 q）をもって、当該地域における高圧系統の裕度とする。

○**適正配電線率**

有効稼働率 $\eta \leqq 100\%$ の配電線を適正配電線、有効稼働率 $\eta > 100\%$ （切替不可能な配電線）を不適正配電線とし、全配電線に対する適正配電線数の割合を

適正配電線率 q とすれば、地域における高圧系統の裕度を示す指標となる。

$$適正配電線率 q = \frac{有効稼働率 \eta が100\%以下の配電線数}{全配電線数} \times 100 〔\%〕 \quad (3.7)$$

3.3 配電自動化システム

　配電自動化システムは、配電系統の監視・制御を行い、事故時の早期復旧と現地での開閉器操作の省力化を目的として、電力会社で導入されている。ここでは一例として、東京電力パワーグリッドで導入されている配電自動化システムについて紹介する。

3.3.1 配電自動化システムの導入目的

　1950年代後半以降の高度経済成長に伴い、電力需要が高まると共に高信頼度の電力供給が求められるようになった。これを受け、供給エリアが面的に広がる配電線系統の設備の保守・運用の自動化による供給信頼度の向上および保守業務の省力化を目的として、配電自動化システムの導入が進められてきた。

3.3.2 配電自動化システムの導入効果

　配電自動化システムを導入することによる効果として、供給信頼度向上、業務効率化、設備利用率向上が挙げられる。

供給信頼度向上

　配電自動化システム導入以前は、配電線で短絡事故、地絡事故等による停電が発生すると、現地機器と変電所リレーが協調して事故区間を検出し、その情報をもとに制御所から作業員が現地出向し、開閉器を操作することにより事故区間以外の送電を行っていた。

　一方、配電自動化システム導入後は、制御所から開閉器の遠方監視と操作が

可能となったため、配電線事故時に現地出向することなく事故故障区間以外の送電を行うことができ、健全区間の停電時間を大幅に短縮できるようになった。

業務効率化

配電自動化システム導入以前は、配電線の工事の際、停電範囲の縮小のため、各区間に設置されている開閉器操作により系統を変更する系統切替操作を、現地出向により実施していた。一方、配電自動化システム導入後は、制御所から開閉器の遠方操作が可能となったため、現地出向する必要がなくなり、移動時間の削減等、業務効率化を実現することができた。

設備利用率向上

通常、配電線は配電線事故が発生した際に、隣接する区間に融通することを考慮し、設備が許容できる電流値に対して裕度を持たせた運用を行っている。配電自動化システムの導入は、隣接する系統だけでなく、離れた系統から融通をする多段切替の実現により、配電線の高稼働運用が可能となり、設備利用率の向上に寄与している。

3.3.3 配電自動化システムの構成

一般的に配電自動化システムは、制御所に設置する親局（図3.10）と、配電線に設置する自動開閉器および子局により構成される。通信線を利用し、親局から開閉器および子局の遠方監視・制御を実施する。

親局

制御所に設置され、現地の配電線の自動開閉器および子局の遠方監視・制御を実施する。親局はシステムとして高い信頼性を確保するため、サーバを二重化することが多く、上位系システムや業務系システムと連係することで、配電線事故時の健全区間への送電など、多様な機能を実現する。配電系統に設置している自動化機器の状態や線路の充停電の情報は、親局の操作卓のモニタで可視化され、リアルタイムで配電系統の現在の状況を把握することができる（図3.11、図3.12）。

図 3.10 配電自動化システム（親局）

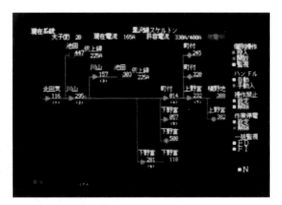

図 3.11 スケルトン表示

図 3.12 街路図表示

図 3.13　自動開閉器（左）と子局（右）

自動開閉器・子局

　現地の配電線に自動開閉器（図 3.13）・子局が一対で設置され、親局から通信線を介した子局への信号により、自動開閉器の遠方制御・監視を実施する。

　自動開閉器は、配電自動化システム導入前から設置している手動開閉器に遠方監視・制御できる機能を追加したものである。近年では、配電線の系統情報の取得・活用を目的として、センサ内蔵自動開閉器の設置が多くなっている。

　子局は自動開閉器とケーブルで接続し、自動開閉器の監視・制御を行う。近年では、自動開閉器のセンサ搭載に伴い、従来の遠方制御機能に加え、計測機能が搭載され、開閉器のセンサ情報をもとに演算を行うといった高機能化も進んでいる。

通信方式

　親局と子局とをつなぐ通信方式は、配電線に信号を重畳して通信を行う配電線搬送方式と、メタルケーブルや光ケーブルを用いる通信線搬送方式がある。

3.3.4　配電自動化システムの機能

　配電自動化システムの導入以降、現場のニーズにより機能拡充が実施され、現在ではさまざまな機能を有している。ここでは、「監視・制御機能」「系統運用支援機能」について述べる。

監視機能とは、配電用変電所の運転情報を配電自動化システムに取り込み、配電系統の状態表示や自動化機器の監視・計測を行う機能である。取得する配電系統・自動化機器の情報は、制御所の配電系統図にリアルタイムで表示され、配電線事故発生時には、配電系統図上に停電状態を表示すると同時に警報を発生する。

制御機能とは、主に配電系統に設置している自動化機器を遠方から操作を行う機能である。遠方操作は、制御所の作業員が操作卓のモニタで配電系統上の操作したい機器を選択し、自動開閉器の入・切操作を実施する。また、プログラムにより手順を実行し、自動で機器の操作を実施することも可能である。

系統運用支援機能

系統運用支援機能には、配電自動化システムが保有・蓄積しているさまざまな情報をもとに、系統切替操作手順の自動作成・実行を行う業務の支援機能や、作業員の訓練を目的とした模擬の事故発生・復旧操作を実施することができるシミュレーション機能などがある。また、日々更新されている設備データや配電系統情報を最新の状態に保つためのメンテナンス機能も、系統運用支援機能として実装されている。

3.4 伝送方式

配電自動化システムを活用するためのネットワークは、主に親局から子局間のネットワークと、配電用変電所などの上位系統から親局間のネットワークに大別できる。本節では、これらのネットワークに使用される伝送方式について述べる。

3.4.1 伝送方式の選定

伝送方式は、使用するネットワークによって選定されている。親局から子局間のネットワークでは、配電線を用いた配電線搬送方式と、メタルケーブルや光ケーブルを用いた通信線による通信線搬送方式が採用されている。一方で、上位系統から親局間のネットワークでは、メタルケーブルや光ケーブルを用いた通信線による通信線搬送方式が採用されることが多い。

3.4.2 配電線による伝送方式（配電線搬送方式）

配電線による配電線搬送方式は、その名の通り、配電線路を使って信号を送受信する方式のことである。配電線搬送方式は、配電線が配電系統に設置している機器に直接接続されていることや、新たに通信線を新設する必要がないことから、配電自動化の導入時から今日に至るまで利用されている。実用化されている伝送方式は、配電線の線間を伝送路として用いる線間結合方式と、配電線と大地間を伝送路として用いる大地帰路方式があり、電圧もしくは電流を信号として使用している。配電設備に設置した結合器で、配電線搬送信号の受信と子局からの信号を配電線に重畳して信号の送受信を行う。搬送波の周波数は、商用周波数の数倍～数十倍を用いていることが多く、伝送速度は方式により、20～1 000 bps 程度である。

3.4.3 通信線による伝送方式（通信線搬送方式）

通信線による通信線搬送方式には、主にメタルケーブルと光ケーブルが使用されている。

メタルケーブルを使用する場合は、位相偏移変調方式（PSK）と呼ばれる、伝送データを搬送波の位相の変化により伝送する方式や、周波数偏移変調方式（FSK）と呼ばれる、伝送するデータを搬送波の周波数の変化により伝送する方式が用いられる。伝送速度は使用するケーブルの種類にもよるが、200～9 600 bps 程度である。

光ケーブルを使用した伝送は、電気信号を変調器を用いて光信号に変換して

表 3.1 メタルケーブルと光ケーブルの比較

ケーブルの種類	メリット	デメリット
メタルケーブル	・安価 ・容易に工事可能 ・折り曲げに強いため容易に分岐が可能	・ノイズにやや弱い ・伝送速度が遅い ・伝送損失がやや大きい
光ケーブル	・ノイズに強い ・伝送速度が速い ・伝送損失が小さい	・高価 ・工事がやや困難 ・折り曲げに弱いため分岐がやや困難

行われる。光信号の伝送路には光ファイバーケーブルや光の発光、受光を行う素子が使用され、最終的は光信号から電気信号に変換される。光ケーブルによる伝送は、伝送速度が 1.0 kbps～100 Mbps 程度であり、他の伝送方式と比較して速度が速いという利点がある。メタルケーブルと光ケーブルを使用する際のメリット・デメリットを比較したものを表 3.1 に示す。

3.4.4 無線方式

　無線による伝送方式は、光ケーブルの敷設が困難な山間部や島嶼地域などへの適用が検討されている。近年の無線技術の進歩により、配電線搬送方式よりも格段に優れた伝送速度と通信信頼度が期待できる。

3.4.5 時限順送方式の概要

　一般に、高圧配電線の事故・故障区間を発見する方法として、線路に設けてある区分開閉器を利用した時限式事故順送方式が用いられている。高圧配電線に地絡または短絡事故が発生し、停電後に再送電されてから X 時限経過後開閉器を自動投入し、投入後に Y 時限内に停電すれば投入回路をロックする。

　配電変電所の区間表示器を連動させることで、停電区間の縮小および事故点の早期発見を行い需要家へのサービス向上に努めている。

X 時限

停電前状態が開閉器「入」で、復電後状態が開閉器「切」・ロックなしで電源側より復電（負荷側電圧なし）された場合のみ X 時限のカウントを開始する。

Y 時限

X 時限の正常終了により、Y 時限を起動する。Y 時限カウント中に停電が発生した場合は、時限式順送機能をロックする。

逆送電ロック機能

開閉器が「切」状態のとき、逆送電を検出した場合は開閉器を投入しない。停電前の開閉器状態を「入」状態と認識している場合は切認識に変更し、X 時限の起動をロックする。

事故発生時の挙動を、以下の**1**～**7**に示す。

1 配電系統において地絡もしくは短絡事故が発生する（図3.14）。

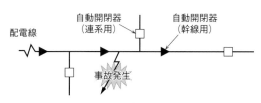

図 3.14 事故の発生

2 配電用変電所の保護継電器で配電線事故を検出し、配電用変電所の配電線遮断器を開放して全区間停止する。その後、自動開閉器（幹線用）についても切となる（図3.15）。

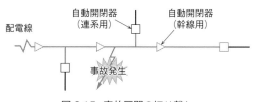

図 3.15 事故区間の切り離し

❸ 一定時間後に配電線遮断器投入（再閉路）する（図 3.16）。

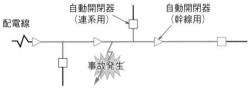

図 3.16　配電線遮断器投入

❹ 立ち上がりより現地の自動開閉器（幹線用）が X 時限で順次投入（時限投入）する（図 3.17）。

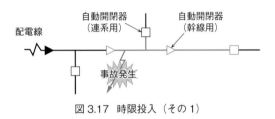

図 3.17　時限投入（その 1）

❺ 投入区間に事故区間が含まれると、再度変電所の保護継電器で事故を検出し、配電用変電所の遮断器を全開放する（図 3.18、図 3.19）。

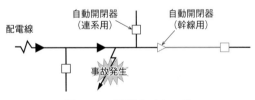

図 3.18　時限投入（その 2）

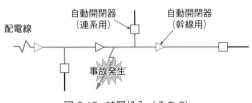

図 3.19　時限投入（その 3）

6 事故区間の自動開閉器（幹線用）をロック（切状態を保持し、開閉器の投入を制限）し、それ以外の健全区間のみ配電用変電所より同様に順次送電を実施する（再々送電）。さらに、自動開閉器（連系用）を投入することで、他配電線より電力を融通することで、事故を含んでいない健全区間についての送電を実施する（逆送電）（図3.20）。

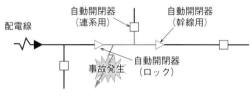

図3.20 再々送電・逆送電

7 事故点の特定および除去については、作業員が現地に出向して事故点探査および事故原因の除去を行い、完了後に送電する（図3.21）。

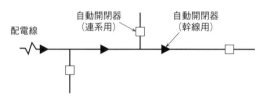

図3.21 事故原因除去・送電完了

3.5 次世代配電自動化システムの構想

　配電系統は変電所からバンクの容量に応じて数本の配電線が引き出されており、その配電線を自動開閉器（幹線用・連系用）で運用することで、事故停電時間の大幅な縮小による顧客サービスの向上を実現している。具体的には、事故の発生していない区間の送電時間が、約40分から約5分へと短縮されている。また、現行の自動化では配電線工事に伴う開閉器の切替操作作業の減少や、多段切替、配電線の高稼働運用が可能となり、設備投資の抑制や現地出向

の削減など運用面でのコストダウンに寄与している。

　近年、太陽光発電等の分散型電源の普及拡大により、電圧上昇や負荷電流の把握といった配電系統の系統情報が複雑化している。配電自動化システムは、自動開閉器（幹線用・連系用）から配電線搬送方式で電圧・電流情報を収集していたが、受信不能な場合や伝送速度が遅いこと、さらに制御器が故障に至った場合には配電自動化システムへ自動通知ができない受動的なシステムであり、現地のリアルタイムな情報（電圧・電流値など）を把握することが困難となっていた（図 3.22）。そのため、光通信による運用の必要性が出てきている。搬送方式から光方式へ現行設備の更新を進めていき、センサ内蔵自動開閉器や制御器（光通信／配電線搬送方式両対応）の設置を進めていく。これにより、電圧・電流および運用面から、次のことが期待できる。

・計測電圧に基づく最適な電圧対策の実施（図 3.23）
・正確な区間電流把握に基づく系統運用（図 3.24）
・事故予兆発生区間の特定による事故未然防止（図 3.25）

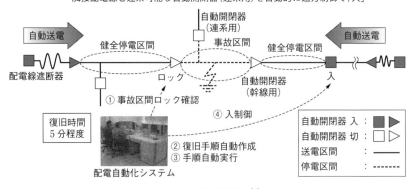

図 3.22　配電自動化 [1]

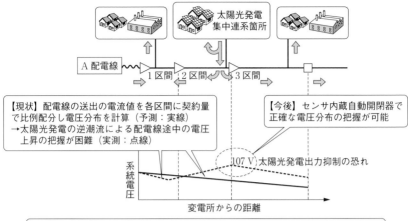

図 3.23　次期配電自動化による電圧対策 [1]

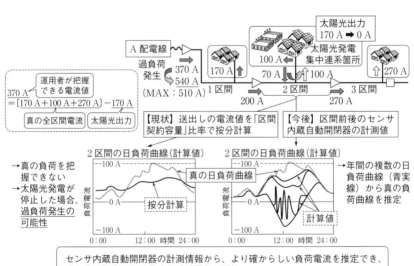

図 3.24　次期配電自動化による電流対策 [1]

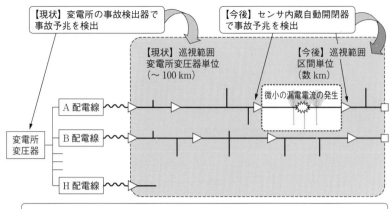

図 3.25　次期配電自動化による信頼度向上 [1]

3.6 # 設備計画

3.6.1 設備計画の考え方

設備計画は、将来の需要変動に対応した供給設備の適切な拡充計画ならびに社会安全確保などに対応するための改良計画を策定するものであり、将来における環境条件の流動性、技術開発に対する見通しの下に計画する。

特に配電系統は需要家と直結した流通設備であるため、負荷特性、需要密度、環境条件を考慮して計画するほか、既設設備との協調を図り、有効活用することで効果的かつ効率的な計画を策定することが重要である。

最近では、AIによるビックデータ解析や再生可能エネルギーの大量導入、蓄電池技術の開発、老朽化設備の増加などにより、電力を取り巻く環境は大きく変化をしている。そのため、需要動向や既存設備状態の把握・地域社会との協調・設備保守運用面などとの協調・投資効率の向上といった、流動性を踏まえた設備形成を検討していくことが大切になる。

3.6.2 設備拡充・改良対策の考え方

設備拡充の考え方

　需要と設備などの相互関係が適切なバランスを失ったときには、設備および系統に量的・質的な対策が必要であり、具体的な対策は図3.26の通りである。

設備改良の考え方

　設備の老朽化などにより、既存の設備を更新していくことも必要である。また、異常気象が多くなると、水害や台風など自然災害への備えが必要となっている。設備を適切な時期に更新し、設備事故の発生を未然に防止する必要がある。設備更新の適切な時期を考えるにあたっては、設備の状態だけでなく、工事力や資金等を含めた工事量の均平化についても検討する必要がある。

　また、設備更新を実施するにあたっても、同じ設備に更新するのではなく、将来の動向や近隣設備の更新状況も踏まえて、長期的視点での更新が必要となる。表3.2に、設備更新に用いる代表的な手法とその基本的な考え方について示す。

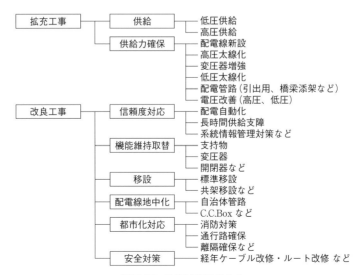

図 3.26　設備対策の考え方

表 3.2　設備更新の基本的な考え方

TBM（Time Based Maintenance）	ある経年となった時点で、取り替えを実施する方法 【特徴】 ・取替費用大 ・単価が安い設備や供給支障や公衆安全に影響が小さい設備で採用されることが多い
CBM（Condition Based Maintenance）	状態を見て、取り替えを実施する方法 【特徴】 ・点検等監視費用の発生 ・供給支障や公衆安全に影響が大きい設備で採用されることが多い

3.6.3　分散型電源が拡大する中での設備形成（逆潮流への対応）

　過去、大規模な火力・原子力電源から面的に送配電していた時代とは大きく異なり、太陽光発電設備をはじめとした再生可能エネルギー発電設備等の電源があらゆる場所に設置されている状況となっている。過去は、変電所に近いところから配電線の末端に向けて送電電力量が少なくなり電圧も下がっていたが、近年では、末端近くに分散型電源がある場合は末端付近で電圧が高くなったり、配電線の中間地点あたりで電圧が最も低くなったりと、電圧や電流想定が困難な状況となっている。そのため、配電系統のさまざまな地点での電圧・電流を把握するセンサ内蔵開閉器の導入が求められており、それらのデータに基づき、設備実態に合った設備形成を図っていく必要がある。

3.6.4　設備状態の定量評価とアセットマネジメント

　近年、ビックデータ解析や AI の進展により、設備データから精緻な将来予測を行うことが可能となってきた。そのため、CBM については、各々の設備の状態から、定量的評価により高い精度で取替時期を想定することができるようになってきた。また、それらの評価に基づき、投資配分の最適化を図ることで、最小費用で供給信頼度を維持・向上させる仕組みが検討されている。

3.7 需要想定

　需要想定については、マクロ的視点とミクロ的視点の両方を合わせた上で、配電設備にどのような対策を実施していくのかを検討する必要がある。

3.7.1 需要想定方式（マクロとミクロ）

マクロ的視点（長期的視点）

　少子高齢化による電力需要の減少、電化の推進や電気自動車の普及による電力需要の増加など、社会全体が将来どのような方向へ推移するかを想定する必要がある。マクロ的な需要想定としては、将来的な人口推移や住宅着工戸数、名目 GDP 成長率など社会動静を考慮する必要がある。また、国の方針や政策によっても大きく変化する部分があるため、国や企業の動向に注視し、想定していく必要がある。

ミクロ的視点（短期的視点）

　大きな工場が建設されることで需要が増える、再開発計画がある、といった地域の動静に合わせた想定が必要となり、地域の個別動静の積み上げによって、どの程度の工事が必要かを判断する。設備計画としては、マクロ的視点（将来的想定）とミクロ的視点（至近年の個別動静）の両方を合わせた上で、どのような対策を実施していくかを検討する必要がある。

3.7.2 負荷カーブ・最大電力の想定

　実際に設備を新設するにあたっては、必要な容量の設備を用意する必要がある。必要な容量は、電力量だけでなく、最大電力とその継続時間に依存する傾向があるため、電力量を把握することはもちろんのこと、1年間の最大電力や負荷の動きを把握することが必要となる。

表3.3　負荷特性

	負荷の種類例	特徴
電灯負荷	一般住宅、街路灯	朝の7～9時と夕方以降の負荷需要
業務用負荷	商店、デパート、学校	冷暖房需要が主で、季節や天候による変化が大きい
動力負荷（小口）	小規模工場	日中にピークが続き、12～13時に谷間ができる
動力負荷（大口）	工場、鉄道	
その他	農事用、工事用	農事用は田植えの時期のみ、など年間を通して使用する時期が限られる
発電設備	太陽光発電	晴れた昼間に最大電力が数時間継続する

　負荷特性は、業態によってある程度同じような特性を示すため、業態ごとに想定することが望ましい（表3.3）。

　なお、従来の機械式の電力量計では、1カ月の電力使用量の積算値を検針員が各家庭に訪問し確認していたが、近年ではスマートメータの普及により、実際の負荷カーブを知ることができる技術が展開されている。スマートメータを活用することで、時間帯を考慮した負荷想定が可能となり、負荷想定の精度向上による設備のスリム化が期待されている。

3.7.3　地域特性の把握（需要と設備の相関、設備・系統評価）

　配電系統は需要に応じて設備形成をするため、需要と設備量というのは相関がある。しかし、地域によって需要の種類や量（密度）が異なるため、地域の設備実態を把握することが必要である。また、設備の経年など、改良計画を策定するにあたり、どのエリアに経年設備があるのかを把握し、効率的な投資を実施していかなければならない。配電設備を構築するにあたり、考慮すべき指

表3.4　評価指標

指標名	指標の例
需要指標	需要密度、変圧器平均稼働率、変圧器の平均容量など
設備指標	設備別（支持物、電線、変圧器、開閉器など）の平均経年設備の密度（支持物本数/面積、電線の延長密度など）
設備と需要の関係	契約容量と設備数の割合など
系統評価	平均稼働率など

標を表 3.4 に記載する。

3.7.4 設備管理指標（需要指標）

負荷の特性は、以下の指標により評価できる。

需要率

設備容量に対する最大需要電力の割合。おおよそ負荷特性ごとに一定の割合となる。

$$需要率 = \frac{最大需要電力〔kW〕}{設備容量〔kW〕} \times 100 \ 〔\%〕 \tag{3.8}$$

不等率

変圧器や配電線、あるエリア負荷特性別などの集合体で考えると、各個の最大需要電力が発生する時間が異なるため、個々の最大需要電力の和よりも小さくなる。

$$不等率 = \frac{負荷各個の最大需要電力の和〔kW〕}{各負荷を綜合した時の最大需要電力〔kW〕} \ 〔\%〕 \tag{3.9}$$

負荷率

負荷曲線のうちの最大電力と平均電力の割合。期間の取り方により、日負荷率、月負荷率、年負荷率などという。

$$負荷率 = \frac{ある期間の平均需要電力〔kW〕}{その期間の最大需要電力〔kW〕} \times 100 \ 〔\%〕 \tag{3.10}$$

例　題

次の図のような日負荷曲線がある。この負荷曲線の負荷率を求めよ。

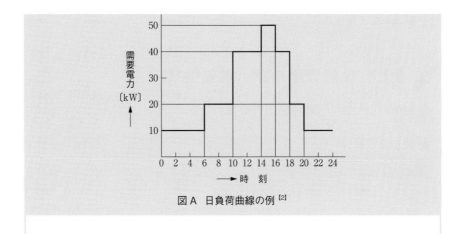

図A　日負荷曲線の例 [2]

解　答

$$平均需要電力 = \frac{10 \times 6 + 20 \times 4 + 40 \times 4 + 50 \times 2 + 40 \times 2 + 20 \times 2 + 10 \times 4}{24}$$

$$\approx 23.3 〔kW〕$$

最大需要電力 $= 50.0$ 〔kW〕

$$\therefore 負荷率 = \frac{23.3}{50.0} \times 100 = 46.6 〔\%〕$$

3.8 配電系統の電圧降下・電力損失

3.8.1 電圧降下

　配電線路の電圧降下は、負荷電流と配電線の抵抗やリアクタンスとの積によって発生するが、負荷がさまざまに分散しているため、計算が複雑となる。

　線路途中に負荷のない場合、以下の式にて計算を行う。ただし、v は電圧降下〔V〕、K は配電方式による異なる定数（単相2線式：2、単相3線式：1、三

相3線式：$\sqrt{3}$、三相4線式：1）、r_e は電圧降下等価抵抗〔Ω〕、I は負荷電流〔A〕、l は配電線距離〔m〕、r および x は電線1条の単位長さあたりの抵抗とリアクタンス、φ は力率角である。

$$v = Kr_eIl \ \text{〔V〕} \tag{3.11}$$

$$r_e = r\cos\varphi + x\sin\varphi \ \text{〔Ω/m〕} \tag{3.12}$$

3.8.2 均等間隔平等分布負荷

図3.27において、送電点から n 負荷点までの電圧降下 v は次式で与えられる。本計算式は、通常低圧線の電圧降下の略算を行う場合などに適用する。v は電圧降下〔V〕、K は配電方式による異なる定数（単相2線式：2、単相3線式：1、三相3線式：$\sqrt{3}$、三相4線式：1）、r_e は電圧降下等価抵抗〔Ω〕、i は負荷点電流〔A〕、l' は隣接負荷点間距離〔m〕、l は配電線距離〔m〕である。

$$v = Kir_el' \times \frac{n(n+1)}{2} = Kir_el \times \frac{(n+1)}{2} \ \text{〔V〕} \tag{3.13}$$

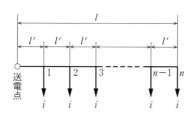

図3.27 均等間隔平等分布負荷

3.8.3 平等分布負荷

図3.28において、送電端から末端までの電圧降下は次式で与えられる。本計算式は、通常高圧線の電圧降下の略算を行う場合などに適用する。I は送電点の電流、i は各点の負荷電流密度（$=I/l$〔A/m〕）である。

$$v = K\frac{r_elI}{2} = K\frac{r_el^2i}{2} \ \text{〔V〕} \tag{3.14}$$

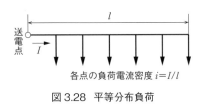

各点の負荷電流密度 $i=I/l$

図 3.28　平等分布負荷

3.8.4　分散負荷率

　配電線路に負荷が分散接続されている場合、電圧降下を正確に計算するのは困難であるが、線路が連続分散負荷線路とすれば、表 3.5 に示すように代表的な負荷分布について分散負荷率 f（線電流の平均値と送電端電流との比）を求めておくことで、これから電圧降下の概略値を得ることができる。計算式は次式で与えられる。ここで f は分散負荷率、r_e は電圧降下等価抵抗〔Ω〕、I は送電点の電流〔A〕、l は配電線距離〔m〕である。

$$v = f r_e l I \ \text{〔V〕} \tag{3.15}$$

表 3.5　分散負荷率と分散損失係数

負荷分布の形		分散負荷率 f	分散損失係数 h
末端集中負荷		1	1
平等分布負荷		0.50	0.33
末端が大の分布負荷		0.67	0.53
中央が大の分布負荷		0.50	0.38
送電端大の分布負荷		0.33	0.20

3.8.5　電力損失

　配電線において生ずる電力損失は、主に線路の抵抗損（オーム損）ならびに柱上変圧器の鉄損および銅損からなる。

電力損の基礎的計算

配電線路の抵抗損は、線路電流の2乗および電線抵抗に比例し、I を負荷電流〔A〕、r を電線1条単位長あたりの抵抗〔Ω/m〕、l を線路距離〔m〕、n を電線の乗数（3線式では $n=3$、2線式では $n=2$）とすれば、電力損失 P〔W〕は次式で与えられる。

$$P = I^2 r l n \;〔\mathrm{W}〕 \tag{3.16}$$

分散損失係数

配電線路の負荷は一般に広範囲に分布しており、計算が複雑となる。そこで表3.5 に示すように代表的な負荷分布について分散損失係数 h（線電流の2乗の平均値と送電端電流の2乗の比）を求めておけば、概略値を得ることができる。計算式は次式で与えられる。ここで、l は配電線距離〔m〕、r は線路抵抗〔Ω〕、I は送電点の電流〔A〕である。

$$P = h l r I^2 \;〔\mathrm{W}〕 \tag{3.17}$$

損失電力量

配電線の損失電力量 W は、ある期間 T 時間中の合計であり、次式で与えられる。ここで、W_t は時刻 t における損失電力〔W〕である。

$$W = \sum_0^T W_t t \tag{3.18}$$

柱上変圧器損失

柱上変圧器の損失は鉄損と銅損に大別される。鉄損は電圧が加えられていれば、負荷の存在とは無関係に生じるものである。銅損は、負荷電流による巻線の抵抗による損失であり、電流の2乗に比例して生じる。

例題

　三相3線式高圧配電線路の末端に 500 kW、力率 90 %（遅れ）の負荷が接続されている。負荷端の電圧を 6 500 V とすると、送電端電圧および電圧降下はいくつとなるか。ただし、線路インピーダンスは1線あたり

（0.5＋j1）とする。

解 答

三相3線式高圧配電線路に流れる電流 I〔A〕は、下記のように求められる。

$$I = \frac{500 \times 10^3 - j500 \times 10^3 \times \sqrt{\frac{1}{0.9^2} - 1}}{6\,500} = 76.92 - j37.25$$

従って、電圧降下 ΔV〔V〕は下記のように求められる。

$$\Delta V = (0.5 + j1.0) \times (76.92 - j37.25)$$
$$= (0.5 \times 76.92 + 1.0 \times 37.25) + j(1.0 \times 76.92 - 0.5 \times 37.25)$$
$$= 75.71 + j58.29$$
$$\therefore |\Delta V| = 95.5$$

また、送電端電圧 V〔V〕は下記の通りとなる。

$$V = (6\,500 + 75.71) + j58.29 = 6\,575 + j75.71$$
$$\therefore |V| = 6\,575$$

3.9 架空配電線

3.9.1 架空配電線の機材と建設

　架空配電設備は電力需要に応じて面的に広がっており、膨大な設備量を誇る。また、需要家に直結した設備であり、公衆安全の確保はもちろん、供給力の確保、供給信頼度の確保、環境調和を図った設備を構築する必要がある。架空配電線路を構成する設備（支持物、電線、変圧器、開閉器、避雷器、引込線など）は、上記した機能を具備すると共に、経済性、工事の容易性を追求した機材が求められる。本項では、主な機材と建設工事について述べる。

支持物

　配電線路の電線等を支持する目的で使用される。以前は木柱が主流であったが、現在は主に鉄筋コンクリート柱が用いられている。鉄筋コンクリート柱は、遠心力締固めを用いてプレストレスを付与する鉄筋を配置したものが主流となっている。鉄筋コンクリート柱は、長さ7〜17 m のものが用いられ、末口（頂部）直径は190 mm、末口（頂部）から元口（底部）へかけての直径増加率（テーパ）は1/75 のものが一般的である。強度は設計荷重350 kg〜1 500 kg のものがあり、それぞれ柱に加わる荷重を考慮して選定される。

　また、コンクリート柱の搬入出が困難な場所には、鋼板を継ぎ足した鋼板組立柱や、鉄筋コンクリート柱と鋼管柱部を組み合わせた構造の複合柱なども使用されている。

装柱材料

　装柱とは、電線や変圧器等を支持物に施設することを指し、装柱材料には腕金、バンド類、アームタイ等が使用される。

絶縁電線・ケーブル

　架空配電線路用の電線には、使用電圧に応じた絶縁性能を有する絶縁電線またはケーブルが用いられる。導体には、一般に銅やアルミが使用され、絶縁体として架橋ポリエチレン、ポリエチレン、ビニル等で導体を被覆している。導

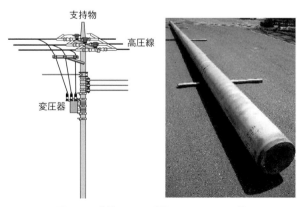

図3.29　装柱イメージ図とコンクリート柱

図 3.30 装柱材料（腕金、バンド）

図 3.31 電線・ケーブル

体が 1 本のものを単線、複数の導体をより合わせた構造のものをより線とい
う。より線については、断線防止対策として、より線導体を圧縮して外径を小
さくした圧縮より線も使用されている。このほか、着雪を防止するために電線
の長手方向に連続に突起（ヒレ）を設けた難着雪電線も使用されている。また、
ケーブルにおいては高圧ケーブルとして、架橋ポリエチレン絶縁とビニルシー
スを用いた CVT-SS ケーブル等が、低圧ケーブルにはビニル絶縁とビニル
シースを用いた SV ケーブルや耐熱ビニル絶縁とビニルシースを用いた
SHVVQ ケーブル等が使用される。

がいし

がいしは、支持物と電気の流れる電線を絶縁するためのもので、電圧（高圧・
低圧）、用途（引留・引通し）によりさまざまな種類がある。また、塩害地域に
おいては、がいしの沿面距離を長くし、耐塩性能を向上させた耐塩がいしもあ
る。がいしは、磁器の表面にうわ薬を施したものが一般的に用いられている。

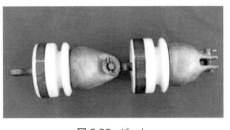

図 3.32　がいし

図 3.33　柱上変圧器

一部では撥水性に優れたポリマー材料を用いたがいしも使用されている。

柱上変圧器

　6.6 kV の高圧を、105 V または 210 V の低圧に変圧するために用いられる。定格容量は単相変圧器で5〜100 kVA 程度まであり、定格一次側電圧 6 600 V、定格二次側電圧 210 V および 105 V である。タップ付き変圧器は、一次電圧を6 750 V、6 450 V、6 300 V、6 150 V に切り替えることができ、高圧側の電圧変動に対応できるようになっている。三相負荷に対しては単相変圧器を V 結線とし三相電源としている。ほかに単相負荷と三相負荷が混在する場合においては、異容量の単相変圧器を V 結線とし、三相のうち一相に単相負荷も接続できるよう中性点を接地した三相4線式により供給される。

柱上開閉器

　開閉器は、主に配電線作業時の区分、ならびに配電線事故時の事故区間の切

図 3.34 柱上開閉器

り離し用として使用される（図 3.34）。開閉器には手動で操作を行う手動開閉器と制御装置との組み合わせにより自動操作を行う自動開閉器があり、開閉器操作時の発生アークの消弧するための媒体として、油、気中、真空、ガスがある。このうち、油については公衆安全上、架空電線路への取り付けは禁止されている。また、施設箇所により分類すると、線路途中に施設され、幹線区間の区分点に施設される幹線開閉器（常時閉路）、幹線区間の連系箇所に施設される連系開閉器（常時開路）、高圧需要家の引込箇所に施設される引込用開閉器がある。

3.9.2 設計の概要・考え方（建柱位置、環境調和）

環境調和の考え方

　架空配電線路において、電線を支持する電柱は建物や樹木などに接近して建てられることが多いので、他物との離隔を確保できるように装柱や電線のルートを工夫する必要がある。一方で、観光地や風致地区などでは景観に配慮し、電線条数を極力減らす、電柱の塗装を行うなどの特殊な設備形成が求められる。設計者は、設備の安全性と信頼性を担保しつつも地域事情を勘案し、環境調和を図った設備づくりをしなければならない。

○供給設計

　架空配電線路における供給設計には、高圧供給と低圧供給の 2 種類が存在する。高圧供給、低圧供給のいずれも電力会社所有の電柱から需要家の受電点ま

での距離が最短となり、かつ第三者の敷地を越境しないルートで引込線の架線を行い、電気の供給を実施するように努める。

☑ 高圧供給

高圧供給においては、原則、需要家側で受電用の電柱を設置し、電力会社所有の電柱から需要家の電柱まで引込線を架線して電気供給を行う。負荷容量が大きい場合には、高圧配電線路の設備増強を検討する。また、配電線路への波及事故防止のため、需要家の電柱には負荷開閉器（PAS）を設置することが推奨される。

☑ 低圧供給

低圧供給においては、電力会社所有の電柱から需要家の受電点まで引込線を架線して電気供給を行う。大規模造成地や宅地分譲地などの電気の需要が増加する見込みがある場所には電柱および変圧器を新設し、将来需要に対応できる設備構築を事前に行う。また、供給を実施するにあたり、低圧架空配電線路の電圧降下や低圧本線の許容電流、変圧器の稼働率を参照し、必要に応じて設備増強、改修を実施する。

○ 移設設計

移設設計は、電力会社が自社設備の保全のため実施する自発工事と、第三者から要請を受けて実施する他発工事の2種類がある。

☑ 自発工事

架空配電線路の設備は風害や塩害、紫外線などの影響により劣化するため、定期的に点検を自発的に実施し、設備の保全に努めている。その点検の中で不良が見つかった場合は、不良箇所を新しいものへ取り替えを実施する。

☑ 他発工事

架空配電線路の中で電柱や支線は、道路管理者や一般の方の土地を借りて施設しているため、道路拡幅や住宅の建替時などで電力会社の設備が支障となった場合は、その要請を受けて移動または改修を実施することがある。要請内容

と設備全体の安全性・信頼性を考慮し、適切な改修方法の提示を実施する。

○その他

☑特殊負荷設計

レントゲンや溶接機など突入電流が大きい機器の供給においては、フリッカが発生する可能性があるため、専用変圧器で供給するなどの対策が必要となる。

☑耐雷、耐塩設計

架空配電線路は、気象や自然の影響をダイレクトに受けるため、特に落雷に対する対策（耐雷機器、耐雷素子など）や海水に含まれる塩による漏電対策（耐塩機材）が必要となる。

☑自動化設計

配電線路の事故時に自動で復旧をするため、電力会社では自動化機器の導入を進めている。特に需要密度の高い場所では、適切な開閉器の設置、高圧配電線路のルート選定が求められる。

建柱

電柱は、電気の供給において引込線の振り分けが必要となるため、ある程度の間隔で設置をしなければならない。電柱の径間は、市街地では 30 m 程度、その他では 40 m 程度が標準である。電柱の全長は、高圧 2 回線方式や高圧線の必要有無などから決定され、強度は電柱にかかる風圧荷重や電線張力などを総合的に勘案し、計算により安全率を考慮して決定される。また、道路、歩道上に建柱する場合は、交通に支障がない位置を選定し、道路管理者の許可を受けて工事を実施する。第三者の土地に建柱する際は、地権者と十分な協議の上、設置の承諾を受けて建柱位置を決定する。

装柱

配電線路の装柱は、大まかに高圧線、低圧線、変圧器、開閉器に分けられる。標準的な装柱を図 3.35 に示す。使用する金具により電線の架線形態が変化するため、支持物への影響や第三者の敷地上空通過が発生しないように考慮する。

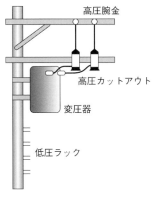

高圧腕金

高圧カットアウト

変圧器

低圧ラック

図 3.35　標準的な装柱

電線

架空配電線路に使用される電線の材質には、銅とアルミがある。線種としては絶縁電線とケーブルの2種類があり、他物との離隔距離や施設方法により決定される。また、複数の太さや線種があるため、電圧降下や許容電流などを参照し、決定する。

○電線の地上高

電線を施設する際の地上高は、「電気設備の技術基準の解釈」に定められており、その値以上となるように施工する（表3.6）。

○弛度

電線は金属であり、夏季は強い日差しと高い温度にさらされ、冬季は低い温度と地域によっては氷雪が付着することで伸縮を繰り返すため、厳密には年間を通しての電線の長さは一定ではない。また、夏から秋にかけては台風により暴風雨を受けるため、線間が接近する場合がある。このような条件下で安全に運用するためには、電線に適切な弛度を取る必要がある。一般的には1.0〜3.0％程度で施設を行う。最悪条件下における電線の弛度の限界を求める場合は、図3.36による。

表 3.6　電線の地上高（電技解釈第 68 条）[3]

施設場所		低圧	高圧
		絶縁電線・ケーブル	高圧絶縁電線・ケーブル
道路[1]	横断	6.0 m[2]	6.0 m[2]
	その他	5.0 m[2]	5.0 m[2]
歩道		4.0 m[2]	5.0 m[2]
鉄道または軌道横断		5.5 m	5.5 m
横断歩道橋の上		3.0 m	3.5 m
上記以外		4.0 m[2]	5.0 m[2]
水面上		船舶の航行等に危険を及ぼさない高さ[3]	
氷雪の多い地方の積雪上		人又は車両の通行等に危険を及ぼさない高さ	

※ 1　公道（国道・都道府県道・区市町村道）、私道を問わず、歩車道の区別のある道路の場合は車道部分。

※ 2　各道路管理者が定める道路占有許可基準等の最低地上高が表より高い場合は、その基準を満足するよう施設すること（公道の場合）。

※ 3　船舶等、最上部の定まらないものについては、各河川管理者に確認し、水深その他の状況から航行の予想される最大船舶のマストの高さを基準とする。

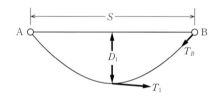

$$D_1 = \frac{W_r S^2}{8 T_1} = \frac{F W_r S^2}{8 T} \ \text{(m)}$$

$$T_B = T_1 + W_r D_1 \ \text{(kg)}$$

$$L_1 = S + \frac{8 D_1^2}{3 S} \ \text{(m)}$$

D_1	……最悪条件下における許容弛度	〔m〕
T_1	……電線の最大水平張力	〔kg〕
T_B	……最悪条件下における支持点（B）の張力	〔kg〕
L_1	……電線の実長	〔m〕
S	……径　間	〔m〕
W_r	……電線 1m あたりの合成風圧荷重	〔kg/m〕
T	……電線の引張荷重	〔kg〕
F	……想定した安全率	

図 3.36　弛度の計算モデル

○引込線設計

引込線には、高圧引込線と低圧引込線の 2 種類がある。

高圧引込線は、引込柱となる電柱までの三相短絡電流値を高圧配電線系統から算出し、線種を決定する。基本的には絶縁電線を使用し、電力会社所有の電

柱から需要家の電柱まで直接引込線を架線するケースが多いが、第三者敷地の通過を回避するなどの理由から電柱間に鋼より線を施設し、分岐させるケースもある。また、ケーブルを施設して供給するケースもある。

　低圧引込線は、需要家の負荷容量から電線に流れる負荷電流値を算出し、電線の許容電流と電圧降下を考慮して、線種を決定する。基本的には、絶縁電線を使用し、引込柱となる電柱から需要家の受電点まで直接引込線を架線するケースが多いが、第三者敷地の通過を回避するなどの理由から電柱間に鋼より線を施設し、分岐させるケースもある。また、ケーブルを施設して供給するケースもある。

柱上変圧器

　柱上変圧器は単相、ワンタンク、都市型などさまざまな種類があり、容量もさまざまであるが、一般的には 10〜100 kVA 程度である。しかし、マンションやビルなどの需要電力量の大きな場所には 200、300 kVA といった大型の容量の変圧器が設置される。柱上変圧器を電柱に取り付ける際の装柱には、主に変台装柱とハンガ装柱の 2 種類がある（図 3.37 参照）。

○変台装柱

　腕金を組み合わせた変台と呼ばれる台座の上に変圧器を載せて、捕縛バンド等で電柱と変圧器を固定する。変台を設置するスペースの確保が必要となる。

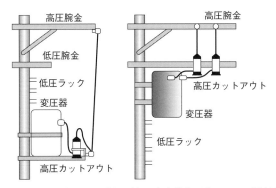

図 3.37　柱上変圧器の装柱（左：変台装柱／右：ハンガ装柱）

○ハンガ装柱

電柱に専用の金具を取り付け、その金具に変圧器を吊るす方法。変台装柱に比べて変台のスペースが不要となるため、スペースの確保が容易である。

開閉器

開閉器を電柱に取り付ける際は、下記の項目を考慮して場所の選定を行う。

・開閉器の操作ならびに取り替えが容易な電柱とする
・配電線路が河川、沼沢、森林などを通過する場合は、極力その電源側とする
・高圧分岐柱、変圧器柱、角度柱などの装柱が輻輳する箇所には極力設置しない

接地

落雷による設備事故や漏電に伴う感電といった人身災害を防ぐために、配電線および機器には電気を大地へ逃がすための接地を施し、接地抵抗値を「電気設備の技術基準の解釈（電技解釈）」に記載されている値以下にする必要がある。以下では、接地工事における工法について紹介する。

○接地工法の種類

主な接地工法の種類とその概要を、表 3.7 に示す。

表 3.7　接地工法の種類

工種		適用場所
打込工法	連結式設置工法	一般的に適用
	都市型アース工法	舗装された場所において、既設柱へ新たに接地極を施設する場所に適用
	浅打式	連結式で抵抗値が得がたい地域に適用
	深打式	浅打式で抵抗値が得がたい地域に適用
特殊掘削工法		地質の影響により深打式で抵抗値が得られない場所に適用

○風圧荷重計算

　風圧荷重は甲種、乙種および丙種に分かれており、甲種は夏季において風速40 m/s を最大風速として風圧を計算したものを基礎としており、丙種は冬季において風圧を 1/2 として計算したものである。また、乙種は氷雪の多い地方で電線に氷雪が付着（厚さ 6 mm、比重 0.9）し、風圧を 1/2 として計算したものである。風圧の計算式は下記による。

$$p = \frac{1}{2}\rho V^2 C \tag{3.19}$$

p：風圧 $[\mathrm{kg/m^2}]$

ρ：空気密度 $[\mathrm{kg \cdot sec /m^4}]$

$$\begin{cases} \rho = 0.115（高温季台風時大気状態：気圧720 mmHg、温度23 ℃）\\ \rho = 0.125（低温季標準大気状態：気圧760 mmHg、温度15 ℃）\end{cases}$$

V：風速 $[\mathrm{m/sec}] = 40$

　　　（各地の気象台記録により地上15 mにおける10分間最大平均風速を定めた設計風速）

C：空気抵抗係数

　　　（受風体の形状、大小等により異なるが、風洞実験により架渉線においては$C=1$、木柱、丸形の鉄筋コンクリート柱においては$C=0.8$等としている）

○電柱強度計算

　電柱の強度計算は、電柱の最大応力を生ずる部分において、電柱が分担する最悪条件下の外力による曲げモーメント（M）より電柱の抵抗モーメント（Mr）が大きくなるように設計する。すなわち（$Mr>M$）となるように定めなければならない。

　外力による曲げモーメント（M）は、下記の 3 種類の合力となる。

・電柱全体に加わる風圧による曲げモーメント（Mp）
・電線に加わる風圧による曲げモーメント（Mw）
・電線の不平均張力による曲げモーメント（Ms）

　各モーメントの算出方法を下記に示す。

☑ 電柱全体に加わる風圧による曲げモーメント（*Mp*）

$$Mp = Wp\left(\frac{D_0 H^2}{200} - \frac{KH^3}{3}\right) = WpH^2 \times \frac{D_0 + 2d}{600} \quad \text{〔kg·m〕} \qquad (3.20)$$

Mp：円形柱体に加わる風圧による曲げモーメント〔kg·m〕

Wp：円形柱体の単位面積あたりの風圧荷重〔kg/m²〕

D_0：電柱地際における直径（$D_0 = d + 100\,KH$）

d：電柱の末口直径〔m〕

H：電柱地表上の高さ〔m〕

$K\%$：電柱の直径増加率 → 木柱の場合 $K = 9/1\,000$

→ コンクリート柱の場合 $K = 1/75$

☑ 電線に加わる風圧による曲げモーメント（*Mw*）

$$Mw = \frac{S\varSigma Wedh}{1\,000} \times \cos^2\frac{\varPhi}{2} \quad \text{〔kg·m〕} \qquad (3.21)$$

We：電線の単位断面積あたりの風圧荷重〔kg/m²〕

d：電線の直径〔m〕

h：電線の地表上の高さ〔m〕

S：径間〔m〕、ただし両側の径間が等しくない場合は平均値とする

$\varPhi$：線路の水平角度〔度〕

☑ 電線の不平均張力による曲げモーメント（*Ms*）

$$Ms = \sum(T_A h_A) - \sum(T_b h_B) \quad \text{〔kg·m〕} \qquad (3.22)$$

T_A：電柱の片側における電線1条の想定最大張力〔kg〕

T_B：電柱の反対側の電線1条の想定最大張力〔kg〕

h_A：T_Aの着力点の地表上の高さ〔m〕

h_B：T_Bの着力点の地表上の高さ〔m〕

電柱の抵抗モーメント（Mr）は、電柱に水平荷重がかかる曲げモーメントにより圧縮応力と引張応力が生じ、電柱各断面に生ずる抵抗するモーメントを指す。これらの最大応力を生じる点は、一般に使用する長さの電柱では、地際の

直径が荷重点の直径の 1.5 倍以内ならば地際とみなすことができる。

　水柱の場合は、以下のように計算できる。

$$Mr = f \times Z = \frac{P}{F} Z \ \text{〔kg・m〕} \tag{3.23}$$

$$※ Z = \frac{\pi}{32} D^3$$

　　f：木柱のわん曲に対する許容内応力〔kg/m^2〕

　　P：木柱のわん曲に対する破壊強度〔kg/m^2〕

　　F：想定した安全率

　　Z：断面係数〔m^3〕

　　D：断面直径〔m〕

　鉄筋コンクリート柱の場合は、水平荷重が加わると柱の断面は曲げ応力を受ける側の破壊曲げモーメントと引張応力を受ける側の破壊曲げモーメントが生ずる。後者は比較的小さいので、圧縮応力度から制約される破壊曲げモーメントを安全率で除した値が抵抗モーメントとなる。

$$Mrc = \frac{\sigma_c I_i}{r_0 - r\cos\alpha} \ \text{〔kg・cm〕}$$

$$Mrs = \frac{\sigma_s I_i}{n(r_{s1} + r\cos\alpha)} \ \text{〔kg・cm〕} \tag{3.24}$$

$$I_i = tr^3 \left[\alpha - \sin\alpha\cos\alpha + \frac{\pi n}{r^2} (P_1 r_{s1}^2 + P_2 r_{s2} 2) \right]$$

　　Mrc：コンクリートの圧縮応力度 σ_c による

　　　　　　ポールの破壊曲げモーメント〔kg・cm〕

　　Mrs：鉄筋の引張応力度 σ_s による

　　　　　　ポールの破壊曲げモーメント〔kg・cm〕

　　σ_c：コンクリートの圧縮応力度〔kg/cm^2〕

　　σ_s：鉄筋の引張応力度〔kg/cm^2〕

　　I_i：柱の中立軸に関する断面二次モーメント〔cm^4〕

　　r：柱の中心より壁厚の中心までの長さ〔cm〕

　　r_0：柱の中心より外径までの長さ〔cm〕

r_{s1}：柱の中心より鉄筋の外側環までの長さ〔cm〕

r_{s2}：柱の中心より鉄筋の内側環までの長さ〔cm〕

t：柱の壁厚〔cm〕

A_{s1}：鉄筋の外側軸の総断面積〔cm^2〕

A_{s2}：鉄筋の内側軸の総断面積〔cm^2〕

P_1：外側鉄筋比（$=A_{s1}/2\pi rt$）

P_2：内側鉄筋比（$=A_{s2}/2\pi rt$）

P：P_1+P_2

n：鉄筋のヤング係数 ÷ コンクリートのヤング係数 $=15$

α：中心軸の位置を与える角度

3.9.3 新たな建設方法の開発やコストダウン

　配電工事では、配電線を停止させると停電につながるため、大半の場合は配電線を停止させない「無停電工法」を行い、作業者は充電された状態の高圧線に直接触れる「直接活線工法」を主としてきた。

　しかし、配電工事における死亡災害の約60％が感電災害によるものであったことから、工事災害撲滅へ向けて、作業者が高圧線に直接触れることなく、感電災害リスクを排除できる「間接活線工法」の展開を図ってきた。

　現在では、配電工事会社全班に間接活線工具が配備され、さまざまな工種に展開を図っている。間接活線工具にはヤットコやスティック等の絶縁操作棒（ホットスティック）と先端に装着する工具があり、ホットスティックには、先端部から60 cmの位置に赤色の限界ツバが取り付けられ、作業者は不用意に高圧充電部に近づくことがないよう限界ツバから下の部分をもって作業を行う。間接活線工具を用いた作業状況を図3.38に示す。

3.9.4 配電線の保守・保全

　配電設備の巡視、点検業務を適切に実施することによって、常に法令で定める電気設備技術基準に適合するよう維持すると共に、人身および設備事故の未然防止を図る必要がある。なお、巡視・点検に関する対象設備や周期は法令お

図 3.38　間接活線作業

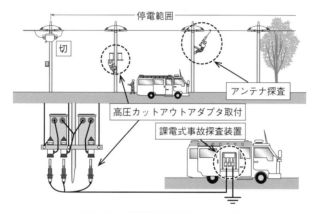

図 3.39　配電線事故探査イメージ

および各事業者保安規定による。以下では、配電泉事故操作や事故点測定等の事故対応方法（架空・地中）について述べる。

配電線事故捜査

　設備トラブル等が発生し、停電が発生した場合は停電原因を発見するために課電式事故探査装置などを使用して事故捜査を実施する。図 3.39 は課電式事故探査装置を用いた事故捜査例である。

　課電式事故捜査装置とは DC7.5 kV〜15 kV の電圧を停電範囲の配電線に印加し、事故電流（Ig）の有無で確認し、事故点を探査する装置である（図

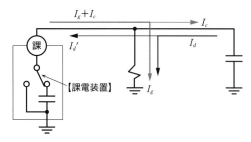

図 3.40　課電式事故捜査装置の概要

3.40)。事故点より手前でアンテナ探査をすると事故電流ありとなり、事故点より先でアンテナ探査をすると事故電流なしとなる。

事故点測定

○マーレーループ法

　ホイートストンブリッジの原理により事故ケーブルの導体をブリッジの一辺として事故点までの抵抗値を高精度で測定する方法である。図 3.41 のように 4 つの抵抗 R_1、R_2、R_3、R_4 および検流計 G を橋かけに接続した回路をホイートストンブリッジ回路といい、抵抗の測定に広く用いられている。抵抗を調整して検流計 G に電流が流れないようにすることをブリッジが平衡したといい、この場合は a-c 間と a-b 間の電圧降下が等しくなる。従ってオームの法則から式（3.25）が導かれ、これをブリッジの平衡条件という。

$$R_1 \cdot I_1 = R_2 \cdot I_2 \quad R_4 \cdot I_1 = R_3 \cdot I_2 \tag{3.25}$$

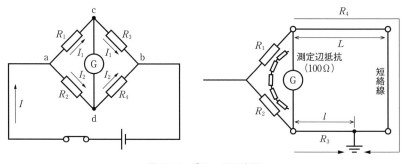

図 3.41　ブリッジ回路図

$$R_1 \cdot R_4 = R_2 \cdot R_3 \quad R_1/R_2 = R_3/R_4 \tag{3.26}$$

※ R_1、R_2 は高圧ブリッジの読み、R_3、R_4 はケーブル。

また、L をケーブルこう長、ℓ を測定点から事故点までの長さとすると、次式が成り立つ。

$$\frac{R_1}{R_2} = \frac{R_4}{R_3}$$

$$\frac{R_1}{R_2} = \frac{2L - \ell}{\ell} \tag{3.27}$$

$$\ell = \frac{2R_2}{R_1 + R_2} L$$

ℓ ＝ 測定器指示値〔%〕×L であることから、次式が測定器の指示値となる。

$$l = 2R_2 / (R_1 + R_2) \tag{3.28}$$

○パルスレーダー法

ケーブルにパルス（進行波）電圧を一定周期で印加すると、そのパルスは

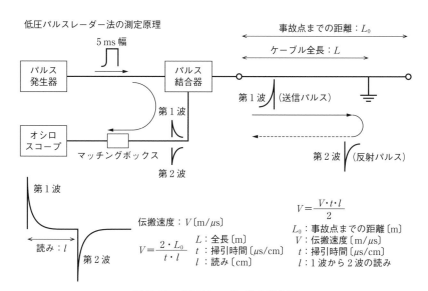

図 3.42　パルスレーダー法の概念図

ケーブル内をある固有の伝搬速度で進行する。パルスレーダー法は、サージインピーダンス Z（波動インピーダンス）の変位点での反射パルスを検知（波形）し、パルスが往復するのにかかった時間と伝搬速度により事故点までの距離を計算する手法である（図3.42）。

　パルス発生器より送信されたパルスは、パルス結合器で事故ケーブル側とオシロスコープ側とに分流する。オシロスコープ側に向かったパルスは、オシロスコープに第1波を形成する。一方、事故ケーブルに向かったパルスは、伝搬速度（V）でケーブル内を進行しサージインピーダンス変位点で反射され、再びパルス結合器に戻り第2波を形成する。この第1波と第2波の時間差を波形観測し、事故点を求める。

例　題

　ケーブル全長が CVT500 mm^2：450 m＋CVT250 mm^2：220 m、高圧ブリッジ測定器の指示値38.5％であるときに、事故点までの距離を算出せよ（ただし、遠端の短絡コードは計算に含まない）。

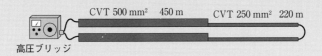

CVT 500 mm^2　　450 m　　CVT 250 mm^2　220 m

高圧ブリッジ

解　答

　ケーブル導体抵抗を CVT500 mm^2 に合わせる。

　（500/250）×220 m＝440 m

　CVT500 mm^2 へ換算すると全長は 450 m＋440 m＝890 m となる。よって事故点までは以下のように計算できる。

　890 m×38.5％ ＝342.65 m

※注意　事故点が換算したケーブルとなった場合は、元に戻すこと。

　例）測定器指示値70％の場合

　890 m×70％ ＝623 m　　623 m－450 m＝173 m

$173 \, \mathrm{m} \times \,(250/500) \,=86.5 \, \mathrm{m}$

よって事故点までは $450 \, \mathrm{m}+86.5 \, \mathrm{m}=536.5 \, \mathrm{m}$ となる。

例　題

下記の条件が与えられた際の伝搬速度 V と事故点までの距離 L を求めよ。

- ケーブル全長　CVT500 mm^2　450 m　＋　CVT250 mm^2　220 m
- 低圧パルス波形　全長読み L_0：7.4 cm　　事故点読み L：3.2 cm
- オシロスコープ　掃引速度　1 μs/cm

解　答

$V= \,(2 \times \, 全長 \, 670 \, \mathrm{m}) \,\diagup\,(1 \times 7.4) \,=181.1 \, \mathrm{m}/\mathrm{\mu s}$

$L= \,(181.1 \times 1 \times 3.2) \,\diagup\, 2=289.8 \, \mathrm{m}$

3.10 地中配電線

3.10.1 配電機材の概要

　日本では、1965 年頃より電力密度が高い超過密地域などで、架空配電線路では線路が輻輳し施設が困難な地域を対象として地中化を進めてきた。近年では都市部における防災機能の向上や都市景観の向上を目的に、既設の架空配電線を地中配電線に取り替える無電柱化工事が推進されている。

　地中配電線路の系統構成を図 3.43 に示す。変電所からのフィーダは、多回路開閉器を通して複数の高圧系統に分岐される。各分岐線は隣接した地上機器と連系しており、高圧需要家へは供給用配電箱を通して、低圧需要家へは地上

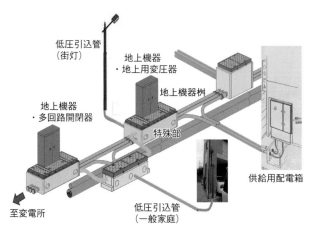

低圧引込管
（街灯）

地上機器
・地上用変圧器

地上機器桝

地上機器
・多回路開閉器

特殊部

供給用配電箱

至変電所

低圧引込管
（一般家庭）

図 3.43　地中配電設備（電力）の概要：電線共同溝

用変圧器を通して電気が供給される。機器以外でケーブルを接続させる際には、マンホールや分岐桝などに接続部を設ける。このように配電機器を連系しながら、他の変電所フィーダの多回路開閉器に連系してセクションを構築することにより、配電線事故時に速やかに事故点を切り離し、早期の停電解消を可能とした系統構成を構築している。また近年では、多回路開閉器を自動化することにより、事故区間の判定による短時間の停電解消や、遠制制御による配電線切替を実施している。代表的な配電用機材について役割を述べる。

ケーブル

　地中配電線線路の高圧ケーブルは、過去に油浸ケーブル（SL、PTA、PLZ）や絶縁体がブチルゴムの BN ケーブルを使用していたが、現在では CVT ケーブルが主に使用されている（図 3.44）。CVT ケーブルは、絶縁体に架橋ポリエチレン、シースに塩化ビニル混和物を使用している。油浸ケーブルや BN ケーブルと比較し、軽量で取り扱いが容易であり、作業性が向上する。また、性能面では耐熱性、耐水性、耐薬性に優れているため、許容温度の向上が図られ、1965 年頃から実用化された。しかし、施設後、絶縁体の水トリー進展による絶縁破壊が見受けられるなどの課題もあり、半導電層の押し出し方式や絶縁体の架橋を湿式方式から乾式方式へ変更するなど、材質、製造方法の日々の改良による品質向上が図られている。

6 kV CVT ケーブル

　高圧ケーブルの劣化原因には、部分放電、トラッキングや異常電圧などによって発生する電気的な劣化や、小動物などの外的被害をはじめとした設備の外傷や変形による機械的劣化、また、水分の介在で絶縁体内に発生する水トリーが進展することによって絶縁破壊に至るトリー劣化が挙げられる（図3.45）。CVT ケーブルの主な劣化事象としてはトリー劣化現象で、トリーは電気トリーと水トリーに大別することができる。電気トリーは、絶縁体内の異物、ボイドや突起が内在することによって局所的な高電界部で放電が発生することや、サージによって樹脂状のパスが進展していく。しかし、電気トリーは、絶縁体や半導電層などの製造管理が徹底されている現状において、絶縁破壊に至るほど進展するものは少ない。一方、水トリー劣化は、外傷箇所をはじめ、ケーブル接続部やシースを透過した水分の存在と電界の共存状態において発生する絶縁劣化現象で、絶縁体中に樹枝状に進展し、絶縁破壊に至るものが散見される。特にケーブル構造において、内部および外部の半導電層がテープ式のT-T タイプや、内部が押し出し方式で外部の半導電層がテープ式の E-T タイプでは、絶縁体へ浸水しやすいことに加え、絶縁体の架橋方式が蒸気式のため、

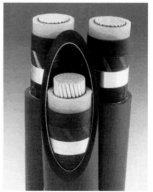

図 3.44　CVT ケーブル（左）と遮水層付 CVT ケーブル（右）の断面

ケーブル絶縁破壊 ← 絶縁性能低下 ← トリー発生 ← 水分浸入 ← 経年劣化

図 3.45　高圧ケーブル劣化メカニズムの例

製造時に内在する水分の影響を受け、絶縁破壊事象が多く発生している。現状では、乾式の架橋方式の採用や、内部および外部半導電と絶縁体が三層同時押し出し方式の E-E タイプが普及したことにより、大幅に水トリーによる絶縁破壊事象が減少した。

接続部

接続部（図 3.46）には、中間接続部と終端接続部がある。中間接続部は、ケーブルを相互に接続するために用いられ、2 本を接続する直線接続部や 3 本以上を接続する分岐接続部（X、Y 分岐）などがある。CVT ケーブルの直線接続は、絶縁筒やストレスコーンのプレハブ化やテープによる防水処理を行う差込型直線接続部を使用している。終端接続部は、ケーブルを架空電線や配電機器に接続する際に用いられる。現在は、CVT 用としてゴムモールド品やがい管を使用した差込型屋外終端接続部を施設環境に応じて使用している。

多回路開閉器

多回路開閉器（図 3.47）に連系してセクションを形成するため、フィーディングポイントおよびそれに準ずる重要な箇所に設置し、負荷開閉および系統の切り替えを行う。制御所より遠隔で操作可能な自動開閉器と、現地操作のみ可能な手動開閉器に分けられる。

地上用変圧器

地上に設置する変圧器として使用する（図 3.48）。一次側ケーブル（高圧）、高圧開閉器、油入変圧器、二次側ケーブル（低圧）などが内蔵されている。必要に応じて、保護装置として変圧器の一次側、二次側に限流ヒューズを設ける。

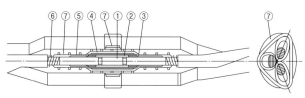

番号	部品名
①	導体接続管
②	スリーブカバー
③	スペーサー
④	絶縁筒
⑤	半導電性融着テープ
⑥	すずめっき軟銅より線
⑦	防水テープ

図 3.46　接続部の断面図（CVT ケーブル）

図 3.47　多回路開閉器

図 3.48　地上用変圧器

供給用配電箱

　高圧で受電する自家用需要家の責任分界点（財産分界点）に設けられる受電箱として需要家構内に設置され、開閉器もしくは断路器が収納されている（図3.49）。第一回路、第二回路が電力会社の設備であり、第三回路の開閉器より負荷側（開閉器含む）が需要家設備となる。

図3.49 供給用配電箱

3.10.2 コストダウンや信頼度向上のための取り組み

　地中配電設備の課題として、架空配電設備と比較して価格が高いこと、設備事故が発生した際に架空配電設備と比較して事故復旧時間が長いことが挙げられる。これを受け、機器のコストダウンおよび長期の信頼性、保守作業性の向上を目的としてさまざまな技術開発が進められている。

ケーブルの改良

　さまざまな施設環境に対応できるように、難燃性や寒冷地用のビニルシース開発が進められている。さらに、変電所出口等のケーブル多条数布設箇所で熱的条件が厳しくなる場所に、絶縁体に耐熱特性の優れた架橋ポリエチレンを用い、シースに耐熱特性の優れたビニルを施すことにより、現行のCVTケーブルと同一サイズで、許容電流が大きな耐熱CVTケーブルの開発を実現した。

　また、従来の地中配電ケーブルに遮水層を付加することにより、水トリー劣化の可能性を極小化すると共に、22 kVの絶縁厚低減を図り、22 kV・6 kV共用化を実現した遮水層付CVTケーブルの開発を実現した。

センサ内蔵自動多回路開閉器

　太陽光発電をはじめとした分散型電源の増加に伴い、地中配電系統においても架空系統と同様に系統の潮流は複雑化している。系統状態の計測・監視を目的に、電圧・電流センサを内蔵したセンサ内蔵自動多回路開閉器の適用が進め

図 3.50　地中線機器用気中開閉器

られている。高圧配電線の三相電流・電圧、零相電流・電圧、力率、高調波電圧歪み、フリッカの監視ができ、実系統の状態把握ができるだけでなく、系統切替時の現地での検相作業などの省力が可能となる。

地中線機器用気中開閉器

　地上機器に内蔵される開閉器として、負荷開閉の不要な箇所へは断路器（ピラージスコン（PDS：Pillar Disconnecting Switch））、三相一括負荷開閉が必要な箇所へは開閉器（モールドジスコン（MDS：Molded Disconnecting Switch））が広く用いられてきた。一方、近年の技術開発により地中線機器用気中開閉器（図 3.50）が開発され、MDS の代替として適用されている。地中線機器用気中開閉器は気密性を持つため、MDS と比較してパッキン部の気密不良や電極内部の経年的な湿潤からの絶縁破壊のリスクが大幅に低減されている。また、MDS は主絶縁材としてエポキシ樹脂を用い、母線には EP ゴムを用いることで充電部を隠ぺいして作業安全面から事故防止を図っているが、地中線機器用気中開閉器では断路部をケースで囲うことで充電部を完全に隠ぺいし、より高い安全性やコストダウンを実現した。

自家用波及事故防止対策

　自家用電気工作物では、高圧受電設備（キュービクル）内に設置される主遮断装置で保護を行っている。しかし、主遮断装置よりも電源側かつ責任分界点よりも負荷側でケーブル事故などが発生した場合、主遮断装置では保護でき

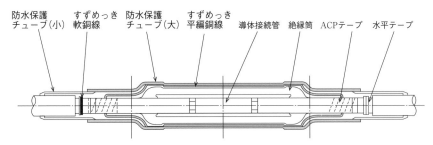

図 3.51　接続部の断面図（CV ケーブル）

ず、電力会社の遮断装置の動作によって周囲一帯が停電となることがある。このような配電線への波及事故を防ぐために、近年では、責任分界点である供給用配電箱の第三回路に地絡継電装置付高圧交流負荷開閉器（地中線用高圧ガス開閉器（UGS）や地中線用高圧気中開閉器（UAS））の設置が進められている。

CV ケーブル用直線接続部の改良

　直線接続部には、「差込方式」が広く用いられてきたが、近年では「常温収縮方式」が採用されている。これにより熟練した技能を要するテープ巻きが不要となり、スキルレス化による熟練作業者不足問題の解消や作業時間短縮、設備の信頼度向上を実現した。ほかにも、接地線の接続について従来のはんだ付けを不要とするクランプ構造を採用するなど、作業を簡素化、効率化している。

3.10.3　電線・ケーブルの許容電流

　電線やケーブルに電流が流れるとジュール熱により導体温度が上昇し、電線の性能に影響を及ぼす恐れが生じる。電線の性能に悪影響を及ぼさない温度を最高許容温度と呼び、定格電流、常時許容電流、短時間許容電流、短時間許容電流が定められている。これらの値は、電線の材質や構造、周囲温度、日射状態および天候などにより変化する。

　許容電流 I は、電線の負荷電流による熱損失 IR_2 と電線の周囲の対流により放散する熱量 $\pi dlkt$ が等しいものとして、式（3.29）により求められる。ただし、d は電線外径〔m〕、l は電線の長さ〔m〕、t は温度上昇〔℃〕、k は熱放散係数（周囲温度、風速、日射により定まる係数）、R は最終温度における長さ l の

電線抵抗〔Ω〕とする。

$$I^2R = \pi dlkt$$

$$\therefore I = \sqrt{\frac{\pi dlkt}{R}} \tag{3.29}$$

☑ 定格電流

　電気機械器具の定格出力のときに流れる電流をいい、電気機械器具を構成する導電材料、絶縁材料などによって定められた温度上昇の限度および最高許容温度を超えないと保証された使用限度を示す。

☑ 常時許容電流

　連続して流すことができる許容電流。

☑ 短時間許容電流

　電動機の始動電流など負荷設備への突入電流などのように負荷設備の限界となる電流。

☑ 短絡時許容電流

　短絡電流は通常電流の数十倍となることがある。保護装置による遮断動作により通電時間を制限し、発熱量を抑制する必要がある。

3.10.4　建設関連の地中配電線

環境調和

　地中配電線は、法規による制限や軌道、高速道路、河川等の横断箇所のうち工法、保守、断線時の多物への影響等から架空線では不適当な箇所に採用され、以下の特徴を有している。

　・都市の美観を阻害することが少ない
　・風雨、氷雪など気象条件、地上建造物、樹木等の影響を受けにくく、供給

信頼度が高い

・建設費が高価で、事故復旧に長時間を要する

供給設計

架空引込線を施設することが法令上認められない場合、または技術上、経済上もしくは地域的な事情により不適当と認められる場合に地中供給と判定している。

架空供給同様、高圧供給と低圧供給に分類されており、直近の電源設備（電柱、地上機器等）より、供給方式による需要家との受給地点（財産分界点）まで地下埋設ケーブルにより供給を行う。供給方式によっては、需要家構内に電力会社が用意する地上機器を施設し、供給することもある。供給にあたっては、供給事前協議を行うことを基本として、供給方法を決定している。

高圧供給

地中線の高圧供給は、供給用の地上機器を需要家の敷地内に施設して、地上機器内の需要家用回路より送電をする。また、配電線事故時の波及防止のため、地中線用 GR 付高圧交流負荷開閉器（UGS）の設置を推奨している。

低圧供給

地中線の低圧供給は、個人の需要家から店舗ビルや集合住宅など複数の需要家まで、供給範囲は多岐にわたる。地中工事は高価であり工事が長期間必要となるため、当初の供給時に将来増（最大契約容量）を見込んだ設備構築を行う必要がある。容量によっては、需要家の敷地内に地上機器もしくは変圧器を設置し、送電をする。

移設設計

地中線は設備形成時に十分将来を見据えて構築するため、移設要請を受ける場合は限定的である。以下の他発要請による移設が代表的な例である。

○電柱立ち上りケーブルの移設

官公庁や需要家敷地内に建柱されている電柱が、建設理由等により移設を要請された場合、電柱移設に伴い、地中埋設ケーブルの移設を行うもの。

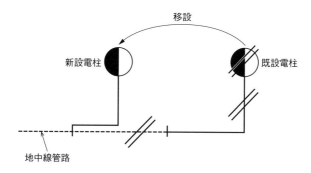

図 3.52　電柱移設例

○歩道や需要家敷地内の地上機器の移設

地中化済み道路において、歩道の乗り入れ部分を変更する等の道路構造物変更に伴い、地上機器の位置変更を要請されるもの。

○無電柱化要請による移設

道路管理者の要請による無電柱化によるもの。無電柱化には、地中化による無電柱化（電線共同溝方式、自治体管路方式、単独地中化、要請者負担方式）と、地中化以外（裏配線・軒下配線方式）の無電柱化に分類される。多くは電線共同溝方式で、「電線共同溝の整備等に関する特別措置法」に基づき 2 つ以上の電線を収容するために設ける地下施設をいい、ケーブルを収容する管路部と分岐器等を収容する特殊部で構成されている。

例　題

　地中線引込線の採用箇所として正しい場合は○、不適切と思われる場合は × を付けなさい。

1. （　　）繁華街の高圧引込線などで、工法上、架空線では不適当な箇所
2. （　　）新規分譲住宅地で、すでに付近に電柱が建っている箇所
3. （　　）軌道横断となる箇所
4. （　　）地中化道路に面している箇所

解 答

1. ○ 2. × 3. ○ 4. ○

地中線（ケーブル）の布設方式

布設方式としては、直接埋設式、管路式、暗きょ式があり、いずれかで施設する。

○直接埋設式

工事の都度、防護物を地中に埋設し、その中にケーブルを布設する方式である。

☑ 適用区分

- ・ケーブル条数が少なく、将来も他条数のケーブル増設の可能性が少ないと予想される場合
- ・ケーブルの増設、または事故の際の再掘削が道路舗装、または交通事情の面から比較的容易な場合
- ・他の埋設方式に比べて経済的に有利な場合

○管路式

あらかじめケーブルを布設する管路を造っておき、これにケーブルを引き入れる方式である。近年では電線共同溝（C. CBOX）が代表的である。

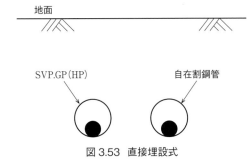

図 3.53　直接埋設式

☑ **適用区分**

・同一ルートにケーブルを多回路布設する場合、または布設する事が予想される場合

○ **暗きょ式**

あらかじめケーブルを布設するトンネル状の構造物（暗きょ）を造っておき、

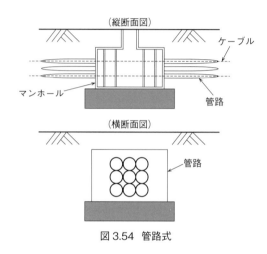

図 3.54 管路式

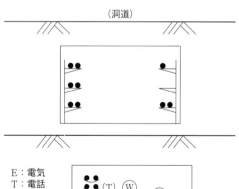

E：電気
T：電話
W：水道
G：ガス
D：下水道

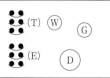

図 3.55 暗きょ式

側壁に設けられた受棚上にケーブルを布設する方式で、地上から点検ができないもの。共同溝、洞道、CAB が代表的であり、共同溝では電力、通信、ガス、水道および下水などを一括して収納している。

☑ **適用区分**

同一ルートにケーブルを多回路布設する場合、または布設する事が予想される場合で、送電容量、ケーブル配置、将来新技術適用の可能性など諸面より、管路式では不適切と考えられる場合に適用される。例えば需要密度が大きいか、または大きくなると想定される地域に適用する。

例　題

直接埋設式工事の埋設位置について述べたものである。次の文章の（　　　）の中に［　　　　］より適当なものを選び記号で記入せよ。

○**埋設位置**

埋設位置の選定にあたっては、埋設物図面調査、（　1　）による埋設物の調査、道路管理者との（　2　）を行う。
［a. 道路査定　　b. 事前協議　　c. 埋設物探査機　　d. 試験掘］

解　答

1. d　2. b

（　**ケーブル**　）

○**所要電流の決定**

所要電流容量は、地中線の設備の特徴（事故復旧に長時間を要する、建設費が高価）を勘案し、ケーブル敷設時のみでなく、将来的な系統運用（将来需要の想定）を考慮して決定する。

○許容電流の確認

ケーブルサイズは、常時許容電流、短時間許容電流、短絡時許容電流のいずれをも満たすものであること。

例　題

地中ケーブルの許容電流について述べたものである。

次の文章の（　　）の中に［　　］より適当なものを選び記号で記入せよ。

常時許容電流とは、（　1　）して使用してもケーブルの常時導体許容温度を超えない（　2　）の電流で、最も基本となるものであり、一般に単に（　3　）と呼ばれる。

（　4　）許容電流とは、（　5　）や母線の（　6　）などにより、特別な系統構成となったときに、上記の常時許容電流（　7　）の電流を必要とする場合、その継続時間と頻度があまり大きくなければ流すことのできる電流で、継続時間としては（　8　）を対象としたもの。

短絡時許容電流とは、線路短絡事故時の（　9　）を対象とした継続時間が（　10　）程度以内の許容電流である。

イ．許容電流　　ロ．常時許容電流　　ハ．短期間　　ニ．短時間
ホ．最大　　ヘ．最小　　ト．以上　　チ．未満　　リ．電流
ヌ．過電流　　ル．連続　　ヲ．分断　　ワ．開閉器　　カ．線路
ヨ．2秒間　　タ．10秒間　　レ．数分　　ソ．数分～数時間
ツ．一部停止　　ネ．全停

解　答

1. ル　2. ホ　3. イ　4. ニ　5. カ　6. ツ　7. ト　8. ソ　9. ヌ　10. ヨ

3.11 屋内配線系統の構成と回路保護

3.11.1 屋内配線の電気方式

　屋内配線は、需要家にとって身近な電気設備であるがゆえに、その取り扱い方を誤ると感電や火災を引き起こす恐れがある。そのため、工事方法や材料選定などは、電気設備技術基準や内線規程、電気用品安全法で規制されており、これら保安上の規則に従って施工、保守していくことが求められる。

　電気方式は主に、単相2線式、単相3線式、三相3線式の3つの方式がある。その他、設備の省力化など経済性を理由に三相4線式が採用されることがある。

3.11.2 屋内配線系統の構成

　屋内配線系統は、規模の大小に関わらず、樹枝状に幹線を施設することが一般的である。例えば、一般の住宅や商店などは、分電盤から各部屋、電気機器に枝分かれした配線で構成され、ビルや工場などの規模が大きい場合も、フロアや建物ごとに枝分かれした配線で構成される。これは、保守メンテナンスが容易であることや事故時の停電範囲を最小限に抑えること、幹線の太さを段階的に細くできるなど、設備費用の抑制にも期待できるためである。

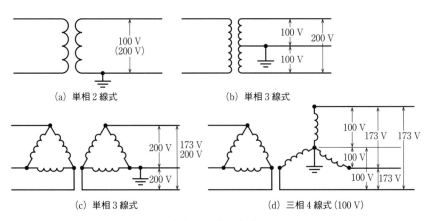

(a) 単相2線式　　　(b) 単相3線式

(c) 単相3線式　　　(d) 三相4線式 (100 V)

図 3.56　電気方式

3.11.3 回路の保護

電線の許容電流

電線に電流を流すと、電線抵抗によって発熱するため、発熱による電線の損傷が生じないよう、電線導体の太さごとに許容電流が定められている。許容電流は、電線導体の太さのほか、周囲温度や工事方法にも影響を受けるため、施工時には注意が必要である。

過電流保護

屋内配線に過電流や短絡電流が流れた場合、電線および配線機器の損傷を防止する必要がある。過電流遮断器は、過電流や短絡電流から保護するための装置であり、ヒューズと配線用遮断器の2種類がある。

○ヒューズの特性

屋内配線に過電流や短絡電流が流れた場合、電線および配線機器の損傷を防止する必要がある。過電流遮断器は、過電流や短絡電流から保護するための装置であり、ヒューズと配線用遮断器の2種類がある。表3.8にヒューズの溶断時間を示す。

表3.8　ヒューズの溶断時間

定格電流の区分	溶断時間〔分〕	
	定格電流の1.6倍	定格電流2倍
30 A 以下	60	2
30 A を超え 60 A 以下	60	4
60 A を超え 100 A 以下	120	6
100 A を超え 200 A 以下	120	8
200 A を超え 400 A 以下	180	10
400 A を超え 600 A 以下	240	12
600 A を超えるもの	240	20

表 3.9　配電用遮断器の動作時間

定格電流の区分	動作時間〔分〕	
	定格電流の 1.25 倍	定格電流 2 倍
30 A 以下	60	2
30 A を超え 50 A 以下	60	4
50 A を超え 100 A 以下	120	6
100 A を超え 225 A 以下	120	8
225 A を超え 400 A 以下	120	10
400 A を超え 600 A 以下	120	12
600 A を超え 800 A 以下	120	14
800 A を超え 1 000 A 以下	120	16
1 000 A を超え 1 200 A 以下	120	18
1 200 A を超え 1 600 A 以下	120	20
1 600 A を超え 2 000 A 以下	120	22
2 000 A を超えるもの	120	24

○配線用遮断器の特性

　配線用遮断器は、電磁力などを利用して開閉器を開くことで遮断する配線機器である。その特性は、定格電流の 1 倍の電流に耐え、1.25 倍および 2 倍の電流を通じた場合において、表 3.9 に示す時間内に自動的に動作するよう定められている。

地絡保護

　屋内配線において、地絡電流（漏電）が発生すると、感電事故や漏電火災を引き起こす恐れがある。そのため、これらの災害を防止するためには、接地工事や漏電遮断器の施設が重要である。

○接地工事

　接地工事とは、接地線を用いて電気機器や配線設備、配管などと大地を電気的に接続し、地絡したときに感電の影響を小さくするための工事である。接地工事には、A 種、B 種、C 種、D 種の 4 種類があり、それぞれ接地抵抗値と接地線の太さが定められている（表 3.10）。

○漏電遮断器

　漏電遮断器は、内部の零相変流器が地絡電流を検出して、一定以上の電流が

表 3.10　接地工事の種類

種類	用途	接地抵抗値	接地線の太さ
A 種接地工事	高圧または特別高圧の機器外箱やケーブルのシールド、避雷器に施す接地工事	10 Ω以下	2.6 mm以上
B 種接地工事	変圧器の低圧側電路の中性点または一端子に施し、高電圧と低電圧側が混触した場合に低電圧側の電位の上昇を防止するための接地工事	原則として、150/（1 線地絡電流）Ω以下	2.6 mm以上
C 種接地工事	300 V を超える、低圧電気機器や配線工事の金属製部分に施される接地工事	10 Ω以下（地絡を生じた場合に、0.5 秒以内に自動的に電路を遮断する装置を設置した場合は、500 Ω以下）	1.6 mm以上
D 種接地工事	300 V 以下の、低圧電気機器や配線工事の金属製部分に施される接地工事	100 Ω以下（地絡を生じた場合に、0.5 秒以内に自動的に電路を遮断する装置を設置した場合は、500 Ω以下）	

表 3.11　定格感度電流の種類

感度による区分	動作時限による区分	定格感度電流〔mA〕
高感度形	高速形時延形反限時形	5、6、10、15、30
中感度形	時延形反限時形	50、100、200、300、500、1 000
低感度形	時延形反限時形	3 000、5 000、10 000、20 000

表 3.12　動作時間による種類

区　分	動作時間
高速形	定格感度電流で動作時間が 0.1 秒以内
時延形	定格感度電流で動作時間が 0.1 秒を超え 2 秒以内
反限時形	定格感度電流で動作時間が 0.3 秒以内定格感度電流の 2 倍で動作時間が 0.15 秒以内定格感度電流の 5 倍で動作時間が 0.04 秒以内

流れると回路を遮断する電流動作形が一般に用いられている。また、漏電遮断器は、定格感度電流、動作時間により分類され（表 3.11、表 3.12）、感電事故を防止するため、感度電流 30 mA 以下、動作時間 0.1 秒以下の高感度、高速形が一般に用いられている。

3.12 屋内幹線と分岐回路の設計

3.12.1 屋内幹線の設計

屋内配線は、幹線と分岐回路で構成されており、幹線の太さや幹線を保護する過電流遮断器の容量などは次のように定められている。

幹線の太さ

幹線の太さを設計する場合は、原則、分岐回路に接続されている負荷の定格電流の合計以上の許容電流のある電線を選定するが、電動機のように始動電流が大きい負荷がある場合は、以下のように負荷の定格電流の合計を計算し、幹線の太さを選定する。

☑ **電動機定格電流の合計 I_M が、**
　　他負荷の定格電流の合計 I_H より大きくない場合

　　幹線の許容電流 $I_W \geqq I_M + I_H$　　　　　　　　　　　　　　　　　　　(3.30)

☑ **電動機定格電流の合計 I_M が、**
　　他負荷の定格電流の合計 I_H より大きく、50 A 以下の場合

　　幹線の許容電流 $I_W \geqq 1.25 \times I_M + I_H$　　　　　　　　　　　　　　　　(3.31)

☑ **電動機定格電流の合計 I_M が、**

他の機器定格電流の合計 I_H より大きく、50 A を超える場合

$$\text{幹線の許容電流 } I_W \geq 1.1 \times I_M + I_H \tag{3.32}$$

過電流遮断器の容量

過電流遮断器の定格電流は、幹線の許容電流よりも大きいと過電流から保護できず、小さいとわずかな負荷で回路が遮断されてしまうため、適正な容量を選定する必要がある。過電流遮断器の容量を設計する場合は、原則、幹線の許容電流以下のものを選定するが、電動機のように始動電流が大きい負荷がある場合は、以下のように負荷の定格電流を計算し、適正な容量を選定する。

$$\text{過電流遮断器の容量 } I_B \leq 3 \times I_M + I_H \tag{3.33}$$

なお、過電流遮断器の定格電流が幹線の許容電流 I_W の 2.5 倍した値より大きい場合は、以下のように計算する。

$$\text{過電流遮断器の容量 } I_B \leq 2.5 \times I_W \tag{3.34}$$

3.12.2 分岐回路の設計

過電流遮断器の設置位置

許容電流の大きい（太い）幹線から許容電流の小さい（細い）幹線を分岐する場合は、接続箇所に過電流遮断器を施設する。ただし、過電流遮断器の施設位置には次のように定められている（図 3.57）。

・原則、分岐点から長さ 3 m 以下の位置に施設する
・分岐回路の電線の許容電流が、幹線を保護する過電流遮断器の定格電流の 35 % 以上である場合、分岐点から 8 m 以下の位置に施設できる
・分岐回路の電線の許容電流が、幹線を保護する過電流遮断器の定格電流の 55 % 以上である場合、分岐点からの長さに制限なく施設できる

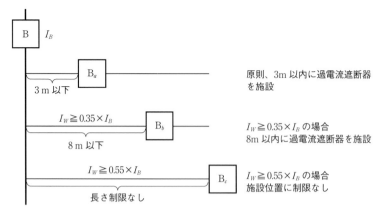

I_B ：太い幹線を保護する過電流遮断器の定格電流
I_W ：細い幹線の許容電流

図 3.57　分岐回路の施設

　なお、上記については短絡電流からの保護ができるかという観点での緩和措置となっており、電線の温度上昇や過電流遮断器の遮断特性、実態（コスト面等）に合わせて定められている。

3.13 屋内配線の工事方法

3.13.1 施設場所と工事の種類

　屋内配線は表 3.13 に示すように、施設場所によって配線工事の種類が定められている。以下、各工事方法の特徴について述べる。

がいし引工事

　がいし引工事は、絶縁性、難燃性および耐水性のある陶器などのがいし（図3.58）を造営材に取り付けて、絶縁電線をバインド線で固定して配線する方法である。この工事は、露出場所や点検できる隠ぺい場所で施設できる。

表 3.13　施設場所と配線方法

配線方法	施設の可否							
	屋内						屋側屋外	
	露出場所		隠ぺい場所					
			点検できる		点検できない			
	乾燥した場所	湿気の多い場所または水気のある場所	乾燥した場所	湿気の多い場所または水気のある場所	乾燥した場所	湿気の多い場所または水気のある場所	雨線内	雨線外
がいし引工事	◎	◎	◎	◎	×	×	※1	※1
合成樹脂管工事〔CD管除く〕	◎	◎	◎	◎	◎	◎	◎	◎
〔CD管〕	※2	※2	※2	※2	※2	※2	※2	※2
金属管工事	◎	◎	◎	◎	◎	◎	◎	◎
金属製可とう電線管工事〔1種可とう管〕	※3	×	※3	×	×	×	×	×
〔2種可とう管〕	◎	◎	◎	◎	◎	◎	◎	◎
金属線ぴ工事	○	×	○	×	×	×	×	×
金属ダクト工事	◎	×	◎	×	×	×	×	×
バスダクト工事	◎	×	◎	×	×	×	※4	※4
フロアダクト工事	×	×	×	×	※5	×	×	×
セルラダクト工事	×	×	○	×	※5	×	×	×
ライティングダクト工事	○	×	○	×	×	×	×	×
平形保護層工事	×	×	×	○	×	×	×	×
ケーブル工事 キャプタイヤ 2種 ビニル	○	○	○	○	×	×	※1	※1
2種 クロロプレン	○	○	○	○	×	×	※1	※1
2種 天然ゴムなど	○	○	○	○	×	×	×	×
3種 クロロプレン	◎	◎	◎	◎	◎	◎	○	○
4種 天然ゴムなど	◎	◎	◎	◎	◎	◎	×	×
キャプタイヤケーブル以外のケーブル工事	◎	◎	◎	◎	◎	◎	◎	◎

［備考］　○：300 V 以下施工可　　◎：300 V 超過施工可　　×：施工不可
　　　※1　露出場所および点検できる隠ぺい場所に限り、施設することができる。
　　　※2　直接コンクリートに埋め込んで施設する場合を除き、専門の不燃性または自消性のある難燃性の管またはダクトに収めた場合に限り、施設することができる。
　　　※3　電動機に接続する短小な部分で、可とう性を必要とする部分の配線に限り、施設することができる。
　　　※4　屋外用のダクトを使用する場合に限り（点検できない隠ぺい場所を除く）、施設することができる。
　　　※5　コンクリートなどの床内に限る。

合成樹脂管工事

合成樹脂管工事は、硬質塩化ビニル電線管（VE管）や合成樹脂製可とう電線管（PF管、CD管）に絶縁電線を収めて配線する方法である。機械的強度は金属管に比べ劣るが、絶縁性や耐腐食性に優れており、屋内配線工事ではすべての場所に施設できる（CD管を除く）。

金属管工事

金属管工事は、薄鋼電線管やねじなし電線管などの金属製の電線管に絶縁電線を収めて配線する方法である。耐衝撃性や耐久性に優れており、屋内配線工事ではすべての場所に施設できる。

金属製可とう電線管工事

金属可とう電線管工事は、柔軟に曲げて使用できる（可とう性）金属製の電線管に絶縁電線を収めて配線する方法である。屈曲の多い場所や電動機のような振動のある場所で使用され、屋内配線工事ではすべての場所に施設できる。

図3.58　がいし

図3.59　合成樹脂管

金属線ぴ工事

　金属線ぴ（線樋）工事は、金属製の樋と蓋で構成された器具の中に絶縁電線を収めて配線する方法である。点滅器やコンセントを壁面露出で立ち下げる場合に主として使用される。この工事は、乾燥した屋内の露出した場所と点検できる隠ぺい場所に施設することができる。

金属ダクト工事

　厚さが 1.2 mm 以上の金属製のダクト内に絶縁電線を収めて配線する方法である。1 つのダクト内に多数の電線を収めて施設することができるため、ビルや工場などの変電室からの引出口などに多く用いられる。この工事は、乾燥し

図 3.60　金属管（左：ねじなし電線管、右：薄鋼電線管）

図 3.61　金属可とう電線管

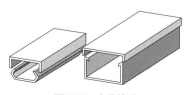

図 3.62　金属線ぴ

た屋内の露出場所と点検できる隠ぺい場所に施設することができる。

バスダクト工事

　バスダクト工事は、帯状導体を絶縁物で被覆・支持し、金属製のダクト内に収めて配線する方法である。導体間の空間距離を持たせた裸導体形もあるが、導体間を絶縁物で覆った絶縁形は小型で軽量化に優れているため、ビルや工場で多く使用される。この工事は、乾燥した屋内の露出場所と点検できる隠ぺい場所に施設することができる。

フロアダクト工事

　フロアダクト工事は、床下のコンクリートに埋め込んだ金属製のダクト内に絶縁電線を収めて配線する方法である。オフィスなどに施設されることが多く、電線を自由に引き出せるように、各種機器の使用が予想される位置にあらかじめ配列しておく必要がある。この工事は、乾燥した屋内の点検できない隠ぺい場所に施設することができる。

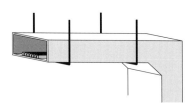

図3.63　金属ダクト

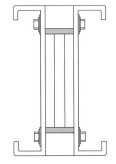

図3.64　絶縁バスダクト

セルラダクト工事

　セルラダクト工事は、波形鋼板の溝と底蓋の間の空間に絶縁電線を収めて配線する方法である。波形鋼板の溝の方向に対して、直角または斜め方向への配線ができないため、金属ダクトやフロアダクト、金属管工事と組み合わせて使用される。この工事は、乾燥した屋内の隠ぺい場所に施設する施設することができる。

ライティングダクト工事

　ライティングダクト工事は、ダクト内部に電源を供給する導体レールを組み込んだ器具を取り付けて配線する方法である。照明器具やコンセントなどを自由に移動させて取り付けることができるため、店舗やオフィスなどに用いられることが多い。この工事は、乾燥した屋内の露出した場所と点検できる隠ぺい

図3.65　フロアダクト

図3.66　セルラダクト

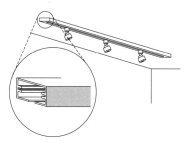

図3.67　ライティングダクト

場所に施設する 300 V 以下の配線に限定される。

平形保護層工事

　平形保護層工事は、導体と絶縁体からなる平形のテープケーブルを保護層の
シールドテープで上下から挟んで配線する方法である。配線工事が簡単で工期
が短いという特徴があるが、絶縁厚さが薄く重量物の通る場所などには適さな
い。この工事は、乾燥した屋内の点検できる隠ぺい場所に施設する 300 V 以下
の配線に限定される。

ケーブル工事

　ケーブル工事は、電線を保護するシースと呼ばれる被覆を施したケーブルを
用いて配線する方法である。屋内配線工事のすべての場所に施設でき、施工の
容易性、経済性から屋内配線で多く採用されている。重量物の圧力または機械
的衝撃を受けるおそれがある場所に施設する場合は、金属管などに収めて防護
するなど、ケーブルが損傷しないよう施設することが重要である。

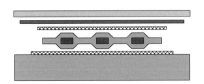

図 3.68　平形保護層

表 3.14　危険場所の工事

危険な場所	工事の種類
爆燃性粉じん・火薬類が存在する場所（マグネシウム、アルミニウム等）	・金属管工事
可燃性ガスが存在する場所（プロパン、アセチレン、シンナー等）	・ケーブル工事
可燃性粉じんが存在する場所（小麦粉、でん粉等）	・合成樹脂管工事
危険物を製造・貯蔵する場所（セルロイド、マッチ、石油等）	・金属管工事 ・ケーブル工事

3.13.2 特殊場所の工事

　可燃性の粉じんやガスが空気中に浮遊、堆積した状態によって、平常時でも爆発する恐れがある場所では、電気設備等が点火源となる爆発事故を防ぐために、施設できる配線工事が制限されている。また、配線工事で使用する配線機器も詳細に定められているため、規定に準じて施工する必要がある。

3.14 高圧受電設備

3.14.1 高圧受電設備の定義

　普段の生活で使用している電気は、発電所で発電され、送電線に送り出され変電所を経て配電用変電所に送電される。さらにここから配電線によりビル、工場あるいは一般家庭といった需要家に給電される。需要家側では、電動機、電熱装置、照明器具といった各種の電気負荷設備により電気エネルギーを別のエネルギー（例えば、運動、熱、光）に変換している。

　電力会社から供給される電気は需要家の規模（使用する電力の大きさ）によって、低圧（100 V、200 V、400 V）、高圧（6 kV）、特別高圧（22 kV、33 kV、66 kV、154 kV、275 kV）に区分されている。契約電力が50 kW以上になると、高圧供給となり、2000 kWを超えると特別高圧で供給される。

　一般に負荷機器を運転するには、100 Vあるいは200 Vといった低圧の電気が必要である。従って、電力会社から高圧あるいは特別高圧で供給された電気を負荷設備に適した低電圧の電気に変換する必要がある。

　電力会社から供給される電気を変換して、負荷設備に供給する目的で使用される電気機器の集合体を「受電設備」と呼んでいる。特に電力会社から高圧（6 kV）供給された電気を低圧に変換し、負荷設備に供給するための電気機器の集合体を高圧受電設備という。

3.14.2 高圧受電設備の設備方式

主遮断器の形式により表 3.15 に示す値を超えない容量で、受電設備の設備方式を選定する。

表 3.15　設備方式（受電設備）[4]

受電設備方式		主遮断装置の形式	CB 形〔kVA〕	PF・S 形〔kVA〕
箱に収めないもの	屋外式	屋上式	制限なし	150
		柱上式	使用不可	100
		地上式	制限なし	150
	屋内式		制限なし	300
箱に収めるもの	キュービクル（JIS C 4620「キュービクル式高圧受電設備」に適合するもの）		4 000	300
	上記以外のもの（JIS C 4620「キュービクル式高圧受電設備」に準ずるもの、または JEM 1425「金属閉鎖型スイッチギア及びコントロールギヤ」に適合するもの）		制限なし	300

3.14.3 受電設備方式

キュービクル式受電設備

キュービクル式受電設備は、開閉器、計器用変成器、遮断器、保護継電器用の PT や CT、変圧器、およびこれらの付属品などを、接地した金属製の箱に収めた高圧受電設備である。受電設備用の部屋が不要なため設置する床面積が少量で済み、保守・点検が容易で、充電部分などの人が容易に触れてはいけない箇所が密閉されているので安全性が高い、といった特徴がある。

開放型受電設備

金属製の箱に高圧受電設備機器を収めず、フレームを構築した基礎に受電設備用の機器を取り付けて受電する方式である。開放型は、屋外式と屋内式があり、地域や建物の状況を考慮して選択されるケースが多い。

3.14.4 高圧受電設備を構成する主な機器

区分開閉器

保安上の責任分界点に設置する開閉器。配電系統への波及事故防止の観点から、GR 付高圧交流負荷開閉器の設置が推奨されている。

主遮断装置

○ CB 形

主遮断装置として遮断器（CB）を用いる形式のもので、過電流、短絡電流、地絡電流の遮断を CB で行う。

○ PF・S 形（LBS 形）

主遮断装置として高圧限流ヒューズ（PF）と高圧負荷開閉器（S）を組み合わ

図 3.69　架空・地中開閉器
（左：架空用区分開閉器遮断器側、右：地中用区分開閉器遮断器側）

図 3.70　CB 形の主遮断装置（左：操作面側、右：遮断器側）

せて用いる形式で、短絡電流は PF で溶断、地絡電流は S で遮断するもの。ヒューズ1線切れによる欠相防止のため、ストライカ（ラッチ外れによる3極一括引き外し）による引き外し方式であることが望ましい。

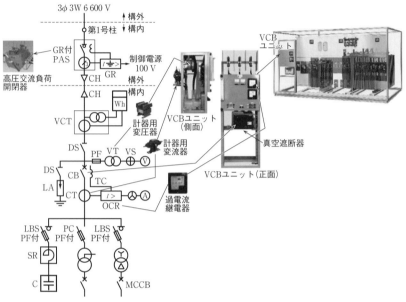

文字記号	用語	簡単な用途など
PAS	高圧交流負荷開閉器	通常の使用状態において所定の高圧電路の開閉と通電できる開閉器
VT	計器用変圧器	高圧電路の電圧を低電圧に変成して、電圧計、電力計などの計器類への電圧供給、また保護継電器の動作電源を供給する
CT	変流器	高圧電路の電流を小電流に変成して、電流計、力率計などの計器を動作させる。また、過電流継電器へ動作電流を与え遮断器の動作もさせる
CB	遮断器	高圧の電路、機器での過負荷、短絡、地絡などの事故時に保護継電器と組み合わせて自動的に電路の遮断を行う。種類は消弧方法から (a) 油遮断器（OCB）、(b) 真空遮断器（VCB）、(c) 磁気遮断器（MBB）、(d) ガス遮断器（GCB）がある
OCR	過電流継電器	高圧受電設備の保護継電器の1つで、電路に予定以上の電流が流れると動作する継電器。変流器（CT）と遮断器（CB）と組み合わせて、高圧電路や機器の過負荷、短絡保護用に用いられる

図 3.71　CB 形キュービクル式受電設備の概要

図 3.72　PF・S 形の主遮断装置
（左：PF・S 形、中：ストライカ引き外し装置、右：PF 溶断表示機構）

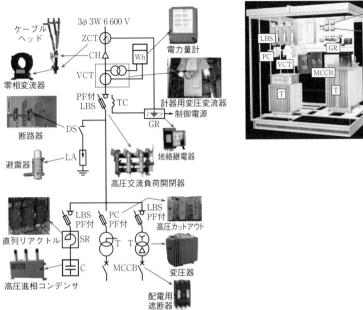

文字記号	用　語	簡単な用途など
C	高圧進相コンデンサ	高圧電路に並列に接続し、設備の力率を改善する
CH	ケーブルヘッド	高圧ケーブル用端末処理のこと
DS	断路器	高圧の電路、機器の点検、修理などを行うとき、電路の開閉をする
GR	地絡継電器	高圧の電路や機器で地絡事故が生じたときに動作する継電器
LA	避雷器	配線電路に落雷などの異常気圧が生じた場合、大地に放電して電気機器を絶縁破壊事故から保護する
LBS	高圧交流負荷開閉器	通常の使用状態での電圧電路の通電、開閉ができる。この限流ヒューズ（PF）付では、短絡電流の遮断は限流ヒューズで行う
MCCB	配電用遮断器	低圧電路の過負荷、短絡事故が生じた場合に自動的に電路を遮断し、電路・機器の保護と、ほかへの波及事故の防止する
PC	高圧カットアウト	高圧電路の開閉する。また、ヒューズを装着して過負荷保護装置として用う
SR	直列リアクトル	力率改善用進相コンデンサを電路に接続したために、電路の高調波成分（主に第5高調波）が増し、波形歪が大きくなる。これを防ぐために接続する。また、他のコンデンサからの突入電流の抑制する
T	変圧器	受電電圧（6 600V）の高圧を、負荷の使用電圧（100V、200V など）に変成する機器
VCT	計器用変圧変流器	高圧回路の電圧、電流を低電圧、小電流に変成して、電力量計に接続し、電力会社が供給する電力の使用電力量を計算させる
Wh	電力量計	使用電力量を計量するのに用いる
ZCT	零相変流器	高圧の電路や機器で地絡事故が生じたときの地絡電流（零相電流）を検出

図 3.73　PF・S形キュービクル式受電設備の概要

3.14.5 計器用変圧器・変流器

計器用変圧器（VT）

高圧電圧を制御回路に使用しやすい電圧に降圧し、電圧計などの計器類や保護継電器を動作させるために使用する。一般的に二次電圧は 110 V に変圧する。

計器用変流器（CT）

計測器の計測範囲を拡大するため、制御回路に使用しやすい電流へ変流し、電流計などの計器類や保護継電器を動作させるために使用する。一般的に二次電流は 5 A に変流される。

3.14.6 継電器

過電流継電器（OCR）

CT 二次電流より過負荷電流や短絡電流を検出し、主遮断装置へ動作指令を出す装置である。現時要素（タップ）、時限（ダイヤル）、瞬時要素（レバー）により整定を行う。

地絡方向継電器（DGR）

零相変流器（ZCT）で検出した地絡電流により主遮断装置（LBS・CB 形）を動作させる装置である。DGR は零相電流 I_g と零相電圧 V_0 位相により、事故点

図 3.74　計器用変圧器・変流器（左：計器用変圧器、右：計器用変流器）

図 3.75 継電器（左：過電流継電器、中：零相変流器、右：地絡方向継電器）

表 3.16 構成機器の機能

構成機器の機能	機器の名称（（　　）内は記号）
電圧・電流を変圧・変流する	変圧（Tr)、計器用変成器（VCT)、計器用変圧器（VT)、変流器（CT、ZCT)
電圧・電流を開閉し、遮断する	高圧遮断器（CB)、高圧負荷開閉器（LBS)、断路器（DS)、ヒューズ（PF)、高圧カットアウト（PC）など
回路の故障・異常を検出する	過電流継電器（OCR)、地絡継電器（GR)、ヒューズ（PF）など
回路の電圧・電流などを測定する	電圧計（V)、電流計（A)、電力量計（Wh）など
その他の働きをする	避雷器（LA)、進相コンデンサ（SC)、直列リアクトル（SR）など

が ZCT より負荷側で動作し、配電線側地絡事故時の不要動作を防止する。

また、高圧受電設備は単線結線図に示されるよう、各種機能を持った機器で構成されている。

例　題

　次の文章は、高圧受電設備方式に関する記述である。次の［　　］の中に当てはまる語句を回答群の中から選び記入せよ。

　電力会社から供給される電気を変換して、負荷設備に供給する目的で使用される電気機器の集合体を「受電設備」と呼んでいる。特に電力会社から高圧（6 kV）供給された電気を［　1　］に変換し、負荷設備に供給する

ための電気機器の集合体を［　2　］という。

　受電設備の方式は、金属製の箱に受電設備用機器を収めた［　3　］式受電設備と、フレームを構築した基礎に受電設備用の機器を取り付けて受電する［　4　］式がある。

　CT 二次電流より［　5　］や短絡電流を検出し、主遮断装置へ動作指令を出す装置を［　6　］といい、零相変流器（ZCT）で検出した零相電流 I_g と零相電圧 V_0 位相により、事故点が ZCT より負荷側にある場合に主遮断装置へ動作指令を出す装置を［　7　］という。

【解答群】

イ．開放　ロ．過負荷電流　ハ．地絡電流　ニ．過電圧　ホ．地絡電圧
ヘ．低圧　ト．高圧　チ．特別高圧　リ．キュービクル
ヌ．過電流継電器　ル．過電圧継電器　ヲ．地絡過電流継電器
ワ．地絡方向継電器　カ．高圧受電設備　ヨ．地絡過電圧継電器

解　答

1. ヘ　2. カ　3. リ　4. イ　5. ロ　6. ヌ　7. ワ

3.15　電気機器

　配電系統に接続される電気機器には種々あるが、ここでは動力と電力の相互変換を行うことを前提とした機器と、その駆動に関わるパワーエレクトロニクス機器について取り扱う。

3.15.1　直流機

直流機は、電動機としてその速度制御が容易なために、古くから動力用とし

て広く用いられていた。例えば、直流で給電されてそのまま電動機に利用される電車や、製鉄所などでの圧延用として大容量の直流電動機が使用されている。また、過去には、後述する三相誘導電動機を動力源として、これに直流機の軸を接続し、全体として回転型の交直電力変換機を構成して大容量の直流電源としても活用されていた。

電動機に供給された直流は、固定子巻線によって界磁磁束を生成すると共に、回転子にはブラシと整流子を介して回転状態に応じた回転子磁束が供給され、両磁束の相互作用によって一定方向のトルクを得ることができる。ブラシと整流子間において、回転によって回転子の励磁電流の方向が切り替えられるのであるが、同時に摩耗が生じるために、定期的なメンテナンスが必要となるなどのデメリットがある。

これに対して、回転子の励磁電流の方向を電気的に切り替えることで対応する電動機を無整流子電動機（ブラシレス DC モータ）と呼び、小容量のものまで広く使われている。

また、電源が直流である以上、配電系統から受電した後には整流回路等を介して平滑化された直流として供給される必要がある。

3.15.2 同期機

永久磁石を回転子に持ち、あるいは回転子巻線を直流によって励磁された電動機であって、その名が示すように、固定子に加えられた三相交流によって生じる回転磁界と同期して回転する。電力系統内では、そのほとんどが発電機としての用途であり、先述の特徴から、一定速度の用途を求められる場合の電動機として用いられる場合もある。回転子の励磁を変化することによって無効電

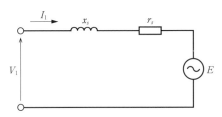

図 3.76　定常状態の同期電動機の等価回路（一相分）

力の発生または消費をすることができるため、同期調相機として用いられることもあった。

最も簡便な、定常状態における実効値での一相分の等価回路表現は図 3.76 の通りである。ここで電圧源 E は回転子の回転状態と励磁によって決まる内部誘導起電力であり、励磁制御を工夫することで例えば同期調相機などの機能を実現することもできる。

3.15.3 誘導機

先述の同期機のように、固定子に三相交流を加えて回転磁界を生じるようにしたとき、回転子導体にはアラゴの円板の原理によって誘導起電力が生じて回転子電流が誘導される。これと回転磁界との相互作用によって回転運動を行うのが誘導電動機である。

最も簡便な実効値での一相分の等価回路表現は図 3.77 の通りである。機械出力に応じて変化するすべり s に反比例する可変抵抗が接続されるほかは、基本的には変圧器の等価回路と同等である。

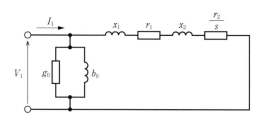

図 3.77　誘導電動機の L 型等価回路（一相分）

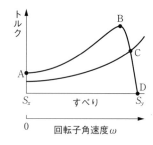

図 3.78　誘導電動機の速度トルク曲線と負荷曲線の例

　回転機は、駆動トルクと負荷トルクが平衡する点で定常状態となって定速度運転が可能となり、両トルクの差によって加速または減速される。従って、その回転状態を制御するには駆動トルクをいかに調整するかが重要となる。図3.78 は、回転速度の2乗に比例する負荷トルク曲線と誘導電動機の駆動トルク曲線の関係を描いた、速度−トルク曲線の一例である。始動時の誘導電動機の動作点は点Aにあり、そのトルク値は始動トルクと呼ばれる。図では始動トルクが負荷トルクより大きいため、この誘導電動機は加速を始め、始動することができる。始動後、回転速度の上昇につれて動作点は右に移動し、点Bにおいて最大の駆動トルク（この値は停動トルクとも呼ばれる）となる。負荷トルクよりも駆動トルクが大きい間は加速を続け、最終的には駆動トルクと負荷トルクが等しくなる点Cが定常状態の動作点となる。仮に何らかの小さな外乱によって動作点がこの平衡点Cからずれたとしても、両トルクの差が動作点を点Cに戻すように作用するため、誘導電動機は安定に回転を維持することができる。図の駆動トルク曲線からわかるように、平衡点は同期速度の点Dより少し速度の遅い位置となることから、誘導電動機は同期速度より少し遅れて回転することが理解できる（通常は数％程度）。また、負荷トルク曲線が変化して平衡点が移動したとしても、その速度軸方向の変化量は小さいため、ほぼ定速度での運転が可能なことが特徴である。

3.15.4 半導体電力変換回路で連系された各種電気機器

　需要家等で交流により直接駆動できる電気機器を除けば、半導体電力変換回路によっていったん整流されてから使用される場合が多い。こうすることで、系統から受電する際には系統周波数の交流によって有効／無効電力の授受を行うことができる。また、直流端子を介して、改めて負荷機器に対して所望の周波数・振幅の交流をインバータによって生成し、電力供給を行うことができる。負荷機器においてパワーエレクトロニクスが優れた機能を発揮するのは、基準周波数で運用される交流電力系統と、任意の周波数または直流を要求する負荷機器との間を、高効率で接続できる点にある。両者の有効電力授受の関係が保たれるという条件が満たされる必要があるが、無効電力については制御できるため、系統側では高調波補償や電圧制御ができ、負荷側では負荷が要求する無

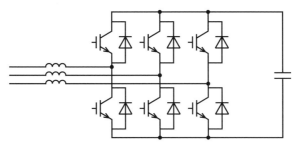

図3.79　三相交直電力変換回路の例

効電力を供給することができる。

　半導体素子には、オンオフが外部信号によって制御可能な自己消弧素子による自励式電力変換回路が採用されるのが主流である。半導体素子は電力変換回路の容量によって、例えば小容量かつ小型・高周波スイッチングが行われる回路ではパワー MOSFET（Metal-Oxide-Semiconductor Field Effect Transistor）がよく使われる。また、最近は幅広い容量・動作周波数の範囲で IGBT（Insulated Gate Bipolar Transistor）も使われている。

　半導体素子を IGBT とした三相交直電力変換回路を、図3.79 に示す。直流電圧から交流電圧を生成するには、図のように半導体素子で構成したブリッジ回路において、半導体素子のオンオフによって直流電圧の高圧側 P 端子と低圧側 N 端子にそれぞれどの相の端子に接続をするかによって行う。いずれにしても、線間には方形の電圧波形しか印加できないため、高調波電圧が問題となり得る系統連系用途では、主としてパルス幅変調（PWM：Pulse Width Modulation）が行われる。そのキャリア波の周波数を十分に高くしておくことで、低次高調波電圧そのものを発生源から取り除くことができる。変換回路と系統の連系点端子の間には、連系リアクトルが置かれることで、電流波形は単純に電圧に比例した方形波とならない。また、連系箇所には変圧器が設けられることも多く、その漏れリアクタンスもこれに寄与する。この結果、電力変換器と系統との間で流れる電流は、ほぼ正弦波とすることができる。そこで、連系点端子の相電圧の位相に対して、この正弦波電流の位相を同相にすれば力率1 で運転することが可能であるし、90 度進相あるいは 90 度遅相の電流とすれば無効電力補償装置として機能するようになる。また、この電流をフィードバックして PWM の指令電圧波形を制御すれば、系統側から見るとこの電圧形

コンバータは電流源と等価にみなすことができる。これを応用すれば、パワーエレクトロニクス機器を用いた多様な電力系統制御が可能となる。

3.16 パワーエレクトロニクスの応用

　配電系統に対して、主として変圧器を介して直列または並列に半導体電力変換回路、いわゆるパワーエレクトロニクス機器を接続し、その制御性の高さを活かした応用例が見られるようになってきている。また、配電系統にも設置されることが多くなった分散型電源も、連系時にはパワーエレクトロニクス機器が用いられる。

　パワーエレクトロニクス機器は、その制御の工夫によって配電系統に対して並列電流源または直列電圧源として作用することができるため、この特徴を利用した電圧制御や潮流制御の可能性がある。さらにパワーエレクトロニクス機器が扱う周波数を高調波にすれば、アクティブフィルタとして機能するようになる。

　これらの機器は、いずれも自己消弧素子を用いた自励式電力変換回路であることがほとんどで、直流電圧源を背後に持つ場合には電圧形コンバータとして分類され、いわゆる正弦波電圧源とみなされる。また、連系リアクトル（変圧器の漏れリアクタンスも含む）を介して正弦波電圧源が系統に接続され、その出力電流が所望の電流実効値に制御される場合は、いわゆる正弦波電流源とみなすことができる。

　このように、パワーエレクトロニクス機器の応用は、実効値レベルでは電圧源、あるいは電流源、さらにはその組み合わせによって等価回路表現をすることができ、それぞれの出力電圧または出力電流をいかに制御するか、という問題に帰着される。

　図 3.80 に等価電流源とみなせる並列接続の無効電力補償装置の例を、また図 3.81 に等価電圧源とみなせる直列接続の無効電力補償装置の例について、それぞれ回路構成の例を示す。

　さらに、等価電流源と等価電圧源の組み合わせによる、配電系統制御機器も

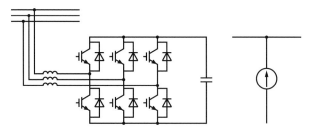

図 3.80　等価並列電流源形パワーエレクトロニクス機器の例

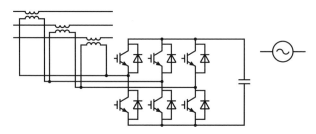

図 3.81　等価直列電圧源形パワーエレクトロニクス機器の例

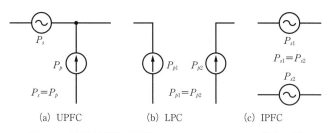

図 3.82　等価直列電圧源形パワーエレクトロニクス機器の例

開発されている。つまり、図 3.80 や図 3.81 の電圧形コンバータの直流側を back-to-back の形で接続して高機能化を図ることができる。この場合、直流リンクコンデンサには限られたエネルギーしか蓄積できないため、2 台の電圧形コンバータの扱う有効電力は互いにバランスしていなければならない。もし、この直流リンクに何らかの蓄電装置が設置される場合には、さらに制御の自由度を上げることができる。図 3.82 に組み合わせの例を示す。同図（a）は、直列機器と並列機器を組み合わせた UPFC（Unified Power Flow Controller）、同図（b）は並列機器 2 台を組み合わせてループ構成の配電系統を

実現できる LPC（Loop Power flow Controller）、同図（c）は直列機器2台の組み合わせとして隣り合う配電線を連系する IPFC（Interline Power Flow Controller）として知られている。

3.17 保護継電方式の概要

電力系統で事故が発生すると、電圧上昇や電圧低下などの異常電圧が発生することや事故箇所に大電流が流れることがある。事故設備を速やかに電力系統から切り離すことで、公衆災害や電気設備の損傷拡大を防止すると共に、健全設備による電力の供給継続が求められる。

事故の発生および事故設備や事故箇所を検出し、遮断器による健全系統からの切り離しを迅速に行うことを保護継電器（保護リレー）によって実現している。

保護継電器は装置単体で機能するものではなく、周辺装置と組み合わせることで機能を発揮する。保護継電器を動作させるために必要な制御電源や異常電圧や電流などを継電器で扱える大きさ（低電圧、小電流）に変換する VT や CT（計器用変成器）、ならびに実際に切り離しを行う遮断器等を含めて保護継電器システムと呼んでいる。

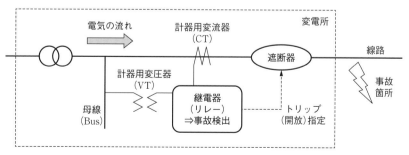

図 3.83　保護継電器による事故検出・除去のイメージ

保護継電器システムを構築するためには、以下の条件が重要になる。

【選択性】事故箇所を正確に判断して遮断
【信頼性】誤動作の防止（万一でも致命的な結果を招かない）
【感　度】系統の運転状態によって、その保護性能に影響を受けない
【速　度】機器の損傷軽減、事故波及の防止に必要な動作
【保守性】主回路の新増設時や継電器点検時における影響範囲が小さい

3.18 配電線事故

　電力系統を構成している線路や機器は、雷や風雪雨などの自然現象、鳥獣害ならびにクレーンや飛来物などの接触、電気設備の経年劣化など、さまざまな要因によって電気的な故障（短絡、地絡、断線など）が発生する。この電気的な故障のことを系統事故または事故と呼んでいる。特に、配電線路における系統事故を配電線事故と呼んでいる。

3.18.1 配電線事故の分類

配電線事故は、現象によって以下のように分類できる。

短絡事故

　電気回路の導体間が、雷や飛来物などの原因により低インピーダンスで結合される現象をいう。このときに流れる電流を短絡電流と呼び、一般的に大電流が流れる。なお、その値は系統状況や事故様相によって異なるが、数千Aにも達する場合がある。

地絡事故

電気回路の導体1本と大地との間で、倒木や樹木接触などの原因により低イ

3.18 配電線事故

序章

第1章

第2章

第3章

第4章

第5章

ンピーダンスで結合される現象をいう。このときに流れる電流を地絡電流と呼ぶ。その値は系統状況や事故様相によって異なるが、日本で普及している 6.6 kV 配電系統は中性点非接地系であることから、数百 mA から数十 A の範囲となる。

また、複数の導体が大地を介して地絡する場合は、短絡事故と地絡事故が混合した様相となり、これは異相地絡事故と呼ばれる。

なお、非接地系における地絡事故時は、健全相の電圧が上昇（約 1.7 倍）す

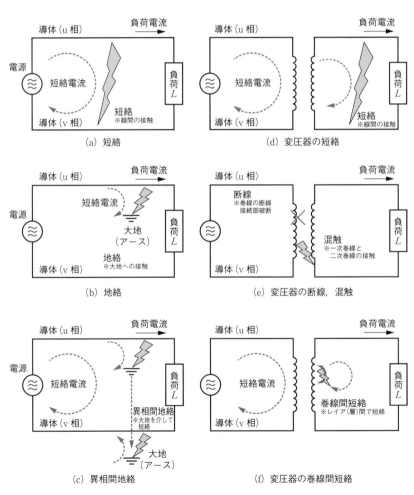

図 3.84　電気事故の種類（電線路、変圧器）のイメージ

る。この電圧上昇によって事故箇所以外でも絶縁破壊を生じ、波及的に地絡事故に至る場合がある。遮断器による事故の検出・地絡事故除去がなされる前に地絡事故に至った場合、異相地絡事故に発展する。

断線事故

電気回路の導体が、何らかの原因により切断される現象をいう。短絡時の過大な電流による導体溶断や台風や地震などの樹木・建物倒壊によるものが主な原因である。

機器事故

機器によって事故様相が異なる。変圧器の巻線故障では、短絡事故・地絡事故・断線事故以外に巻線間短絡事故（レアまたはレイアショート）も発生する。

3.18.2 配電線事故の原因

配電設備は近年地中化が増加しているものの、そのほとんどが架空配電線路である。このため、自然現象の影響を大きく受けることから、再送電成功を含

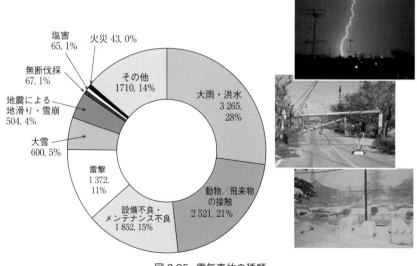

図3.85　電気事故の種類

む全配電線事故の約60%が、架空線路で発生している配電線事故に該当する。そのうち、約30%が雷害、同じく約30%が地震・風雪雨や樹木接触・倒壊による。その他、経年劣化を含む施設不備が約20%、クレーン接触・自動車衝突および自家用設備からの波及など過失によるものが約5%、原因の特定ができなかったものが約15%となっている。

地中配電線は、設備の多くが地中に埋設されていることから、自然現象の影響は受けにくい。このため、自然現象による事故は全体の約5%程度である。これに対して、道路掘削など他企業工事による配電設備への損傷事故、自家用設備波及など過失によるものが約40%を占める。また、経年劣化を含む施設不備が約35%、原因が特定できなかったものが約20%となっている。

上記から、架空配電線路は一過性の事故が多く、地中配電線路は継続性の事故が多い傾向にあることがわかる。このため、一般的に架空配電線路の事故に関しては再送電による停電解消を図っている。なお、気象条件（天候平穏時・悪天候時、地震など）によって再送電回数を制限、または再送電機能を不使用にすることもある。

3.19 柱上変圧器の保護

3.19.1 柱上変圧器の概要と保護

一般的に柱上変圧器には、特性の優れた巻鉄心変圧器が採用されている。この変圧器は磁気特性の優れた方向性けい素鋼帯を採用し、巻鉄心と合わせて外形寸法・重量・構造、さらに性能的にも安定した鉄損の少ない変圧器である。

配電電圧の6.6 kVの普及に伴い、6.6 kV専用変圧器が採用され、また、重量が軽減されたことや、ハンガーバンド化されたことから、75・100 kVA容量のものも柱上に施設できるようになった。さらに、変圧器故障時における配電線路への影響を防止する対策や、自然環境から変圧器自体を保護する対策が施されている。柱上変圧器の代表的な保護対策として、表3.17に示す。

表 3.17　変圧器の保護 [6]

保護内容	対策
変圧器以下での短絡事故	保護ヒューズ
変圧器以下での地絡事故や一次・二次混触事故	変圧器二次側接地線の B 種接地
変圧器の過負荷	保護ヒューズ
雷サージ	内蔵避雷器
発錆（塩害）	機器防錆

3.19.2 変圧器短絡事故に対する保護方法

　配電線路での事故には、一般的に短絡事故と地絡事故とがあるが、事故を大別すると変圧器から電源側では、高圧配電線での事故として変電所で保護装置が動作し、電路を遮断する。一方、柱上変圧器負荷側での短絡事故は、変圧器の一次側のヒューズまたは引込線に取り付けてあるヒューズが動作する。

　柱上変圧器一次側のヒューズとして、具体的には高圧カットアウトスイッチを用いて保護している。高圧カットアウトスイッチには、磁器製の蓋にヒューズ筒を取り付け、蓋の開閉により電路の開閉ができるプライマリ（箱型）カットアウトと、磁気製の円筒内にヒューズ筒を収納して、その取り付け、取り外しにより電路の開閉ができるシリンドカルヒューズ（円筒形）カットアウトがある。また、その内部の高圧ヒューズには、電動機の始動電流や雷サージによって溶断しにくいタイムラグヒューズが一般に使用されている。

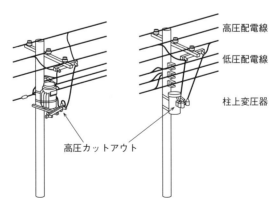

図 3.86　柱上変圧器の装柱（左：従来型装柱、右：ハンガーバンド型装柱）

3.19.3 変圧器地絡事故に対する保護方法

変圧器内部の一次巻線の地絡事故は、前述の説明の通り、変電所内のCB（遮断器）によって遮断される。また、一次巻線と二次巻線の混触事故は、二次巻線のB種接地工事を行った接地を通じて、一次巻線のときと同じように変電所で検出、遮断されることと、対地電圧上昇を抑制する役目により、人身安全を図っている。

3.19.4 変圧器の過負荷保護

変圧器一次側に高圧カットアウトヒューズが過負荷によって動作することにより、変圧器焼損を防止するような設備形成が行われている。

3.19.5 雷サージによる保護

配電用機器は線路開閉時の内部異常電圧には十分耐え得るものであるが、雷に対して誘導雷はまだしも、直撃雷、近傍落雷について十分耐えるようにすることは経済的にも不可能に近い。そこで避雷器の有効設置が必要となり現在では、避雷器内蔵型柱上変圧器が一般的に設置されている。

避雷器は配電用機器を保護するために、これらの破壊電圧より低い電圧で放電を開始し、制限電圧以下に抑えている。このことにより、配電線路およびそれに取り付けられた機器はゼロクロス点で絶縁を回復し、襲来前と全く同じ状態で運転が可能となる。

3.19.6 発錆（塩害）による保護

柱上変圧器のタンクやカバーの防錆は、現在、一般型と強化耐塩型の2種類が存在する。鋼材の表面に塗装のみを施したものを一般型と呼び、鋼材の表面に溶融亜鉛めっきや亜鉛溶射などを施した上に塗装を施したものを強化耐塩型と呼ぶ。

強塩害地区に設置された柱上変圧器はタンクの腐食・発錆が著しいため、比

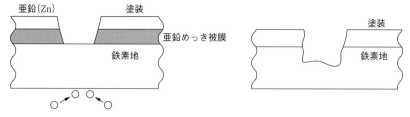

図 3.87　防錆のメカニズム（左：溶融亜鉛めっき＋塗装、右：塗装のみ）

較的短期間で変圧器の取り替えが発生する。このため、変圧器のタンクに溶融亜鉛めっきを行い、その上に塗装を施すことで防錆効果が向上させた強化耐塩型を 1994 年から採用した。東京電力パワーグリッドでは、普通塗装の耐雷型柱上変圧器と区別するため、変圧器タンクの一次側に識別用の「S（salt）」のマークが塗装されている。

　塗装のみの場合、塗装は大気を遮断する働きをするだけで、塗装の被膜が破れると鉄素地の腐食が促進される。対して溶融亜鉛めっきおよび塗装処理している変圧器は、亜鉛めっきの被膜に傷が生じて鉄素地が露出した場合でもイオン化傾向の差により、亜鉛めっき被膜は母材の鉄素地よりも先に溶け出して電気化学的に鉄素地を保護する。このことを犠牲防食作用という。

3.20 雷害対策

3.20.1 落雷の発生メカニズム

　雷雲は、大規模かつ強力な上昇気流と、周囲大気の気温低下による大きなあられと小さな氷の粒が衝突することにより発生する。大きなあられにはマイナスの電荷が帯電して、重力により下方に移動する。小さな氷の粒にはプラスの電荷が帯電して、上昇気流により上方に移動する。このように雷雲内では、上方に正電荷、下方に負電荷が蓄積される（図 3.88）。

　落雷（対地雷放電）の進展過程の 1 例は次の通りである（図 3.89）。雷雲底部より部分放電の一種であるステップトリーダが発生し、段階的進行を繰り返

(a) 初期の雷雲

(b) 発達した雷雲

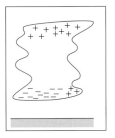
(c) 電荷分布イメージ

図 3.88 雷雲の発達と雷雲内電荷分布例（夏の雷の例）[7]

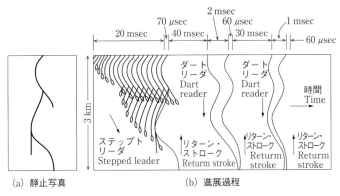

(a) 静止写真　　　　　　　　　(b) 進展過程

図 3.89 負極性対地雷放電（落雷）の進展過程 [7]

しながら、次第に大地に接近する。ステップトリーダの先端が大地に接近すると、その直下の大地面およびその周辺の電界が強くなり、地上物体（例えば、樹木、建物、送配電線路など）から、ステップトリーダの先端に向かって上向きの放電が発生する。このうちの1つがステップトリーダの先端と結合すると、雷雲は実効的に大地電位に接続され、雷撃に移行する。雷撃により、雷雲の電荷は中和される。

3.20.2 配電設備への雷撃

　配電設備に発生する雷の様相は、直撃雷、誘導雷、逆流雷に類別される。直撃雷は配電設備へ直接落雷するもので、流入電流、発生電圧共に極めて大きい。直撃雷観測写真を図3.90に示す。例えば、20 kAの雷電流が配電線に直接流

図 3.90　直撃雷観測写真 [7]

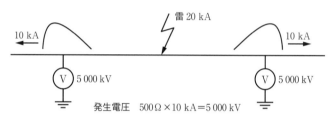

図 3.91　配電線への雷直撃による発生雷過電圧 [8]

れると、図 3.91 に示すように、10 kA の電流が線路両側に流れる。配電線の
サージインピーダンスを 500 Ω と仮定すると、式 (3.35) により発生する雷過電
圧は、5 000 kV と極めて大きくなる。なお、v は過電圧〔V〕、Z はサージイン
ピーダンス〔Ω〕、i は雷電流〔A〕とする。

$$v = Z \times i \tag{3.35}$$

　この雷過電圧が、配電設備の絶縁耐力を超過すると、絶縁破壊が発生し、線
間短絡等により配電線事故に至る可能性がある。

　誘導雷は、配電線の近傍（例えば、樹木や建物など）に落雷した場合に、雷
撃電流による電磁界の急変により、電線路に発生する過電圧である。誘導雷観
測写真を図 3.92 に示す。雷電流と誘導雷電圧の極性が逆になることが特徴で
ある。逆流雷は、配電線近傍の負荷設備である構造物やアンテナなどに落雷し
た際に、配電線側に雷電流の一部が侵入する現象をいう。

図 3.92 誘導雷観測写真 [9]

配電設備の雷被害様相

落雷により、二相以上の絶縁破壊が発生すると、短絡状態に移行し、交流電圧による短絡電流が発生する。この短絡電流により、配電線事故等の雷被害が引き起こされる。一方、非接地系統である高圧配電線では、一相のみが絶縁破壊し、地絡が発生しても、流れる地絡電流はわずかであり、変電所のリレー動作や機器故障に至る可能性は小さい。

雷を季節により分類すると、夏季雷と冬季雷に分類される。夏季雷は雷過電圧が大きく、雷電流継続時間が比較的短い特徴がある。夏季雷による配電設備の被害は、絶縁破壊によるものが多い。一方、冬季雷は、雷過電圧は比較的小さいが、雷電流の継続時間が長く、エネルギーが大きい特徴があるため、雷害対策として設置される避雷器の放電耐量を超過し、避雷器の焼損被害を引き起こすことがある[10]。

配電設備の雷被害事例として、絶縁電線の断線、柱上変圧器の焼損事例を説明する。まず、絶縁電線の断線に至るメカニズム[11]を説明する。雷過電圧が電線被覆やがいし等の絶縁物の絶縁耐力を超過すると、絶縁破壊が発生する。この絶縁破壊が二相または三相同時に発生すると、腕金等の接地体を介して線間短絡の状態となり、アークとなって短絡電流が流れ、変電所の遮断器が動作するまで継続する。この短絡電流により、電線導体が溶損して、断線に至る。

次に、柱上変圧器の焼損事例を説明する。雷過電圧により、変圧器巻線の層間絶縁破壊が発生する。その後、層間絶縁破壊箇所に流れる循環電流により発熱し、周辺の巻線および巻線間の絶縁紙の焼損へと拡大し、最終的に一次、二

次巻線間の主絶縁破壊に至り、地絡事故が発生する。このように、主絶縁破壊に至るまでにある程度の時間を要し、雷の発生がないときに絶縁破壊に至る場合がある。

配電設備の絶縁設計

雷に対する絶縁強度として、雷インパルス耐電圧（LIWV：Lightning Impulse Withstand Voltage）という指標が挙げられる。LIWV は JIS の「がいし試験方法」や JEC の「試験電圧標準」などの規格に規定されている [12]-[14]。配電系統における絶縁設計の基本的な考え方は、避雷器や架空地線、酸化亜鉛素子を適用した避雷装置により、雷過電圧を抑制し、絶縁破壊の発生頻度を低減することである。

雷被害は、雷過電圧の影響範囲内で絶縁強度が低い箇所で発生する傾向にある。事故発生時の影響が少なく、かつ復旧作業が容易になるよう、変圧器などの並列機器より開閉器や高圧線支持がいしなどの直列機器の絶縁強度を高くし、直列機器での被害発生を低減させている。このことを格差絶縁・絶縁協調という。この結果、配電設備に施設される機材ごとに、異なる絶縁階級で設計されることとなった。

配電設備の雷害対策

雷による被害から配電線および配電機材を保護するために、さまざまな対策機材を開発・適用している。主に、架空地線、避雷器、アークホーン形避雷装置が挙げられ、各機材の特徴について述べる。

○架空地線

架空地線（GW：Ground Wire）とは、電柱頂部に接地された金属の遮へい線を張ることで、雷から配電線を保護するものである。雷電流が架空地線に分流することにより、雷過電圧を低減させ、絶縁破壊を防ぐことができる。また、架空地線は雷撃を吸引する効果があり、その遮へい効果により、配電線事故に直結する相導体への直撃雷等を防止する効果がある。

図 3.93 架空地線

図 3.94 避雷器

○避雷器

　避雷器とは、電路と大地の間に施設され、配電系統に発生する過電圧を抑制して、配電設備の絶縁破壊を防止する装置である。優れた非線形抵抗特性やサージ電流耐量の大きさなどの面で高性能な酸化亜鉛素子（ZnO）を用いた避雷器が主流である。酸化亜鉛素子は、常時電圧では高い絶縁性能を有するが、過電圧が加わった場合には良導体となる優れた非線形抵抗特性を併せ持つため、雷過電圧の発生時に、雷電流を大地に流し、対地電圧を抑制することで、配電線を保護する効果がある。変圧器、開閉器等に内蔵され、配電機材の雷保護に用いられる場合もある。

○アークホーン形避雷装置

　絶縁電線の断線防止を目的としたもので、主に外部気中ギャップと酸化亜鉛素子が直列に配置されている機材である。避雷器と異なり、気中ギャップがあ

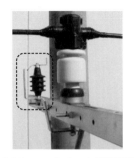

図 3.95　アークホーン形避雷装置

るために、高圧線と直接接続する必要がなく、取り付け工事が容易というメリットがある。一方で、気中ギャップによる動作遅れのために一時的に高圧配電線に過電圧が発生するというデメリットもある。動作後は、避雷素子の効果により絶縁破壊後の短絡電流を消弧することができるため、避雷器と同様の効果となり、高圧配電線の保護等に有効である。

　以上の機材や絶縁強度の組み合わせにより、さまざまなパターンの耐雷設計が考えられる。雷被害の状況は地域の雷性状に左右されるため、地域の雷性状に応じた耐雷設計が指向されている。統計的に、地域の落雷数、落雷数に対する配電線事故の発生件数、季節による雷被害様相等が、地域ごとに異なることが判明している。これらを考慮して、最適な耐雷設計を行うことが必要である。

3.21 塩害対策

3.21.1 塩害による配電設備への影響

　日本は海に囲まれた島国であり、地理的にも台風や強風にさらされるため配電設備において広範囲な塩害を経験している。塩害は対策等が難しく、汚損地域での塩害による配電線事故の原因の大半はトラッキングである。この発生機構は絶縁電線の表面が塩分等で汚染された状態で湿潤を伴うと電線表面に漏れ

図 3.96　配電設備における塩害による影響

電流が流れ、その発生熱により局所的に乾燥帯が生じる。このため、導電路が分断されて微小放電が起こり、放電箇所で炭化物が生成され、これが繰り返されることにより導電経路が形成されることである。

　通常の塩分付着であれば雨で洗い流されることで問題ないが、台風時または強風時で雨を伴わない海からの風により、海岸付近だけでなく数 km～数十 km 離れた場所でも塩分を含んだ風が侵入し、配電設備に塩分が付着することで事故が発生することがある。この塩害による事故を最小限に留めるために、がいしに対して以下に示す性能を持たせる必要がある。

3.21.2　がいしの耐汚損設計の一般的な考え方

　一般にがいしの耐汚損設計の要点は、ある定められた有効高さの範囲で、できるだけ高い耐電圧特性を得ることである。6.6 kV 配電線では、一線地絡時の健全相対地電圧約 7 kV に対して、与えられた汚損度に耐えられえるように設計される。さらに配電専用がいしでは配電特有の問題であるトラッキングを防止するためにも漏れ電流遮断性能が重要である。そこで、がいしの漏れ電流遮断性能を高めるためには、磁器形状を工夫し、がいし表面への塩分等の汚損を軽減させる方法がある。

雪害対策

電線への着雪を防止する難着雪絶縁電線は1965年頃より研究され、実用化されている。雪による被害は、着雪により電線外径が大きくなり、電線自重や風圧荷重の増加という機械的外力による電線の断線、または電柱の傾斜や倒壊する場合などがある。主な被害は表3.18に示すものがある。

3.22.1 着雪発生機構

電線への着雪は、降雪時にいつでも発生するものではなく、気温、風速、降雪量、雪の湿度などに左右され、条件が整えばどこでも発生する可能性がある。着雪が発生する条件を表3.19に示す。

電線上部に積もった雪が風や電線の捻れで下方へ回り込み、さらに雪が積もることで次第に筒雪に成長して大形化する。

3.22.2 難着雪対策

雪害により大きな被害が出た例として1980年（昭和55年）12月に東北地方

表3.18　雪害例

設備区分	被害内容
支持物	傾斜、折損、倒壊
電線	断混線、疲労、永久伸び、バインド外れ、樹木接触
腕金・腕木	傾斜、折損、アームタイ曲がり
がいし	ピン曲がり、破損
支線	根枷浮上り、断線、弛み、永久伸び
区分開閉器	ブッシング破損、リード線断混線
避雷器	破損、リード線断混線
柱上変圧器	ブッシング破損、リード線断混線
カットアウト	破損、リード線断混線
引込線	断線、家屋側支持点抜け、バインド外れ、フック外れ、弛み

で発生した被害（55 雪害）［電柱の被害 3 394 本、断線 4 233 条］、関東地方では 1986 年（昭和 61 年）1 月に東京、神奈川で発生した被害（61 雪害）［配電線の被害大］が挙げられる。

55 雪害では「送配電設備の雪害対策に係る技術基準」が見直され、これにより小サイズ電線は難着雪電線を使用することになった。

表 3.19　着雪条件

項目	乾型	湿型
密度	0.2 g/cm³ 以下	0.2～0.9 g/cm³ 以下
発生地域	日本海側に多い	本州北部、北海道の太平洋側
付着物	含水雪片	
気温	含水量の少ないもの	含水量の多いもの
風速	−2～+2 ℃	0～+1.5 ℃
回転	5 m/s 以下	20 m/s 以下
脱落	8 m/s 程度で脱落	強風化でも残存

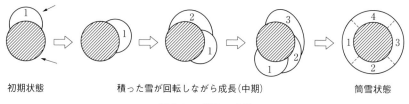

初期状態　　積った雪が回転しながら成長（中期）　　筒雪状態

図 3.97　着雪の成長

表 3.20　難着雪対策

対策	効果	備考
難着雪電線（ヒレ付電線）	［側面図］ 着雪 落下 ［断面図］ 着雪 水膜 電線 ヒレ ヒレ 落雪する	ヒレの上に積もり雪が回転しようとするが、ヒレに当たって回転を阻止され、雪が積もってバランスを崩して落下する

表 3.21　難着雪電線のヒレ寸法

線種	ヒレ寸法〔mm〕	
	高さ	幅
OW 60	1.0	1.0
OE 60		
ACSR-OW 32〜120		
ACSR-OE 32〜120		
OC 150	1.0	1.5
HA ℓ -OC 240		

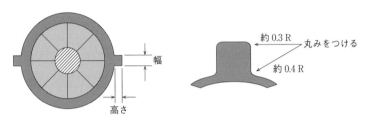

図 3.98　難着雪電線のヒレ形状

3.23 高圧受電設備の保護

保護協調の目的

　高圧受電設備にはさまざまな保護装置が設置されており、これらは電路にさまざまな事象によって発生する事故を電路から切り離し、事故による停電の拡大を防止する役目を負っている。

　事故が発生した際、事故回路の遮断器やヒューズのみが動作して他の健全な回路を保護する装置は動作させないようにすることを動作協調と呼び、回路に接続する変圧器、電動機類などの負荷機器やケーブルなどの回路機器が損傷しないように保護装置の動作特性を設定することを保護協調と呼ぶ。

　保護装置が検知する事故の主な特性には、過負荷、短絡、地絡、過電圧、不足電圧、地絡過電圧、周波数上昇、周波数低下などがある。過負荷や短絡に対

する保護協調を過負荷保護、地絡に対する保護協調を地絡保護と呼び、継電器の慣性特性や遮断器の動作時間を考慮して保護協調検討を行う。

保護協調の大きな目的の1つに電力会社の配電線路への波及事故防止があり、自家用構内の事故であればCBやLBSを用いて系統側よりも早く遮断し、自家用の引込ケーブルであればGR付PASやUGSを用いて自家用波及事故を防止している。

保護方式

高圧受電設備の保護方式（主遮断器）を分類すると、以下の2種類となる。

○ CB形

主遮断装置として使用する遮断器は、十分な投入容量および遮断容量のあるものを用い、各種継電器類（過電流、短絡電流、地絡電流など）と組み合わせて、故障に対する保護を行う方式。

○ PF・S形

主遮断装置として使用する限流ヒューズ付き高圧交流負荷開閉器は高圧限流ヒューズと高圧負荷開閉器を組み合わせて用いる。過負荷、地絡保護を組み合わせる場合は、ヒューズ1線切れによる欠相防止のため、引き外し方式を使用することが望ましい。

保護協調

○過負荷保護

高圧需要家における受電保護方式には、ほとんどの場合、段階時限による選択遮断方式が採用されている。

電気は発電所から負荷に至る間に何段階かの保護装置（過電流継電器OCR）が設置されており、この保護装置の動作時間を発電所側から負荷側に向かって順次短く整定し、動作時間に差を設けることにより、事故回路のみの遮断が可能となる。つまり、選択遮断が行われることとなり、停電範囲を最小限にとどめることができる。

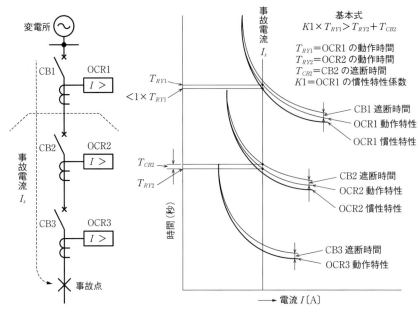

図 3.99　保護協調の概念図

○ PF・S 形における動作協調

　高圧限流ヒューズの時間 − 電流特性には「(a) 溶断特性（溶断時間 − 電流特性）」「(b) 遮断特性（動作特性）」「(c) 許容特性（許容時間 − 電流特性）」の 3 種類があり（図 3.100）、上位側の過電流継電器との動作協調を検討する場合には (b) を用い、下位側の保護継電器や負荷の過渡特性との協調を検討する場合は (c) を用いる。

　図 3.101 に東京電力パワーグリッド配電用変電所の大容量配電線の過電流継電器動作特性と大手メーカーの限流ヒューズ遮断特性の協調例を示す。この場合では G75 A でも協調が取れ、PF・S 形の採用が可能となる。

　なお、保護継電器動作特性 ＋ 負荷開閉器遮断特性と限流ヒューズの遮断特性との動作協調に十分注意する必要がある。

　図 3.102 は、定格電流 200 A の負荷開閉器（引き外し装置付き）と G100 A の限流ヒューズとの動作協調検討例である。

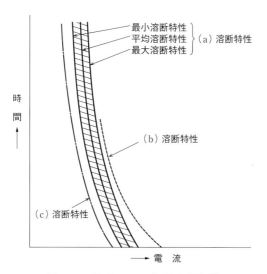

図 3.100　限流ヒューズの動作特性 [5]

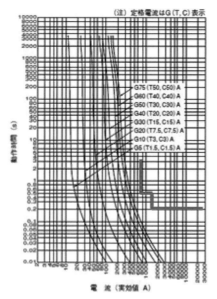

図 3.101　限流ヒューズ協調例 [4]

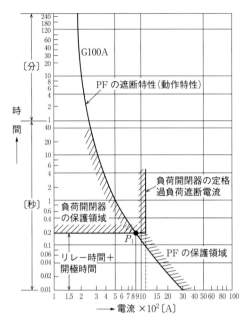

図 3.102　負荷開閉器と限流ヒューズとの動作協調例 [4]

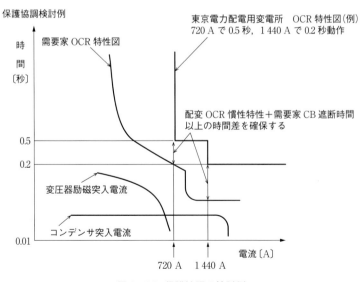

図 3.103　保護協調の検討例

○ CB 形における動作協調

過負荷保護や短絡保護および地絡保護を継電器により行い、保護継電器と遮断器を組み合わせ、すべての事故事象の保護を遮断器で行う。配電用変電所との動作協調はその動作特性から、需要家側に設置する遮断器の遮断時間を5サイクル以下（東京電力パワーグリッドでは3サイクル遮断を推奨）とする必要がある。

○ 短絡強度協調

短絡保護を行うには動作協調に加え、短絡電流を保護装置で遮断完了するまでの間、電源から短絡故障点までの間に設置されている機器などが短絡電流に耐えなければならない。機器や材料などが短絡電流に耐えるように施設することを短絡強度協調と呼び、機械的強度と熱的強度の両面から検討し、双方の強度が満足しなければ短絡強度協調が図られているとはいえない。

☑ 機械的強度

機器に流れる短絡電流によって生じる電磁力に対し、機器が耐え得るべく規定された値。

☑ 熱的強度

機器に短絡電流が流れた場合、その機器が短絡電流による発生熱量に対して、どのくらい耐え得るかを示したもの。

○ 地絡保護協調

波及事故の原因として多くを占める地絡事故についても、過負荷保護と同様に地絡保護協調を図る必要がある。電力会社が設置する地絡保護装置から需要家に設置する遮断器までの事故は電力会社で保護し、需要家に設置する遮断器から負荷側の事故は需要家側で設置する地絡保護装置で保護することとなる。保護協調の考え方は、過負荷保護と同様に、電力会社の地絡継電器と需要家が設置する地絡継電器で選択遮断協調を図り、需要家の受電地点保護装置以降の地絡事故で電力会社の遮断器を動作させないといった時限協調を行っている。

需要家構内に直列3段を超える地絡保護継電器を設置する場合は、互いの継

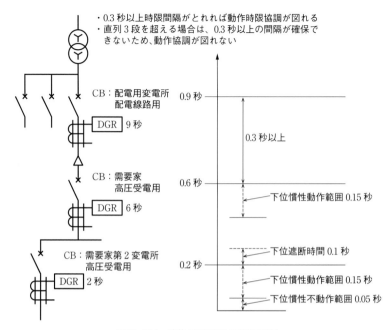

図 3.104　地絡保護協調の動作時限

電器間で信号回線を通じて協調信号をやり取りし、事故点に最も近い電源側の遮断器を動作させる動作協調システムを採用するなどして、動作協調を図っている。なお、需要家構内のケーブルが長い場合に、需要家構内で地絡事故が発生していないにも関わらず、高圧受電要地絡保護継電器が動作（不要動作）するケースがある。地絡保護継電器（GR）には無方向性と方向性の 2 種類あり、地絡方向継電器（DGR）は他の需要家や電力会社設備からのもらい事故を防止することができる。

○絶縁協調

　高圧受電設備における絶縁協調とは、通常の交流電圧や外部過電圧（雷サージ）に対し、線路や機器の絶縁が十分に耐えるよう、設備に見合った制限電圧の避雷器を設置し、絶縁破壊事故を生じないよう防止することである。

例 題

(1) 保護協調に関する次の記述のうち、誤っているものはどれか。

a. 事故が発生した際、事故回路の遮断器やヒューズのみが動作して他の健全な回路を保護する装置は動作させないようにすることを動作協調と呼ぶ。

b. 回路に接続する変圧器、電動機類などの負荷機器やケーブルなどの回路機器が損傷しないように保護装置の動作特性を設定することを保護協調と呼ぶ。

c. 異常電圧に対する保護を電圧協調と呼ぶ。

(2) 下記の文章中の空白箇所ア、イ、ウに記入する語句として、正しいものを組み合わせたのは次のうちどれか。

保護協調の考え方の1つに［　ア　］があり、これは電力会社が設置する［　イ　］と需要家が設置する［　イ　］の動作時間に差を設けることにより、［　ウ　］を最小限にとどめる協調方式である。

a.（ア）電流協調方式、（イ）遮断器、（ウ）停電範囲
b.（ア）選択遮断方式、（イ）継電器、（ウ）停電範囲
c.（ア）選択遮断方式、（イ）継電器、（ウ）停電時間

解 答

(1) c　(2) b

引用・参考文献 ◤

【1】 電気協同研究会（2010）「低炭素社会の実現に向けた配電系統の高度化」，電気協同研究，第 66 巻 第 2 号.

【2】 電験三種教育研究会（2020）『令和 3 年度試験版　電験三種　徹底解説テキスト　電力』，実教出版.

【3】 経済産業省（2013）「電気設備の技術基準の解釈」（参照：2020 年 6 月 1 日改訂版）.

【4】 日本電気協会 需要設備専門部会（2016）『内線規程 第 13 版』，日本電気協会.

【5】 日本電気協会 需要設備専門部会（2014）『高圧受電設備規程 第 3 版』，日本電気協会.

【6】 電気学会（2013）『電気工学ハンドブック』，オーム社.

【7】 電気設備学会（2011）『電気・電子機器の雷保護 －ICT 社会をささえる －』，オーム社.

【8】 宮崎輝，岡部成光，饗場潔，平井崇夫（2006）「観測に基づく配電線雷サージの統計分析」，電気学会論文誌 B, 126 巻 1 号, p.97-104.

【9】 平井崇夫，岡部成光，滝波力，珠道拓治（2004）「フィールド観測に基づく配電線雷撃応答の統計分析」，電気学会論文誌 B, 124 巻 8 号, p.1033-1040.

【10】 電力中央研究所，横山 茂（2005）『配電線の雷害対策』，オーム社.

【11】 配電線雷被害率予測手法調査専門委員会（2003）「配電線雷スパークオーバ発生率予測手法の現状と今後の課題」，電気学会技術報告，第 937 号.

【12】 配電線雷被害メカニズム調査専門委員会（2009）「配電線雷被害メカニズムの解明と被害率予測手法の高度化」，電気学会技術報告，第 1172 号.

【13】 電気学会（1983）『がいし』，電気学会.

【14】 中田一夫，横田勤，浅川聡，谷口毅，橋本晃（1996）「配電線直撃雷に対する避雷器焼損傷率の検討」，電力中央研究所，電力中央研究所　研究報告書, T95022.

第4章

配電ネットワークシステムにおける分散型電源との協調

4.1 分散型電源の設備と種類

4.1.1 分散型電源とは

　電力システムの黎明期より主力として用いられてきた水力発電や火力発電などは、その規模・容量が大きくなるほど発電効率が向上するという、いわゆるスケールメリットを背景として大規模化が進められてきた。一方で、近年では太陽光発電や風力発電のようにスケールメリットの少ない電源が技術的・価格的に競争力を持ち始めた。「スケールメリットが少ない」と書くとデメリットのように感じられるかもしれないが、見方によっては「小規模であっても効率が落ちにくく、用途に応じて柔軟に容量設計が可能である」というメリットとして捉えることができる。このような観点から、特に火力・水力発電などと比較して小容量・小規模な電源が電力系統内に広く分散されて導入、設置されており、これらの電源は分散型電源（Distributed Generator）と呼ばれている。主な分散型電源の特徴を表 4.1 にまとめる。

　小規模・小容量の分散型電源は、電力の消費地点に設置可能であり、それゆえ、大規模電源と比較して次のようなメリットが期待される。

表 4.1　主な分散型電源の特徴

種類	一次エネルギー	発電電気方式
タービン発電機	化石燃料	交流
エンジン発電機		
燃料電池		直流
	再生可能エネルギー	
太陽光発電		
風力発電		交流
小水力発電		

※発電電気方式が直流のものは逆変換装置（インバータ）を介して交流系に連系する。
※発電電気方式が交流であっても、効率・制御性の向上のために逆変換装置を介して連系するものもある。

・電力の輸送距離が短くなることによる送配電損失の軽減
・電気と熱のコジェネレーションによる総合エネルギー効率向上
・非常時の電源として活用することによる局所的信頼度の向上
・離島などにおけるオンサイト電源として活用することで送配電設備建設の
　回避・繰り延べによる経済効果

4.1.2 エンジン発電機・タービン発電機

　石油や天然ガスなどを燃料として、エンジンやタービンの原動機により動力を得て交流発電機を駆動して発電する形式である。原動機の違いはあるものの、発電原理は火力発電と同様であり、技術的にも成熟している。離島用の電源や非常用発電機としての導入実績も多い。回転機である交流発電機を利用していることから、連系運転時には系統に対して同期化力や慣性力を提供できるメリットがある。また、排熱を利用したコジェネレーションが可能な発電機では、総合エネルギー効率の向上も見込める。

4.1.3 太陽光発電の構成

　一般的な太陽光発電（PV：Photo Voltaic power generation）は、セルと呼ばれるp型・n型半導体を積み重ねた構造に、光を照射したときに生じる光起電力効果を利用した発電方式である。そのため、太陽電池セルの出力は直流である。太陽光発電システムの基本的な構成は、上記のセルを複数用意し、それを電気的に接続した太陽電池モジュール、複数枚のモジュールを直列に接続した太陽電池ストリング、それをさらに並列に接続した太陽電池アレイ、モジュールやアレイを相互に接続する接続箱・集電箱、モジュールから出力された直流の電気を交流に変換するパワーコンディショナ（PCS）で構成される（図4.1）。太陽光発電システムの出力は、日射量に大きく依存する。そのため、日周運動や雲の陰の影響を受けて出力は変動する。

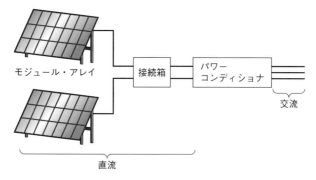

図 4.1　太陽光発電システムの基本構成

4.1.4　風力発電の構成

　風力発電は、風の運動エネルギーを利用して風車（風力タービン）を回して動力に変換し、回転型の発電機を駆動することで発電する。最大の発電出力が得られるよう、風速に応じて風力タービンのブレードの角度を変えるピッチ角制御などが実装される場合が多い。発電機には誘導機が用いられることが多く、誘導機の回転数や連系形態によって、図 4.2 のように 4 種類に大別される。

　風力発電も太陽光発電と同様、その出力は気象条件に依存して大きく変動し得る。一般的には図 4.3 に示すように、風速がある一定値（カットイン風速）以上となったときに発電し、その出力は概ね風速の 3 乗に比例する。発電出力

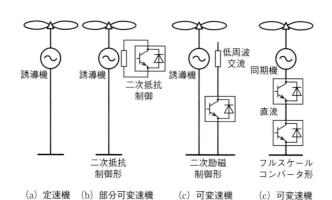

図 4.2　風力発電システムのタイプ

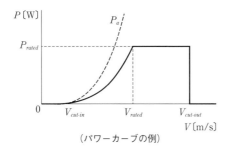

（パワーカーブの例）

図4.3 風速と風力発電システム出力の関係（パワーカーブ）

が定格に達した後は、前述のピッチ角制御により出力を一定に維持する。また、風が極めて強くなったときには風力タービンの安全を優先してブレードをねかせて風を逃がし、発電を停止する（カットアウト）。このような特性のため、風力発電の出力は、風速に応じて短時間に大きく変動することがある。

4.1.5 燃料電池の構成

　燃料電池の発電原理は、簡単に言えば水の電気分解の逆反応を利用したものであり、水素と酸素を燃焼ではなく化学的に結合することで電気エネルギーを取り出すものである。そのため、副生成物として水を生じる。また、反応に際して熱も生成されるため、コジェネレーションも可能である。燃料となる水素は、天然ガスや石油などの化石燃料から精製される場合が多いが、近年では太陽光発電や風力発電などの再生可能エネルギー発電の出力を利用した水の電気分解により精製する、カーボンフリー水素も注目を集めている。

　一般的には所望の電圧・出力が得られるように、正極・負極で電解質を挟んだセルを何層にも積層したセルスタック構造をとる。使用される電解質によって複数の種類が開発されており、代表的なものとしては固体高分子型（PEFC）、固体酸化物型（SOFC）、リン酸電解質型（PAFC）、溶融炭酸塩電解質型（MCFC）等があり、それぞれ発電効率や動作温度帯が異なる。いずれのタイプの燃料電池も電気出力は直流であるため、系統に連系するためにはPCSを介して接続することになる。

4.1.6 分散型電源用系統連系インバータ

　需要家等に設置される分散型電源にも、系統との連系点でパワーエレクトロニクス機器が使用される。例えば、太陽電池が直流電力を発生するのに対し、風力発電では交流励磁をしない限り、風車の回転速度に応じて周波数が変動する交流電力を発生することになる。このような発電電力を、基準周波数で運転される交流電力系統と接続するときにパワーエレクトロニクス機器が活躍する。

　図 4.4 は、一般的な被絶縁形の太陽光発電システムの例である。太陽電池は、DC チョッパを介してインバータに接続されている。太陽電池には、発電電力を最大化できる最適動作電圧があるため、この DC チョッパが仲介して太陽電池の両端の電圧がその最適な電圧となるよう、逐次制御を行っている。インバータの直流リンク電圧 v_d を一定値に制御しておけば、太陽電池から直流端子に流入する電流 i_d が最大値になるように DC チョッパの通流率 d を逐次更新することで電力の最大化を図ることができる。このように太陽電池出力の最大化を図る制御は、最大電力追従（MPPT：Maximum Power Point Tracking）制御と呼ばれる。一方、インバータの出力有効電力がこの発電電力と等しくなるようにインバータを PWM（Pulse Width Modulation）制御すれば、直流リンク電圧 v_d は一定に保たれる。

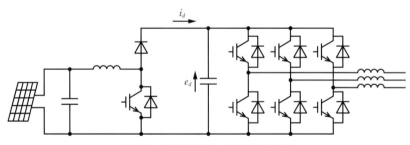

図 4.4　太陽光発電システムの構成例

4.2 系統連系と系統連系要件

4.2.1 系統連系とは

　4.1.1 項で説明した分散型電源により発電した電力は、一部は設置した需要家の構内で消費されるが、大部分は余ってしまう。この余った電力を他の需要家が消費したり、売電したりするためには、電力系統に接続する必要がある。このように電力系統に接続することを「系統に連系する」といい、連系するために必要な構成、性能、および機能のことを「系統連系要件」という。この連系している状態とは、需要家から電力系統へ電力（潮流）が流れている場合（状態1）のみではなく、電力系統から需要家へ電力（潮流）が流れている場合（状態2）も含まれることに注意してほしい。状態1のことを「逆潮流ありの状態」といい、その電力（潮流）を「逆潮流」という。また、状態2のことを「逆潮流なしの状態」といい、その電力（潮流）を「順潮流」という。

　一方、分散型電源が電力系統から切り離されている状態もあるが、この状態には2通りがある。1つは、もともと電力系統に連系しておらず、需要家の構内のみに電力を供給している運転状態であり、「自立運転」という。もう1つは、電力系統の事故時の処理や工事時などの操作により、意図せずに電力系統から切り離され、需要家の構内だけでなく他の需要家にまで電力を供給している運転状態であり、「単独運転」という。

4.2.2 系統連系要件と連系の区分

　系統連系要件は、その内容により2つに分けられる。1つは電力系統設備や分散型電源設備の保護、作業員や一般の需要家の保安に関わる要件であり、日本では「電気設備に関する技術基準を定める省令（電気設備の技術基準）」として国が定め、「系統連系規程」として民間が定めている。もう1つは、電力品質に関わる要件であり、日本では「電力品質確保に係る系統連系技術要件ガイドライン」として国が定め、「系統連系規程」として民間が定めている。

表 4.2　分散型電源の連系区分

設備形態		逆変換装置 （インバータを用いて交流に変換）		交流発電設備 （同期発電機、誘導発電機）	
逆潮流の有無		なし	あり	なし	あり
配電	低圧（100 V、200 V）	50 kW 未満			—
	高圧（6 600 V）	2 000 kW 未満			
	スポットネットワーク	10 000 kW 未満	—	10 000 kW 未満	—
送電	特別高圧	2 000 kW 以上			

　系統連系要件では、連系する電力系統、分散型電源の設備形態、および逆潮流の有無により、表 4.2 のように連系できる最大容量が定められている。

4.3　保護・保安対策

4.3.1　保護協調

　配電システムにおける保護協調とは、主に配電用変電所の配電線の保護リレー（配変リレー）と、分散型電源の連系用保護リレー（連系リレー）の協調のことである。基本的な考え方として、図 4.5 に示すように需要家において事故が発生した場合には、連系リレーは配変リレーよりも早く動作する必要があ

＜受電設備のみの場合の系統との保護協調＞
　○構内に事故が発生した場合、系統側へは波及させないこと

＜発電設備を系統連系した場合の系統との保護協調＞
　○発電設備の異常および故障に対しては、この影響を系統へ波及させないために、発電設備を系統と解列すること
　○系統に事故が発生した場合には、系統から発電設備が解列されること
　○上位系統事故時等により系統の電源が喪失した場合には、発電設備が解列され単独運転が生じないこと

図 4.5　分散型電源を電力系統に連系する際に求められる要件

る。また、配電システムにおいて事故が発生した場合には、連系リレーが事故を検出して確実に配電システムから切り離される必要がある。

分散型電源の故障による発電電圧の異常時には、過電圧継電器（OVR）および不足電圧継電器（UVR）機能を有する保護装置により保護を行う。分散型電源の脱落時には、連系している電路等が過負荷になる恐れがあるため自動負荷遮断装置などを設置している。さらに、分散型電源を有する需要家構内での短絡・地絡故障時には、受電設備の保護継電器（OCR-H や OCRG など）を設置するなど、それぞれ必要な保護装置を設置して保護を行っている。

電力系統の事故保護は、事故の種類や連系される電圧区分、発電機の種類、連系形態（逆潮流の有無）などにより変化する。例えば高圧連系で高圧配電系統の地絡事故の場合は、地絡過電圧継電器（OVGR）により直接検出して分散型電源を解列する。低圧連系の場合は、地絡を直接検出できないため、配電用変電所の遮断器動作後に分散型電源に具備されている単独運転検出機能により検出、保護が行われている。一方、低圧連系の短絡事故時には、受電設備の保護装置（ヒューズや過電流遮断器など）を用い、高圧連系の場合は、過電流継電器（OCR）を用いて検出する。短絡故障点が離れている場合は、OCR では検出できないため、同期発電機では短絡方向継電器（DSR）、誘導発電機や直流発電機では UVR を用いて検出し、保護を行っている。

ここで、雷事故など配電用変電所の遮断器動作後に事故点が消滅する場合や、作業で線路用開閉器を解放した場合などでは、前述の分散型電源の系統側事故時の保護継電器では検出できないことから、分散型電源は単独運転を継続する恐れがある。系統が単独運転状態になると、本来は無電圧であるべき電路が充電され、その結果、一般公衆や作業員の感電、消防活動への影響、機器・設備損傷等に至る恐れがあり、極めて危険である。そのため、分散型電源等の発電設備は、系統停止時に単独運転状態を確実に検出・解列する機能を具備することが求められている。

4.3.2 配電系統の事故の種類と保護協調

日本の配電システムでは、事故の発生頻度は極めて低いが、その中で最も多いのが1線地絡事故であり、それに続くのが2線短絡事故である。1線地絡事

表 4.3　電圧集中制御を適用するための主な要件

故障箇所	現象	保護装置	備考
需要家構内	分散型電源故障による発電電圧の異常	・過電圧継電器（OVR） ・不足電圧継電器（UVR）	分散型電源脱落時の過負荷保護（自動負荷遮断装置）
	需要家構内での地絡、短絡故障	・地絡故障（OCR-G） ・短絡故障（OCR-H）	受電設備の保護継電器
電力系統	高圧系統（電圧区分、逆潮流の有無により変化）	地絡事故：地絡過電圧継電器（OVGR） 短絡事故：過電流継電器（OCR） ・短絡点が離れている場合 　⇒短絡方向性継電器（DSR） ・誘導発電機、直流発電機 　⇒不足電圧継電器（UVR）	
	低圧系統（同上）	・地絡事故（単独運転検出装置） ・短絡事故（ヒューズ等、受電設備の保護装置）	

故には、高圧系統が樹木や飛来物などにより接地とつながってしまう事故が大半を占めるが、特殊な事故状態として、高圧系統と低圧系統が柱上変圧器内部などで接触する「高低圧混触事故」がある。各種事故時に機能するリレーを、表 4.3 にまとめる。

地絡事故における保護協調

　配電システムの地絡事故発生時に動作すべき保護リレーは、配変リレーの地絡過電圧リレーと地絡方向リレーである。地絡過電圧リレーには、高圧以上の地絡過電圧リレーと低圧の単独運転検出機能がある。保護リレーは、基本的に事故現象を直接検出することが望ましいが、前述のように低圧の連系リレーの場合には直接検出することができない。そのため、配変リレーが動作して送り出しの遮断器を遮断したことを、単独運転検出機能が間接検出することで代用している。

短絡事故における保護協調

　配電システムの短絡事故発生時に動作すべき保護リレーは、配変リレーの過電流リレー、逆変換装置および交流発電設備である誘導発電機の不足電圧リレー、交流発電設備である同期発電機の短絡方向リレーである。

4.3.3 高低圧混触事故対策

高低圧混触事故は、需要家内に配線されている低圧系統の電圧が上昇し、家電機器の故障や感電事故につながる可能性がある。このため、「電気設備の技術基準の解釈」第17条において、事故発生から1秒以内（設備条件によっては2秒以内）に検出し、配電システムから切り離れる必要があることが定められている。

前述したように、配変リレーが動作した後に単独運転検出機能が動作する必要があり、高低圧混触事故時にはこの動作を1秒以内に完了しなければならない。一般的に配変リレーは0.5〜0.9秒で動作するため、単独運転検出機能は0.1〜0.4秒以内に動作する必要がある。このような高速かつ確実な単独運転検出機能は、世界に類を見ない日本固有の技術であり、今後も改良されていくものと思われる。

4.3.4 単独運転防止対策

前述のような地絡事故時以外に、工事停電のような操作時の単独運転が発生した場合には、電圧や周波数が乱れた状態が長時間続くと、電力系統設備や家電機器が故障する可能性があるため、確実に検出し、配電システムから切り離れる必要がある。従って、系統連系規程において3秒以内に停止する必要があることが定められている。

4.3.5 短絡容量対策

配電システムに分散型電源が連系すると、短絡事故時には、上位送電系統からの短絡電流に加え、分散型電源からの電流が加わる。このため、各需要家の配電システムへの接続箇所（受電点）における短絡容量は、増大する。増大した短絡容量が、受電点の遮断器の遮断容量を超えるような場合には、分散型電源に限流リアクトルを設置するなどの対策が必要となる。

短絡容量の計算は、短絡電流が非常に大きい交流発電設備の同期発電機の場合は初期過渡リアクタンスまたは過渡リアクタンスを用い、逆変換装置の場合

は定格電流の 1.1～1.5 倍と想定するなどして算出される。

4.4 電圧上昇問題と品質対策

4.4.1 電圧上昇問題とは

　従来、火力発電所や水力発電所で発電された電力は、送電線や変電所、配電線を流れ、家庭や工場などの需要場所で利用されるといった電気の流れ（潮流）であった。配電線においても同様に、配電用変電所から配電線末端方向に向かって潮流が流れる（順潮流）のが主となっており、各地点おける電圧は配電用変電所から送り出された際の電圧に比べて下がる状態（電圧降下）となっていた。そのため、各需要場所における電力消費が増加すると、順潮流が増えることで電圧降下が著しくなり、規定範囲に収まらないといった課題があった。これに対し、配電用変電所で電流増加を検出して、自動的に変圧器のタップを制御することで送り出し電圧を上昇させ、電圧値を規定された範囲に維持する

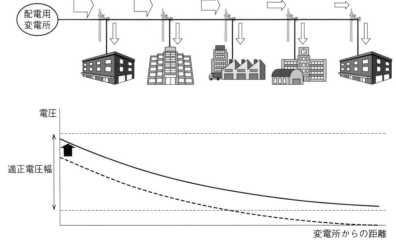

図 4.6　順潮流時の電圧プロファイル

といった対策が取られてきた（図4.6）。

しかし、2012年7月に「電気事業者による再生可能エネルギー電気の調達に関する特別措置法（再エネ措置法またはFIT法）」が導入され、再生可能エネルギー源（太陽光・風力・水力・地熱・バイオマス）で発電を行う事業者が急増した。これに伴い、系統への分散型電源の接続が増加し、各地点で潮流方向が逆向きとなる状態（逆潮流）が発生している。配電系統においても同様の現象が発生しており、配電用変電所に逆向きの電流が増加し、特に配電線の末端に向かって電圧が上昇するといった問題が出てきている。さらに、従来の順潮流のみの対策を施した配電線である場合には、配電用変電所の電流増加を「通常の電気の流れ」としてしか検出できない。このため、配電用変電所では負荷量が増えたと認識し、自動的に変電所から送り出す電圧を上昇させ、配電線の電圧がさらに上昇してしまうという問題も発生している（図4.7）。

同一の配電用変電所において、順潮流のみの配電線と逆潮流が発生している配電線が混在する場合もある。具体的には、配電用変電所から送り出す電圧を上昇させると順潮流のみの配電線は適正電圧を維持できるが、逆潮流が発生している配電線は適正電圧の上限を逸脱してしまう。逆に、配電用変電所から送り出す電圧を降下させると、逆潮流が発生している配電線は適正電圧を維持できるが、順潮流のみの配電線は適正電圧の下限を逸脱してしまうことがある。

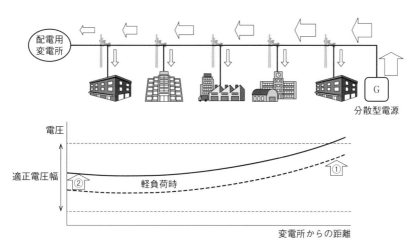

図4.7 逆潮流時の電圧プロファイル

系統管理者としては、供給電圧が電気事業法施行規則で定められる $101\pm6\,\mathrm{V}$ の範囲に収まるよう維持・管理する必要があるため、対応に苦慮している。

　以下に、系統側（高圧系統・低圧系統および配電用変電所）に対策を施す場合の方法を紹介する。

4.4.2　電圧上昇抑制対策（高圧系統・配電用変電所）

　逆潮流が発生している配電線では、配電線に流れる電流と配電線のインピーダンスを掛け合わせた値が電圧上昇分となる。例えば、図 4.8 のような配電系統においては、配電用変電所からの送り出し電圧を $6\,600\,\mathrm{V}$ とすると、各地点の電圧は下記の通りとなる。

【集合住宅 A】　　$6\,600\,\mathrm{V}-2\,\Omega\times50\,\mathrm{A}=6\,500\,\mathrm{V}$
【ビル】　　　　　$6\,500\,\mathrm{V}-2\,\Omega\times30\,\mathrm{A}=6\,440\,\mathrm{V}$
【工場】　　　　　$6\,440\,\mathrm{V}-2\,\Omega\times\ 0\,\mathrm{A}=6\,440\,\mathrm{V}$
【学校】　　　　　$6\,440\,\mathrm{V}-2\,\Omega\times\ (-50\,\mathrm{A})=6\,540\,\mathrm{V}$
【集合住宅 B】　　$6\,540\,\mathrm{V}-2\,\Omega\times\ (-80\,\mathrm{A})=6\,700\,\mathrm{V}$
【分散型電源】　　$6\,700\,\mathrm{V}-2\,\Omega\times\ (-100\,\mathrm{A})=6\,900\,\mathrm{V}$

　電圧は末端において、最大の $6\,900\,\mathrm{V}$ となっている。送り出し電圧である $6\,600\,\mathrm{V}$ に比べ、電圧を下げるためには配電線のインピーダンスを小さくするべく太線化を実施する。分散型電源において太線化を実施し $2\,\Omega$ を $1\,\Omega$ とす

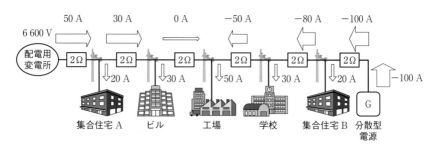

図 4.8　逆潮流が発生している配電系統例

ると、分散型電源における電圧は 6 800 V（＝6 700 V－1 Ω×（－100 A））となる。さらに、配電用変電所の送り出し電圧を 6 500 V として上記と同様に計算すると、分散型電源において 6 700 V にまで電圧上昇を抑えることができる。運用側として、これらの対策を実施することで電圧上昇を抑えている。

また、農山村等の配電線こう長が長い地域では、電圧補償用の 6 kV ステップ式自動電圧調整器（以下、SVR）を設置し（図 4.9）、系統電圧を調整するといった対策も取られている。

図 4.10 のように SVR を設置し、SVR の変圧比を 6 700：6 600 とすると、各需要場所における電圧は下記の通りとなり、対策前に比べ電圧上昇が改善されていることがわかる。

図 4.9　分散型電源対応型 SVR（出典：ダイヘンより資料提供）

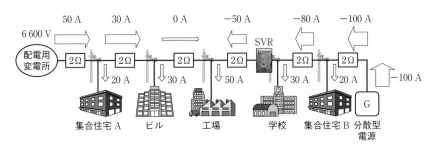

図 4.10　SVR が導入された場合の逆潮流系統

【集合住宅 A】　6 600 V － 2 Ω × 50 A ＝ 6 500 V

【ビル】　　　　6 500 V － 2 Ω × 30 A ＝ 6 440 V

【工場】　　　　6 440 V － 2 Ω × 　0 A ＝ 6 440 V

【学校】　　　　（6 440 V － 2 Ω × （－50 A）） × （6 600/6 700） ＝ 6 442 V

【集合住宅 B】　6 442 V － 2 Ω × （－80 A） ＝ 6 602 V

【分散型電源】　6 700 V － 2 Ω × （－100 A） ＝ 6 802 V

4.4.3 低圧系統の電圧上昇抑制対策

　低圧系統においても、10 kW 未満の家庭用太陽光発電から最大で原則 50 kW 未満の発電設備が連系し得るため、電気事業法施行規則に定められている 101±6 V・202±20 V の範囲であることが求められる。低圧系統対策において、一般的には低圧線路長を短くする目的での柱上変圧器の増設（変圧器以下の発電機および負荷を分割）、増容量（変圧器自体のインピーダンス低減）や、低圧本線・引込線の太線化工事（インピーダンスを小さくする）等の対策がコスト面で有効であり、優先的に検討を行っている（図 4.11、図 4.12）。

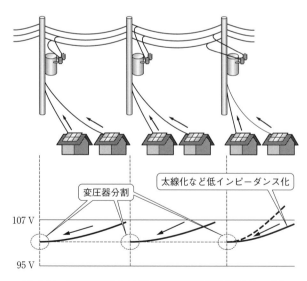

図 4.11　低圧系統における電圧対策後の電圧プロファイル

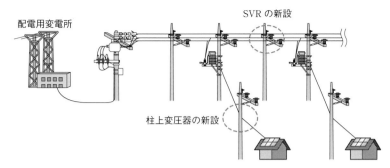

図 4.12 配電系統における電圧変動の対応例

4.4.4 その他の対策

　配電線の太線化やルート変更により、供給電圧の適正範囲逸脱や電流の線路容量超過を回避できる可能性があり、また、PCS の力率調整は、供給電圧の適正化にも貢献すると考えられている（図 4.13）。低圧太陽光発電設備の PCS の力率ついては系統連系規程において 95％ とされており、高圧太陽光発電設備の PCS の力率に関しては、連系前後の電圧変動の少なくなる力率値を選定し、発電事業者との協議にて決定をしている。

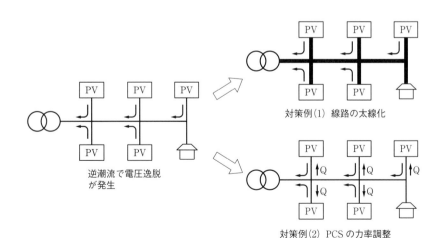

図 4.13 逆潮流による電圧逸脱対策の例

4.5 電力系統の周波数維持を目的とした分散型電源の出力制御

　分散型電源が配電ネットワークシステムに大量連系された場合、周波数や電圧に悪影響を及ぼす可能性がある。本節では、電力の安定供給確保の観点から、配電系統に接続されている分散型電源の出力抑制の必要性について述べ、具体的な出力制御方式の例について述べる。

　電力系統では周波数を維持するために、発電電力と需要電力のバランスを取る必要がある。従来から火力発電などに代表される大規模発電設備の発電電力を調整することで、周波数の変動をある一定の範囲内に維持している。しかしながら、太陽光や風力などの分散型電源の連系が増加する中で、再生可能エネルギーの導入をさらに促進するために出力制御を行う場合がある。

　図 4.14 は、送配電ネットワークシステムに連系された分散型電源に出力抑制が必要となる条件を表している。火力発電、太陽光発電、風力発電からなる電源群からの発電電力の総和が需要電力よりも大きい場合、発電電力を抑制する必要がある。日本では優先給電ルールに基づき、火力発電からの発電電力を抑制することが定められている。分散型電源の増加が著しくなると、火力発電の発電電力抑制量も大きくなるが、火力発電の発電電力には燃焼系の安定性に起因する最低出力の制約があるため、分散型電源の出力によっては、火力発電の出力調整のみでは周波数を維持することが困難となる。このような場合に、

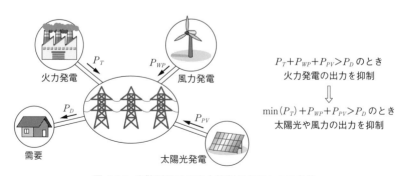

$P_T + P_{WP} + P_{PV} > P_D$ のとき
火力発電の出力を抑制

$\Downarrow$

$\min(P_T) + P_{WP} + P_{PV} > P_D$ のとき
太陽光や風力の出力を抑制

図 4.14　分散型電源の出力抑制が必要となる条件

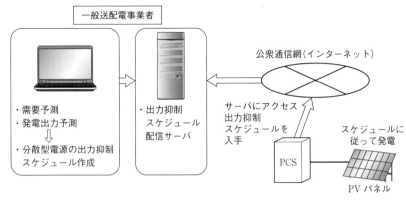

図4.15 配電系統に連系された太陽光発電への出力抑制方式

分散型電源の出力を抑制する必要がある。

　分散型電源に出力抑制を指令するためには、抑制量の算出と分散型電源に指令するシステムが必要である（図4.15）。出力抑制量を決定する手法は、需要予測と分散型電源の出力予測に基づくものである。例えば、発電機起動停止計画（UC：Unit Commitment）や経済負荷配分制御（EDC：Economic load Dispatching Control）から分散型電源の出力抑制量を算出する手法[1][2]や、分散型電源間の出力抑制量が年間で同程度となるように最適化問題で出力制御量を決定する手法[3]などが検討されている。

　配電ネットワークシステムに接続される分散型電源に出力制御を指令する場合、出力抑制スケジュールに基づく方法が用いられている。作成した出力抑制スケジュールを配信用サーバに保存し、分散型電源側からインターネットなどの公衆通信網を介して配信用サーバにアクセスする。そして、出力抑制スケジュールを入手し、これに従って発電電力を制御するものである。なお、66kV以上の電力系統に連系される分散型電源には、双方向通信を用いて出力抑制量を指令する方式が用いられている。

　図4.16は出力抑制された発電電力のイメージ図である。出力抑制の指令値が発電可能電力よりも大きい場合、分散型電源は出力抑制されずに発電することが可能である。しかしながら、出力抑制の指令値が発電可能電力よりも小さい場合は、分散型電源のパワーコンディショナ（PCS）は発電出力を絞り、実際の発電電力は出力抑制の指令値を上限とした値となる。

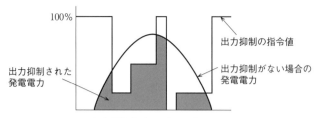

図 4.16　出力制御指令を受けた太陽光発電の出力

4.6 新たな電力品質問題と対策案

4.6.1 単独運転検出機能に起因したフリッカ

　4.3 節で説明した単独運転検出機能には、単独運転状態を受動的に検出する受動的方式と、単独運転状態の予兆があると周波数の偏差（実際は各周期の電圧の位相から求めた周期より算出し求めた値）に応じて無効電力などを注入して周波数偏差を発生・検出することで単独運転を検出する能動的方式がある。これまでに、低圧に連系する分散型電源には、高速検出と非干渉性を備えた新型の能動的方式が開発され、標準化された。しかし、近年は長こう長配電線の末端付近に集中連系されると、単独運転状態でない（連系された状態である）にもかかわらず、急峻に無効電力を注入され、この無効電力によるフリッカが発生するようになった。この対策として、フリッカの発生が確認された場合に無効電力の注入を停止する機能を加えた、改良型新型能動的方式の導入が開始されている。

4.6.2 低圧系統における高低圧混触事故時の課題

　低圧連系において最も懸念される課題は、配電線の高低圧混触事故である。高低圧混触事故が発生すると、変電所の OVGR＋DGR で事故を検出し配電線送出 CB が開放される。低圧連系の発電設備は、変圧器により高圧側から絶縁されているため発電設備から見た零相回路が形成されず、地絡を直接検出でき

ない。このため、変電所の CB 開放後に PCS が単独運転検出し、発電設備を解列する。「電気設備の技術基準の解釈」第 19 条では、高低圧混触時の電位上昇を 600 V 以内に抑える場合、1 秒以内に遮断することが求められている。例えば、東京電力の変電所 DGR の標準整定値は 0.9 秒固定であるため、CB 開放後に発電設備が確実に解列する必要があるが、高速性を有する受動的方式でも、発電と負荷の有効・無効電力がバランスする「不感帯領域」においては実現が困難である。従って、発電設備の多数台・集中連系が進むと、これを遵守できないことになるため、集中連系時に高速で確実に動作でき、かつ不動作・不要動作も少ない新たな単独運転検出装置の開発が進められてきた。2003〜2007年の NEDO 事業「集中連系型太陽光発電システム実証研究」において 553 軒の住宅の屋根に集中的に太陽光発電システムを設置した実証試験が行われた。続く 2008〜2009 年には、開発機能を具備した PCS の認証制度の確立を目的とした NEDO 事業「単独運転検出装置の複数台連系試験技術開発研究」が進められ、従来の能動方式の相互干渉と迅速性の問題を解決した新型能動方式「ステップ注入付周波数フィードバック方式」を具備した PCS の現場適用が 2011

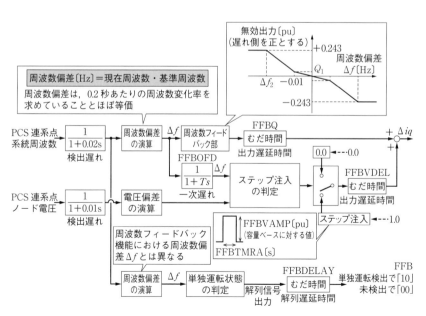

図 4.17 ステップ注入付周波数フィードバック方式

年に開始された。

　ステップ注入付周波数フィードバック方式は、複数台の PV 連系時の相互干渉と迅速性の問題を解決した単独運転検出方式である（図 4.17）。しかし、本単独運転検出機能を具備した PCS の集中連系と配電線の線路インピーダンスとの関係により、位相急変などの系統変動に対して無効電力注入動作が発振することでフリッカが発生する場合がある。従来の新型能動方式に対して、無効電力発振予兆機能（系統周波数変動の継続監視によってフリッカの発生を予兆）と単独運転発生予兆機能（高調波電圧の急増監視によって単独運転の発生を予兆）が新たに設定されている（図 4.18）。無効電力発振予兆が検出されない場合には能動機能通常状態に遷移して、これまで通りに系統周波数の変動に対して周波数フィードバック部において設定された第 1 段目ゲインと第 2 段目ゲインに応じて無効電力が系統へ注入される。一方、無効電力発振予兆が検出されると能動機能待機状態に遷移し、第 1 段目ゲインと第 2 段目ゲインが共に 0（ゼロ）となり、系統へ注入される無効電力が 0 となる（フリッカの発生防止）。この状態で単独運転発生予兆が検出された場合は、能動機能通常状態へ遷移して単独運転が検出される。

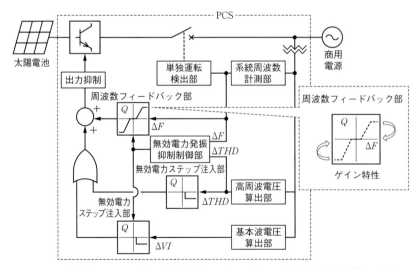

図 4.18　周波数フィードバック特性の傾き（ゲイン）の変更／発振防止機能の追加

4.6.3 分散型電源の大量連系による電圧低下

10 km を超える配電線に太陽光発電などの分散型電源が配電線に大量連系された場合、配電線の途中の電圧が低下する場合がある。図 4.19 に示すように、配電線を簡易的に表した 2 ノードモデルがある。送電端電圧 V_S を固定し、受電端に連系する分散型電源からの発電電力を P とすると、一般的な潮流計算による数値解析で受電端電圧 V_R を算出することができる。

図 4.20 は、分散型電源が太陽光発電である場合の発電電力 P と受電端電圧 V_R の時間変化例である。この系統モデルにおいて、送電端電圧 V_S を 6.6 kV、$R+jX$ を 1.2+j4.5 Ω、PV 導入量を 5 MW としている。発電出力 P の増加と共に受電端電圧は上昇するが、発電出力 P がある値を超えると低下に転じている。発電出力 P が最大となる時刻付近では、送電端電圧よりも電圧が低下していることがわかる。

図 4.21 は、潮流計算により得られる受電端電圧 V_R と分散型電源の発電電力 P との関係を表す。発電電力 P が 0 から増加すると、受電端電圧 V_R は上昇している。ある発電電力に到達すると、受電端電圧 V_R は極大値を取っている。さらに発電電力 P が増加すると、受電端電圧 V_R は低下している。線路イン

図 4.19　2 ノード配電系統モデル

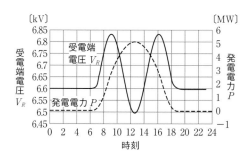

図 4.20　発電電力と受電端電圧の時間変化

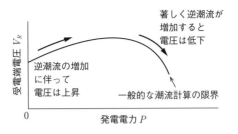

図 4.21　潮流計算により得られる受電端電圧と発電電力との関係

ピーダンスの抵抗成分が小さい送電系統では、逆潮流する有効電力の増加に伴う電圧上昇幅は小さい。一方、配電系統の場合、配電線のインピーダンスに含まれる抵抗成分が大きいため、逆潮流する有効電力の増加による電圧上昇幅は大きくなる。また、逆潮流が大きくなると配電線の無効電力損失（図 4.19 における XI^2 に相当）が著しく大きくなり、配電線電圧を低下させる作用が働く。電流容量の大きい配電線、すなわち抵抗成分が小さい場合は、逆潮流する有効電力による電圧上昇よりも無効電力損失による電圧低下の影響が強くなり、配電線こう長、逆潮流する電力の大きさや力率によっては配電線電圧が低下する場合がある [4] [5]。このような現象は太陽光発電が大量に連系されている一部のエリアの配電線で実際に測定された例が報告されている。

　また、図 4.21 では、逆潮流する有効電力が大きくなると電圧のプロットが途中で消えている。これは、一般的な潮流計算では電力 － 電圧特性（P-V カーブ）のノーズ端の上部に位置する高め解を算出しており、下部に位置する低め解を算出できないためである。従来は、分散型電源からの逆潮流により P-V カーブのノーズ端に達するような現象は起きていないと考えられていたが、分散型電源の導入量が増加した場合にもこのような現象が発生しないとは言い切れない。未然に防止するために、ノーズ端に達する前に分散型電源からの出力を抑制するためのシステムが必要となる可能性もある。また、分散型電源からの逆潮流が配電線の電圧上昇や低下の原因となるため、低圧需要家への供給電圧を適正範囲に維持するための設備形成のあり方についても今後検討が必要であると考えられる。

引用・参考文献 ◤

【1】 宇田川佑介, 西辻裕紀, 荻本和彦, Joao Gari da Silva Fonseca Junior, 大竹秀明, 大関崇, 池上貴志, 福留潔 (2017)「出力予測を考慮した発電機起動停止計画モデルによる太陽光発電出力制御必要量の分析」, 電気学会論文誌 B, 137 巻第 7 号, pp.520-529.

【2】 益田泰輔, 杉原英治, 山口順之, 宇野史睦, 大竹秀明 (2019)「規模連系系統における太陽光発電の出力抑制を考慮した最適潮流計算による経済負荷配分制御」, 電気学会論文誌 B, 139 巻第 2 号, pp.74-83.

【3】 D. Iioka and H. Saitoh (2018)「Equitable Distribution of Wind and Photovoltaic Power Curtailment」, IFAC-PapersOnLine, Vol.51, No.28, pp.362-367.

【4】 松村年郎, 雪田和人, 後藤泰之, 塚本真澄, 立脇健人, 横水康伸, 石井佑弥, 石川博之, 松尾顕守, 岩月秀樹, 飯岡大輔 (2018)「大容量太陽光発電装置の高圧配電系統末端への導入に伴う配電系統の電圧上昇・低下メカニズムに関する回路論的考察」, 電気学会論文誌 B, 138 巻第 1 号, pp.23-29.

【5】 D. Iioka, T. Fujii, D. Orihara, T. Tanaka, T. Harimoto, A. Shimada, T. Goto and M. Kubuki (2019)「Voltage reduction due to reverse power flow in distribution feeder with photovoltaic system」, International Journal of Electrical Power & Energy Systems, Vol.113, pp.411-418.

第5章

配電ネットワークシステムにおける将来の技術動向

5.1.1 スマートグリッドの概念

　スマートグリッドとは、電力供給システムの目指す姿を現す概念的用語であり、明確な定義はないが一言で述べると「送配電網と情報網の高次融合ネットワーク」を示している。すなわち、「1　需要のスマート化（省エネルギー、ディマンドリスポンス等）」、「2　再生可能エネルギー電源の普及拡大」、「3　送配電網の高度化」などを目的として、情報通信技術（ICT：Information Communication Technology）を活用し、従来からの電力系統の一体運用に加え、PV などの分散型電源や需要を統合して、高効率、高品質、高信頼度の電力供給に係る課題に対応する次世代の賢い（スマートな）送配電網（グリッド）のことをいう [1] [2]。

　スマートグリッドが世界的に注目を集めるようになったのは、2008 年に米国で大統領となったオバマ氏が、「グリーンニューディール政策」の一環でスマートグリッドへの補助金を導入したのが発端と考えられる。米国では、老朽化が進んだ電力供給のインフラを高度化することがそもそもの目的であったが、温室効果ガスによる地球温暖化防止やエネルギー安全保障の確保の重要性などのいくつかの要因が原動力となり、「スマートグリッド」が世界的に脚光を浴びるようになってきた。

　日本では、2011 年 3 月の東日本大震災による電力需給問題を契機に、再生可能エネルギーの固定価格買取制度が導入（2012 年 7 月）され、今後のエネルギー・環境・経済問題を同時解決する 1 つのソリューションとして、スマートグリッドへの期待がより一層高まってきている。

5.1.2 スマートグリッドを取り巻く動き

　図 5.1 にスマートグリッドの概念を示す。送配電網を構成する電力設備に加え、その運用・制御を支える情報通信機器、電気を利用する需要家機器など、

電力ネットワークに接続されるすべての設備を含んだ巨大なネットワークとして括ることができる。日本の電力系統では、これまで長期的には需要予測を基に発電機稼働計画が行われ、短期的には需要予測に加え、電圧や電流、周波数監視に基づく運用・制御により電力ネットワーク全体の電力需給バランスが管理され、常時変化する電力需要に対応して発電機の出力や電圧調整装置をはじめとする電力機器を制御して、電力供給および品質（周波数、電圧）が確保されてきた。

　一方、供給信頼度の面では、設備の点検、補修など日常的な保守運用作業を定期的に行うことにより、設備不具合の早期発見、未然防止が図られると共に、雷や台風といった事故を未然に防ぐことが難しい自然災害に対しても、変電所における自動再閉路や配電自動化等を用いて、速やかに故障区間を限定して健全区間を早期復旧するなど、停電区間や停電時間の縮小化が図られてきた。

　しかしながら、東日本大震災を契機とした原子力発電所の長期停止に伴い、代替火力発電を主体として需給調整を実施しているが、老朽化した発電所の故障のリスク、燃料費の高騰、CO_2排出量増加などの課題も顕在化していたため、環境負荷の削減策および供給力確保など解決策の一環として、再生可能エ

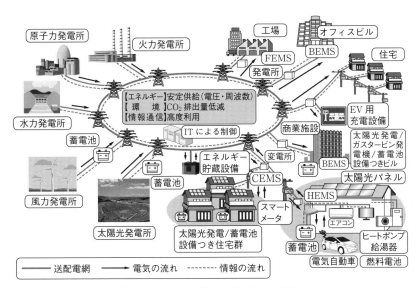

図5.1　スマートグリッドのイメージ図

ネルギー電源の導入を目的として、2012年に固定価格買取制度（FIT：Feed-in-Tarif）が発足し、特に太陽光発電を中心に連系量が大幅に増加した。一方で再生可能エネルギーは一部の地域で余剰問題が生じ、出力抑制が行われていることに加え、天候等により出力が変動するため、新たに供給力と等価な価値としての需要家側（スマートハウスやスマートビル等）での需給逼迫時のピークカットや需要抑制などの需要応答（ディマンドリスポンス）が、今後一層拡大する傾向にある[3]-[6]。これらは、需給面での貢献が期待される一方、系統内の電気の流れ（潮流）や電圧の分布が複雑になり、電力品質（周波数、電圧）を確保する上で課題となることから、系統側と需要家側の情報通信技術（ICT）を活用した連携やグリッドの監視・制御技術のさらなる高度化が求められている。

5.1.3 各国のスマートグリッドに向けた取り組み

スマートグリッドの導入の契機、目的、ならびに対象は各国で異なり、グリッドの設備形成を含むエネルギー供給政策の進展や、エネルギー戦略、環境政策、経済成長戦略に深く関わっている。

米国のスマートグリッドに向けた取り組み

米国では、電力自由化の進展により、多大な設備投資が必要となる電力ネットワークの増強に対する投資が停滞しており、停電発生頻度が高くなっていた。2003年8月の北米大停電では、東京電力の全供給エリアに匹敵する約6 000万kW（完全復旧までには2日以上）が停電し、約5 000万人に影響を与え、その被害額は約50億ドルにも及び、電力の安定供給能力の強化が喫緊の課題となっていた。加えて、米国では今後も堅調な人口増加が予想され、需要が伸び続ける一方で、発電設備、送配電設備への投資は遅れていることから、これら需要増へ対応しつつ、供給信頼度を維持する方策の1つとして需要抑制やピークカットへの期待や、配電自動化などの設備高度化への期待が高まっている。このような背景から、ICT技術を活用し、需要家の電力消費を直接的、あるいは間接的に制御することにより、送配電線の混雑等を回避し、電力の安定供給の確保を図ろうとしている。

欧州のスマートグリッドに向けた取り組み

欧州では、各国土が陸続きであることから、それぞれの国の電力ネットワークが国際連系されており、図5.2 に示すようなメッシュ状のネットワーク構成となっている。このネットワークに、CO_2 排出量の抑制やエネルギー安全保障の両立を目的として再生可能エネルギーの導入が促進されており、特にウインドファームを主体とした大規模な風力発電の連系がなされてきた。一方で、風況に伴う不規則な風力発電電力が大量に電力ネットワーク内に流れ込むことにより、電力ネットワーク全体の安定供給運用が難しくなってきた。2006 年には、風力発電出力の想定のずれがきっかけで、ドイツ、フランス、イタリアなど欧州の 11 カ国で大停電（約 1 700 万 kW の停電が 2 時間）が発生した。欧州では電力の供給力拡大と環境政策の双方の推進のために、風力発電の大量導入をさらに進めており、風力発電の監視・制御の高度化などスマートグリッドの技術開発を中心とした安定供給を維持する取り組みがなされている。

日本のスマートグリッドに向けた取り組み

日本は、欧米に比べて人口密度や電力消費密度が高いことに加え、電力系統が図5.2 に示すようにシンプルな「くし形」に連系しているため、系統上の電気の流れ（潮流）についての監視・制御が比較的容易である。また、早くから配電自動化や系統安定化リレーなどの ICT がすでに活用されており、設備建設・保守が適切に行われてきたことなどから、他国と比較して供給信頼度が高い。

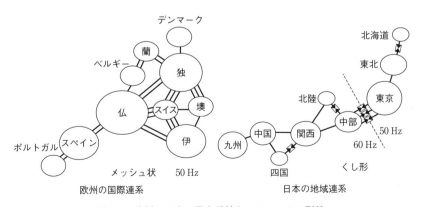

図5.2 欧州と日本の電力系統ネットワークの形状

表 5.1　日米欧でのスマートグリッドに関する比較

	米国	欧州	日本
契機	・発電・送電設備のインフラ不足 ・送電混雑多発 ・大規模停電（2003 年 8 月）	・風力発電の大量導入 ・大規模停電（2006 年 11 月）	・ポスト京都議定書 ・太陽光発電の大量導入 ・東日本大震災による大規模電源停止（2011 年 3 月）
目的	・ピーク需要削減 ・需要家情報の積極活用による新たな情報産業育成 ・電力の安定供給能力強化 ・地球温暖化ガス排出量削減	・風力発電の大量導入に伴う環境産業育成 ・電力の安定供給能力強化 ・地球温暖化ガス排出量削減	・太陽光発電の大量導入に伴う環境産業育成 ・電力の安定供給能力維持 ・地球温暖化ガス排出量削減

　その一方で、CO_2 の排出削減や新たな産業の創出を目的に、再生可能エネルギー導入量の拡大目標が国策として出されるなど、環境面を配慮した導入が進められてきた。東日本大震災以降は、再生可能エネルギーの固定価格買取制度の施行など制度面での動きが後押しする形で、導入量は急増している。

　日本の再生可能エネルギー導入の特徴は、補助金や高い買取価格の設定などの理由から、太陽光発電が導入量の大半を占めていることである。これら再生可能エネルギーは天候などにより出力が変動し、連系地点や連系量によっては系統の適正電圧逸脱問題に加え、需給バランスを崩す恐れがあることから、再生可能エネルギーの導入拡大と電圧を含む電力品質の両立が急務となり、スマートグリッドによる高度エネルギー管理への期待が高まっている。

　以上の日米欧のスマートグリッドの契機・目的・対象を表 5.1 にまとめる。

5.2　マイクログリッド

5.2.1　マイクログリッドの概要

　地震や台風などによる大規模停電の発生を背景に、電力供給システムのレジ

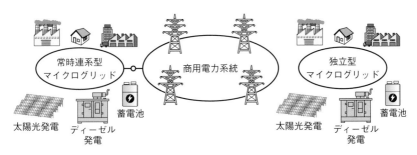

図 5.3　マイクログリッドの概要

リエンスの重要性が高まっている。こうした背景の下、地理的に近接する需要家に対して分散型電源を主なリソースとして活用する電力供給方式の「マイクログリッド（Microgrid）」に注目が集まり、国内外で各種実証プロジェクトが実施されている[7]-[9]。

　マイクログリッドの概念は、1999 年に米国のローレンスバークレー国立研究所を中心として構成された CERTS（The Consortium for Electric Reliability Technology Solutions）によって提唱された。マイクログリッドは、分散型電源の活用を前提とした電力供給システムであり、以下の 2 つのタイプに大別される（図 5.3）。

常時連系型マイクログリッド（on-grid 型）

　地域内に独自の発電設備と電力網を有し、商用電力系統と接続してマイクログリッド内の過不足分の電力をやり取りする形態をいう。通常は商用電力系統と 1 点で連系され、系統側からの電力供給が途絶えた際は、自立運転モードに切り替えて運用される。

独立型マイクログリッド（off-grid 型）

　地域内に独自の発電設備と電力網を有し、商用電力系統と接続せず、地域内で電力供給を行う形態をいう。

　一方で、マイクログリッドは厳密には定義されておらず、導入対象も都市部や離島など多様であり、供給規模も数 10 kW から数 MW のものまである[8]。

5.2.2 マイクログリッド導入の意義

　近年、日本国内では過去に大規模な地震や台風に伴う広範囲の停電を経験しており、事業継続性（BCP：Business Continuity Plan）の観点からもマイクログリッドに注目が集まっている。マイクログリッドは自然災害などにより商用電力系統からの電力供給が途絶えても、自前の発電設備を活用して電力供給を継続できることから、停電の長時間化といった問題解決に期待されている。また、独立型マイクログリッド（off-grid型）を離島に適用した場合、本土と離島を結ぶ海底ケーブルなどの送電設備が不要となり、設備投資の抑制につながる。通常、離島においてはディーゼル発電により電力供給が行われているが[9]、マイクログリッドの電源として、太陽光発電などの再生可能エネルギーを活用すれば、ディーゼル発電に必要な燃料調達も不要となる。

　マイクログリッドは将来の電力システムの一形態として期待されているが、商用系統と比較して規模が小さいため、需要変動や太陽光発電などの出力が不安定な電源の影響を受けやすい。そのため、マイクログリッドは、当該エリア内で需給を一致させるため、エネルギーマネジメントシステム（EMS：Energy Management System）による運用・制御が必要となる。EMSによる制御を活用することで当該マイクログリッドの電力品質が安定し、商用電力系統へアンシラリーサービスを提供するなど、既存系統の安定化への貢献が期待される。

　【主なマイクログリッド導入の意義】
　　・災害時の自立運転機能による供給信頼度の向上
　　・地産地消率の向上
　　・設備投資の抑制
　　・再生可能エネルギー活用による温室効果ガス削減
　　・電力システムへの貢献

5.2.3 マイクログリッドの構成要素

　マイクログリッドは、対象とするエリア内で太陽光発電などの自然変動電源やディーゼル発電などの制御可能電源を制御して電力供給を行う。以下にその

構成要素を記す[9]。

エネルギーマネジメントシステム（EMS）

マイクログリッド内の需要と供給を一致させる役割を担う。前述の常時連系型のマイクログリッドにおいては、常時需給を一致させる必要はないが、商用系統とマイクログリッドとの連系点の潮流安定化のためには、当該マイクログリッド内での需給の一致を実現する制御が必要となる。EMS の主な需給制御機能を以下に記す。

○需給運用計画機能

翌日の需要と発電力を予測し、マイクログリッド内の分散型電源・蓄電池の運用計画を（例：30分単位）で決定する。

○リアルタイム制御機能

運用当日に短周期（例：30分単位）で上記の需給運用計画を見直し、時々刻々と変化する需要に対して需給バランスを維持する。

分散型電源

近年普及が拡大している太陽光発電のほか、風力発電、ディーゼル発電等がマイクログリッド内の電源として用いられている。太陽光発電や風力発電は出力が天候に左右されるので、安定した出力を得るためには蓄電池と組み合わせることが必要となる。蓄電池は応答性能に優れ、太陽光発電等の出力変動の吸収、需要シフトなどの役割を担う。反面、エネルギー密度が小さいため、機器が大きくなり高額となる傾向がある。

次世代配電自動化システム（電圧集中制御）

5.3.1 電圧集中制御の概要

　配電系統の電圧制御機器は、主に変電所の負荷時タップ切換変圧器（LRT：Load Ratio control Transformer）による送り出し電圧調整、配電系統の途中に設置して設置点以降の電圧調整を行うステップ式自動電圧調整器（SVR：Step Voltage Regulator）、無効電力制御を行う静止形無効電力補償装置（SVC：Static Var Compensator）や分路リアクトル（ShR：Shunt Reactor）が用いられている。これらの電圧調整機器は基本的には機器設置地点の電圧・電流情報を基に単独で動作する自律制御方式が用いられている。

　しかし、各機器がそれぞれ独立して動作することから、ある機器の動作が他の機器に影響を及ぼして不必要な動作を行うハンチングや、お互いの動作が干渉して必要な際に動作しないなどの問題が懸念される。また、今後は分散型電源の大量連系に伴い、配電線内の潮流が複雑化し、従来の電圧制御方式では適正電圧維持の困難化が想定される。

　そこで、配電系統に設置したセンサ開閉器などから収集した電圧、電流、力率などの計測情報を利用して、配電線全体の電圧を推定し、電圧が管理値から逸脱するおそれがある場合には、「❶配電自動化システムから LRT および SVR に対してタップ制御を指令することで適正な電圧に維持する方法」や「❷制御パラメータ（目標電圧や不感帯幅など）を制御機器へ与える方法」による対応が検討されている。

5.3.2 タップ制御指令方式

　図 5.4 に、タップ制御を指令する場合の概念図を示す。センサ開閉器の電圧・電流情報を集約し、配電自動化システムで、当該配電系統のみならず、系統全体の電圧・電流情報を集約する。その結果、電圧制御が必要となる箇所については、変電所 LRT や SVR へタップ位置（変圧比）の変更を自動化用伝送

路（基本的には光ケーブル）を通じて指示することで制御を行う。電圧・電流値の制御は、配電自動化システムで計測情報を基に適切なタップ位置を算出し、各制御機器はその算出結果に基づいてタップ位置を変更するという流れになる（図 5.5）。電圧集中制御を導入することにより、適正電圧の維持と電圧調整機器のタップ動作回数低減による延命化が期待されている。

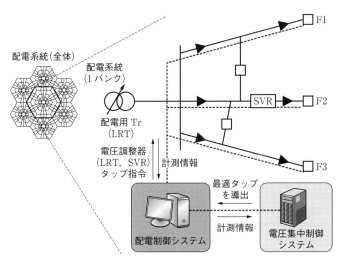

図 5.4　電圧集中制御の概念図

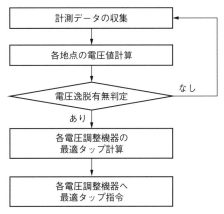

図 5.5　電圧集中制御のフロー

電圧集中制御を適用するにあたり、必要となるシステム構成のイメージおよび主な要件を図5.6、表5.2にそれぞれ示す。

適用にあたっては、電圧などの系統情報を収集するための機器（変電所LRT、センサ開閉器など）および電圧制御を行う機器（SVRなど）、収集した情報を送信するための自動化用伝送路、収集した情報を集中的に管理して電圧計算を行うと共に電圧制御信号を送出する装置（配電自動化親局など）が必要となる。

また、PVの急峻な電圧変動に対して電圧制御を行うことから、システムを構成するにあたって特に重要となるポイントは、収集した計測情報を基に、即座に電圧計算、タップ制御を行えるようにすることである。そのためには、高速通信が可能な自動化用伝送路の整備および配電自動化親局等の親局計算機の処理能力の向上などのハード面の整備に加え、電圧計算速度を向上させるためにソフト面での工夫も必要になる。

5.3.3 制御パラメータ指令方式

電圧集中制御を実現するためには、前項で述べた通り、比較的小規模な電源・負荷が面的に分布して接続する配電系統において、時々刻々と変化する系

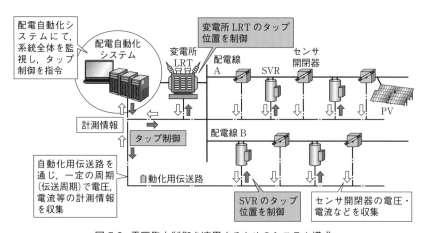

図5.6 電圧集中制御を適用するためのシステム構成

表 5.2　電圧集中制御を適用するための主な要件

主な要件種別		要件
配電自動化システムで必要な情報	設備情報	【線路情報】 　配電線構成・こう長、線路インピーダンス 【自動開閉器・センサ開閉器の設備情報】 　位置、容量 【SVRなどの電圧制御機器の設備情報】 　位置、容量
	系統情報	【変電所 LRT】 　二次側電圧値 【自動開閉器・センサ開閉器】 　電圧値 【SVR/TVR】 　一/二次側電圧値 【SVC】 　自端電圧値
	機器情報	【変電所 LRT/SVR】 　タップ位置、整定値 【TVR/SVC】 　整定値
設備、系統、機器情報の取得周期ほか		【設備情報】 　新設、撤去などに合わせ適宜更新が可能であること （1 回/日以上） 【系統情報】 　SVR の動作時間（動作時限 + タップ切替時間）よりも短い周期での取得が可能であること 【機器情報】 　必要の都度、取得できること 　取得した各系統情報を基に、電圧分布の推定、制御対象機器の最適タップ位置の探索、およびタップ制御指令から動作開始までが数秒以下で実施可能であること
自動化用伝送路		上記の周期で系統情報が取得可能な伝送路（高速化）が必要

統の電圧・電流を把握できるように多数の計測点からの情報が必要となる。加えて、これらの情報を処理して多数の電圧調整機器のタップ制御指令を演算・伝送できるように、電算機の処理能力向上や高速度通信網の整備も必要となる。

　制御パラメータ指令方式は、大規模な配電網や通信網の高度化、電算機処理能力向上等が必要な「タップ制御を指令する場合」と、各電圧調整機器が自律的に電圧調整を行う従来の電圧制御方式の中間的な位置付けである。

具体的な実現方法を、以下に示す。

・従来型の各種電圧調整機器へ新たに通信機能を付加する
・センサ開閉器等の過去の計測データ（例えば制御を行う当日から1〜2週間程度前）を活用し、変電所LRTや各配電系統に配置されたSVR等の電圧調整機器の制御パラメータ（「目標電圧」「不感帯」等）を時間帯ごと（例えば1時間ごと）に変電所単位で一括演算する
・瞬時の電圧変動による電圧制御機器の頻繁なタップ動作を回避するため、制御パラメータの算出に活用する過去の計測データは瞬時の電圧・電流値ではなく、一定時間（例えば30分間）における平均的な値とする
・演算した制御パラメータを配電自動化システムより、各電圧調整機器に定期的（例えば1日1回）に伝送する
・定期的に更新される時間帯ごとの制御パラメータを用いて各電圧調整機器が自律的に電圧を制御する

　定期的に更新される時間帯ごとの制御パラメータを活用することから、自律制御でありながら「従来の電圧制御方式」では困難であった各電圧制御機器の動作協調が図られると共に、分散型電源の大量連系に伴う配電線内の潮流複雑化や時間帯・曜日・季節による負荷変動などへの対応も可能となる。

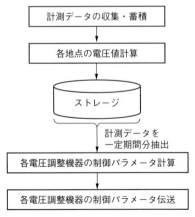

図5.7　電圧集中制御のフロー（制御パラメータ指令方式）

　本方式の利点としては、分散型電源の急峻な電圧変動を直接的に集中制御する必要がないため、「タップ制御を指令する場合」に比べ簡素なシステム構成での実現が可能であることや、自然災害等により配電自動化システムと電圧調整機器との通信が途絶した場合においても自律制御による適正電圧の維持が継続可能であることが挙げられる。電圧制御のフローを図5.7に示す。

　制御パラメータ指令方式の電圧集中制御を適用するにあたり、必要となるシステム構成のイメージを図5.8に示す。要件としてはほぼ「タップ制御を指令する場合」と同様であるが、異なるポイントを以下に示す。

・系統情報や計測データの取得周期、電算機の処理性能、配電自動化システムと各電圧調整機器との間の通信速度については、現在実用化されているスペック程度で実現可能
・制御を行う当日から1〜2週間程度前の計測データを活用して電圧調整機器の制御パラメータを計算することから、収集した計測データのストレージが一定量必要

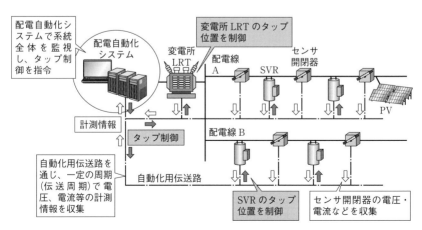

図5.8　電圧集中制御（制御パラメータ指令方式）を適用するためのシステム構成

・分散型電源や負荷の新設時には、配電系統の電圧・電流は過去の計測デー
　タとは異なる不連続な変動をするため、あらかじめ系統運用者側で電源や
　負荷の新設を想定して制御パラメータを補正するなどの事前対応が必要

5.4 スマートインバータ

5.4.1 分散型電源の導入拡大に伴う系統課題

　電力の系統運用には、周波数・電圧・安全と大きく 3 つの管理項目がある。
太陽光発電（PV：PhotoVoltaic power generation）を代表とする直流のエネル
ギーは、パワーコンディショナ（PCS：Power Conditioning System）を介して
電力系統に連系されるが、発電された電力は基本的には電力系統にそのまま流
入される。PV の場合は昼間は系統への電力流入量が多く、風力発電の場合は
風が強いときに電力流入量が多くなるという特性がある。一方、送電系統では
大容量の発電機が系統に連系し、配電系統には比較的小容量の発電機が連系す
ることが多い。そのため、従来の電力系統では考慮されなかった電力の逆潮流
や、PV をはじめとする発電設備の制御機器等を起因とした電力品質への影響
が懸念されている。具体的には、送電系統における需給のアンバランスに伴う
周波数変動や、配電系統における局所的な電圧変動が課題となり得る。PV を
代表とする分散型電源（DER：Distributed Energy Resources）の多くは配電系
統に接続されるため、発電事業者だけでなく系統運用者も PCS の特性を理解
することが重要である。
　DER が大量に導入されることから、大規模電源脱落等の系統擾乱による周
波数低下時に、発電設備で周波数低下リレー（UFR：Under Frequency Relay）
が動作し発電設備が一斉に解列すると、需要と供給のバランスが崩れ、電力系
統全体の周波数維持に影響を及ぼすことが懸念されている。そのため、分散型
電源の発電設備には、電力系統事故時においても発電設備が自動解列せずに発
電を続ける、事故時運転継続（FRT：Fault Ride Through）（第 1 章、図 1.60 参
照）が求められている。FRT のような系統の周波数変動・電圧変動による

DERの一斉解列を回避する技術は、すでに国内で要件化されている。DERによる系統への逆潮流に起因する電圧変動に対しては、SVRやSVCなどの電圧補償装置を設置することや、柱上変圧器の新設等により低圧系統の電圧変動を抑制することなど、系統運用者が維持すべき電圧管理値に収めて運用を行っている。

しかしながら、再生可能エネルギーの導入比率のさらなる増加に伴い、電力品質における周波数変動・電圧変動が拡大することが懸念されており、インバータ側の制御機能をPCSに持たせるような技術（スマートインバータ）の開発が求められている。

5.4.2 スマートインバータとDERMS

スマートインバータ

スマートインバータは、通信機能と系統安定化機能を備えたPCSで、従来のPCSと比較するとハード面での違いはほとんどない。端的に言うとPCS内部にある制御装置のソフトを変更すればスマートインバータとなるが、分散型電源マネジメントシステム（DERMS：Distributed Energy Resource Management System）と通信を行うためには通信端末が必要となる。図5.9に、従来のPCSとスマートインバータの構成を示す。従来のPCSに通信端末の追加と制御装置のソフト変更が加えられ、通信機能や系統安定化機能の具備が可能となる。

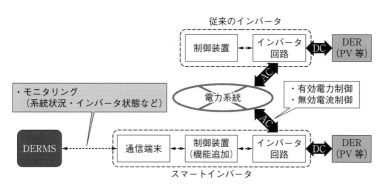

図5.9 従来のPCSとスマートインバータの違い

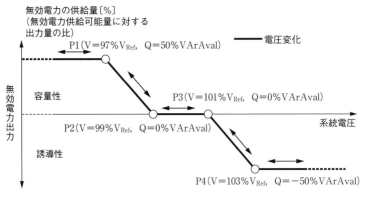

図 5.10　スマートインバータの Volt/Var 機能 [10]

5.4.1 項でも述べたように、再生可能エネルギーの導入比率が大きくなるほど課題が生じ、国レベルの実証や系統運用者等によって対策の検討が行われてきた。単独運転防止機能や FRT 機能は国内の系統連系要件として、すでに DER 用 PCS に具備することになっている。

　また一部の系統運用者では、PV を系統連系する場合に出力制御対応装置を設置するよう発電事業者に求めている。スマートインバータはこれらの機能に加えて、系統の電圧安定化のため SVC のように無効電力制御を持たせることもできる。例えば Volt/Var 機能（図 5.10）は、無効電力補償とも呼ばれており、系統電圧が一定の範囲を超過した場合に無効電力の吸収・供給を行い、電圧を調整する機能である。特に配電系統の末端部など、電圧変動の大きい配電線の電圧調整への活用が想定される。また、系統モニタリング機能、DERMS からの遠隔制御や設定変更等も可能となるため、多くの課題解決が期待されている。

DERMS

　スマートインバータは、遠隔からの監視・制御機能を有し、系統状況に応じた設定変更等を行うことが可能となる。制御や設定変更の指令は、系統運用者側で設置した DERMS によって行われることが考えられる。将来、多数のスマートインバータが系統に接続されたときに、DERMS によりそれらが持つ個々の分散型電源の発電状況などの情報を集約しつつ、系統状況に基づいたス

ムーズな指令の配信が可能となる。

5.4.3 国外における分散型電源に係る規格化の動き

近年、電力系統と DER の接点である PCS に系統安定化機能を具備することで、さまざまな系統課題を解決しようとする試みが行われている。欧米では、系統連系規程（グリッドコード）や規格等によって、DER に対して電力系統安定化機能を提供することを求めていく方向で議論が進んでいる。特に米国のカリフォルニア州では、CA Rule21 と称して、具体的に PCS へ実装すべき機能の要件化を段階的に進めている。これらの系統安定化機能や通信機能を具備した PCS は、スマートインバータと呼ばれている。

図 5.11 に、スマートインバータが具備すべき機能を示す。Phase 1 では、機器本体の自律機能として、系統連系要件を満たしつつ周波数や電圧の変動に対しての制御方式等の確立が求められている。Phase 2 では、Phase 1 での自律機能を具備したスマートインバータに対して遠隔での制御指示や情報集積を目的とした、通信機能の確立を求めている（図 5.12）。Phase 3 では、Phase 1・2 における機能として当該機器単独ではなく、他機器の情報もサーバにおいて集積しつつ、集中制御を行っていく先進機能を目指す。Phase 3 のサーバについては前述の DERMS 等が用いられる。

Phase 1 自律機能	Phase 2 通信機能	Phase 3 先進機能
1. 単独運転検出	＜通信経路＞	1. DER のモニタリング
2. 電圧ライドスルー	・電力会社-DER	2. DER の連系／解列の制御機能
3. 周波数ライドスルー	・電力会社-DERMS	3. 最大有効電力設定
4. Volt/Var 制御	・電力会社-アグリゲータ	4. 有効電力制御
5. Ramp-rate 設定	＜通信プロトコル＞	5. Frequency-Watt 制御
6. 力率一定制御	・デフォルトとして	6. Volt/Watt 制御
7. Soft-start による再接続	IEEE2030.5(SEP 2.0)	7. 動的無効電流制御
		8. スケジュール機能

図 5.11　スマートインバータに具備すべき機能一覧（CA Rule21）

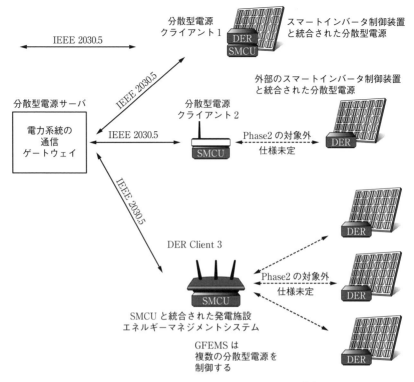

図 5.12　Phase2 のスコープ（CA Rule21）[11]

5.5 スマートメータ

5.5.1 計量器の歩み

　計量法では、取引・証明用に用いる計量器として「特定計量器」を使用することが義務付けられている。電力量計においては、日本電気計器検定所または指定検定機関で検定証印が付された電力量計が使用されている。

　従来、使用されてきた誘導形電力量計は、積算電力計と呼ばれる。電力の使用量に応じて機械的に動く円盤が内蔵されており、逆潮流があると逆回転する

ことから、逆回転防止装置が付いていた。PV 発電設備を有する需要家には、積算電力計が 2 台設置されていた。計測の単位は電力の量（有効電力）であり、ワットアワー〔Wh〕、またはキロワットアワー〔kWh〕であった。

機械式の積算電力計は、内蔵されている円盤がある程度大きいことから、あまり小型化できず、幅や奥行きや高さが必要となることに加え、振動や衝撃には弱いこと、施設時に計器は傾かないように取り付ける必要があるなどの特徴を有する。

現在では、電子技術の進歩に伴い電子式電力量計が登場し、従来の電力量計の機能に加え、双方向通信機能や回路を開閉する機能などが付加された「スマートメータ」が開発・展開されている。スマートメータは電力使用量のほかに、逆潮流電力量も同時に測定が可能となる。従来の機械式に比べて、電子式のデジタル表示なので、小型軽量に作ることができる。また、一定時間ごと（30 分値など）の消費電力量や家庭からの発電量などがわかることから、電力の使用状況を従来より細かく、正確に把握できるので、電力の使用状況に応じたサービスを行なうことが可能となった（表 5.3、表 5.4）。

2016 年 4 月の電力小売全面自由化開始以降、スマートメータは、需要家が小売電気事業者との契約を切り替えるスイッチング手続きの効率化・簡素化や同時同量制度下における重要な役割を担っている。また、自動検針など一般送配電事業者の業務効率化のほか、需要家においても電力量の見える化など省エネルギーへ活用されており、今後はさらなる新サービス等への活用も期待されている。

表 5.3　計量器の歩みの概要

		1950（昭和 25）年	1988（昭和 63）年	1990（平成 2）年	2014（平成 26）年
低圧	誘導形				
	電子式				
	新型電子式				
高圧	誘導形				
	電子式				
修理					

313

表 5.4　計量器の種類例 [12]

種類	外観	適用範囲
単独計器	誘導形　電子式　新型電子式	・低圧で受電する需要家 ・負荷電流が 120 A 以下
変流器付計器 (CT 付計器)	変流器　計量器	・低圧で受電する場合 ・負荷電流が 120 A 超過
変圧変流器付計器 (VCT 付計器)	変圧変流器　計量器	・高圧以上で受電される場合 ・6 600 V〜500 kV まで実績あり

5.5.2 スマートメータ導入の背景

　日本においては、2010 年 6 月に総合的なエネルギー安全保障の強化を図りつつ、地球温暖化対策の強化とエネルギーを基軸とした経済成長の実現を目指すため、改定エネルギー基本計画が閣議決定された。同計画では需要家との双方向通信が可能な次世代送配電ネットワークの構築と共に「費用対効果等を十分考慮しつつ、2020 年代の可能な限り早い時期に、原則すべての需要家にスマートメータの導入を目指す」ことが示された。

　こういった背景を受け、各電力会社において、スマートメータの導入が進められている [13]。

5.5.3 スマートメータの機能

通信機能

　スマートメータは双方向通信機能を有しており、一般送配電事業者が検針値

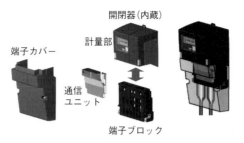

端子カバー　通信ユニット　計量部　開閉器（内蔵）　端子ブロック

図 5.13　スマートメータの構成 [14]

を収集するための通信ルート（A ルート）に加え、需要家に対してスマートメータの計量値等を情報発信する通信ルート（B ルート）の提供も可能としている（図 5.13）。

自動検針機能

　スマートメータは「30 分ごとの有効電力量〔kWh〕」を記録する機能を有しており、通信機能の搭載により、検針の自動化が図れると共に、これまで電力量計で行っていた時間帯別電力量の仕分けを、30 分ごとの検針値を収集先（MDMS：Meter Data Management System）で行うことが可能となった。これにより、多様な料金メニューの実現に寄与している。

計測機能

　スマートメータは停電の検出機能を有しており、一般送配電事業者は正確な停電範囲の把握が可能となる。また、電流の計測機能も有することから、これらを組み合わせることで停電の原因が系統側によるものか、需要家設備によるものかの判別に活用ができる。

　電流の計測機能は、契約電流の制限に使用されており、過負荷による需要家設備保護にも活用されている。

開閉機能

　一部のスマートメータには開閉器が内蔵されており、電気の供給や供給停止を遠隔で開閉することが可能となった。これにより、電気の使用開始や利用停止等に伴う現地への出向省力化が図られている。また、契約電流の制限を目的

序章　第1章　第2章　第3章　第4章　**第5章**

に、サービスブレーカの機能を有している。これまで、契約電流変更の際には、一般送配電事業者が現地に出向してサービスブレーカを交換する必要があったが、遠隔による設定変更が可能となったため、需要家の要望に迅速に対応することが可能となった。

5.5.4 スマートメータシステムの構成と主な通信方式

スマートメータシステムの基本構成を、図5.14に示す。それぞれの領域は以下の通りである。

【領域①】電力量を含む各種データを計測するスマートメータ

【領域②】スマートメータで計測したデータを一般送配電事業者の運用管理システムへ収集する通信システム

【領域③】スマートメータのデータ・設備等を管理する運用管理システムで構成

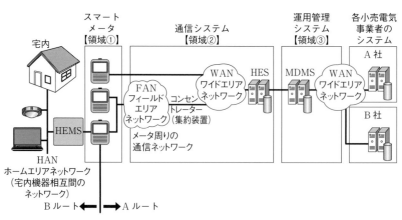

HES：ヘッドエンドシステム（データ収集および通信制御を行う装置）
MDMS：メータデータマネジメントシステム（スマートメータのデータ・設備等を管理するシステム）
HEMS：ホームエナジーマネジメントシステム（家庭で使うエネルギーをかしこく管理するシステム）

図5.14　スマートメータシステムの構成 [14]

表 5.5　主なスマートメータの通信方式 [14]

無線マルチホップ	携帯	PLC
メータ間をホップして通信。高密度の住宅地等最適	3G や LTE を用いた通信。郊外や低密度の住宅地に最適	電力線を用いた通信。マンションやビル等に最適

スマートメータシステムで採用されている通信方式は、主に以下の 3 方式で構成され、スマートメータにはいずれかの通信装置が搭載されている。それぞれを適材適所で組み合わせることにより、高いエリアカバー率を実現している。

無線マルチホップ

　一般送配電事業者が独自の通信網を構築し、スマートメータ間のデータをホップさせることで通信する方式。高密度の住宅地等に適している。

携帯電話方式

　携帯電話事業者の通信網を用いた通信方式。郊外や低密度住宅地等に適している。

電力線通信（PLC）

　電力線を用いて通信する通信方式。マンションやビル等の電波の届きにくい場所に適している。

5.5.5　スマートメータを活用した将来像

　スマートメータデータの活用が検討され始めている。一般送配電事業者においては、スマートメータで計測される 30 分電力使用量を基に、精度の高い負荷電流値算出による適正な変圧器容量の選定など、効率的な設備運用への活用が

進められている。また、電気事業のみに留まらず他産業における活用も期待されており、テクノロジーや新ビジネス等の新たな知見も得るべく、さまざまな視座から検討を深めるため「次世代技術を活用した新たな電力プラットフォームの在り方研究会」[2] が立ち上げられた。この研究会では、スマートメータデータにより得られた需要家の電力使用量と、過去の配送実績や渋滞情報等を組み合わせることで、宅配事業の合理化、高度化が実現される可能性があるなど、スマートメータデータとその他データを組み合わせることによるさまざまな活用ニーズの創出可能性について検討されている。このように電力分野をはじめ、さまざまな産業でのスマートメータを活用した新たなサービスや付加価値創出が期待されている。

5.6 HEMS

5.6.1 HEMS の概要

需要家の電力消費や太陽光などの発電、ならびに蓄電池などを自動で管理するエネルギーマネジメントシステム（EMS：Energy Management System）の導入が進められている。EMS は適用範囲に応じて分類されており、住宅単位では、HEMS（Home EMS）と呼ばれている。

HEMS は、一般家庭を対象に、太陽光などの創エネルギー機器、蓄電池や電気自動車（EV）などの蓄エネルギー機器を統合的に自動制御することによって、居住者の快適性やエネルギー削減を実現するためのエネルギー管理システムである。また、HEMS は家庭内の機器のエネルギー最適制御にとどまらず、ディマンドリスポンス（DR）などの「外部から提供されるサービスと、住宅などに設置された機器を制御するシステムをつなげる機能」の役割も担う[15]。なお、経済産業省は 2030 年までにすべての住宅に HEMS を設置することを目指している[16]。

本節では、HEMS の主な機能とその要素技術について概説する。

5.6.2 HEMS の主な機能

HEMS は居住者の合理的なエネルギー消費を支援することを目的としたシステムであり、以下に示す 2 つの主要な機能を提供する（図 5.15）。具体的には、家庭内の消費電力量を可視化する機能と、エネルギー効率向上のための機器を自動制御する機能が挙げられる。

電力の可視化機能

HEMS には家庭内の電力を可視化する機能がある。例えば、分電盤で計測された消費電力のほか、太陽光発電、蓄電池の電力情報を宅内に設置されたモニターに表示することができる。さらには、計測データをインターネットなどの通信回線を経てクラウドサーバに送り、スマートフォンなどに電気の使用状況を表示することも可能である。電力の可視化機能は単純であるが、居住者の節電意識を高めることで、家庭内の電力使用量の削減が期待される。また、HEMS の電力可視化機能は、蓄積された情報を分析してライフスタイルに合わせた電気料金プランの検討等にも応用できる。しかしながら、モニタに表示される電力消費量に従って、居住者が継続的に機器を操作することは現実的ではない。そこで、居住者のニーズに応えるためには、HEMS には可視化機能に加え、さまざまな機器の自動制御が必要となる。

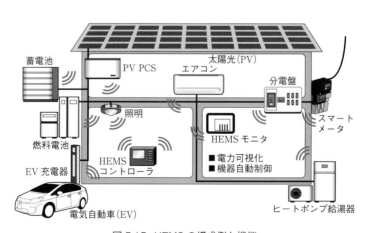

図 5.15　HEMS の構成例と機能

HEMS のもう 1 つの主要な機能である、機器の自動制御機能について述べる。家電機器などの負荷機器、太陽光や燃料電池などの発電設備（創エネルギー機器）、蓄電池などの蓄エネルギー機器を管理し、エネルギーコストの最小化や省エネルギーなどを目的として HEMS のコントローラで機器を自動制御することで、家庭内の最適なエネルギー需給を実現する。このような機能は、消費者は快適性を損なわずに節電ができ、電力系統運用者にとっては電力のピークカットや系統の安定化にもつながり、両者にとってのメリットを創出できる。自動制御を実現し、かつあらゆるメーカーの HEMS や機器の相互運用性を確保するために、経済産業省「スマートハウス・ビル標準・事業促進検討会」で家庭内の通信に ECHONET Lite が標準のインターフェースとして推奨されている [6]。

5.6.3 HEMS の構成

電力系統から供給される電力は、住宅用分電盤を介して、太陽光発電、蓄電池やエアコン、ヒートポンプ給湯機などに供給される。HEMS は通常、以下の機器から構成される。

- HEMS コントローラ
- エネルギー計測ユニット
- 表示機器（モニタ等）
- 創エネルギー機器、蓄エネルギー機器、家電（負荷）機器

計測ユニットは、分電盤の各回路の消費電力を測定する役割を担う。HEMS コントローラは計測ユニットからの電力計測情報に基づき最適な制御を考え、リアルタイムで機器を自動制御する。DR など HEMS の機能を最大限活用するには、電気事業者やアグリゲータなどと通信で情報を相互に交換する必要がある。

HEMS コントローラ

　HEMS コントローラは有線 LAN と無線通信機能を備えていて、コントローラと通信する機器は、同種の通信仕様を持つ必要がある（図 5.16、図 5.17）。前述の電力可視化機能や機器の遠隔制御を行うため、HEMS コントローラには住宅内と住宅外との通信機能が備えられている。例えば可視化機能の1つとして、エネルギー計測ユニットで測定した電力データをモニタに表示する際は住宅内通信機能が用いられる。一方、電力会社からの DR による機器制御においては、電気事業者やアグリゲータから HEMS コントローラ間で住宅外通信機能が用いられる。

エネルギー計測ユニット

　エネルギー計測ユニットは分電盤近くに設置され、通常、分電盤の各回路で電力を測定する。計測したデータは HEMS コントローラに送信され、電力の可視化などに活用される。

図 5.16　HEMS コントローラの例
（出典：住友電気工業より資料提供）

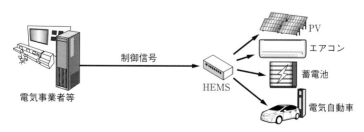

図 5.17　DR における機器制御の例

5.6.4 ECHONET Lite の概要

HEMS による家庭内機器の遠隔制御を実現するためには、異なるメーカーの機器でも通信可能な標準インターフェースが必要である。先に述べたように、国内では家庭内の通信として ECHONET Lite 規格が推奨されており、国際標準化規格である ISO と IEC に規格登録されている。

ECHONET Lite においては、機器の種類や運転モードをオブジェクトとして規定することで、共通のインターフェースとして機器を制御することができる。HEMS コントローラは、機器オブジェクトを内蔵する機器に対して制御指令を送ることができる。例えば、HEMS コントローラからエアコンに対して運転モードをオブジェクト化したコードを送受信することで、設定温度の変更等が可能となる。

5.7 ディマンドリスポンスとバーチャルパワープラント

5.7.1 情報通信技術の進歩と需要側リソース

近年は、インターネット、WiFi をはじめ情報通信技術の進展・普及によって、あらゆるものが情報通信網につながるインターネットオブシングズ（IoT：Internet of Things）の時代が到来している。需要家が保有する自家用発電機や太陽光発電等の創エネルギー機器（分散型電源）、電気自動車、蓄電池、電気式給湯器等の蓄エネルギー機器、エアコン、照明等の負荷機器（分散型電源、蓄エネルギー機器、負荷機器を合わせて分散型電源と定義する）も情報通信網に接続され、外部からの指令によって電気の入出力を制御したり、自らの運転状態を通知したりする機能が標準になってきている。

世界的な潮流として、脱炭素化のために分散型電源量は不可逆的に増えていくと考えられる。一方で、配電用変電所、配電線および柱上変圧器の過負荷など配電系統へのインパクト、電圧逸脱など電力品質への影響が懸念される。その対策としては、設備の増容量、電圧調整機器の設置など、配電系統の設備増

強で対応することが考えられるが、逆に、多数の分散型電源を協調させて、影響の緩和、すなわち配電系統の運用に参加させることが期待できる。これを具体的に実現する方法が、ディマンドリスポンスならびにバーチャルパワープラントである。

▶ 5.7.2 ディマンドリスポンス

ディマンドリスポンス（DR：Demand Response）は、電力系統からの要請や電気料金に対応して、需要家内の分散型電源の操作により電力系統から需要家に流れる電力量を削減することをいう。削減された電力量をネガワットという。DR は、負荷機器の消費電力の削減や、分散型電源の発電電力の増加、蓄エネルギー機器の放電によって行われる。

電力系統の要請による DR は、事前の契約に基づき削減する電力量を決めておき、需要家は対価を得る。これをインセンティブ型 DR という。一方、電気料金型 DR では、小売事業者が時間帯別料金や市場連動型料金、緊急時ピーク料金等を提供し、需要家が料金の高い時間帯に DR を行うと電気料金が定額の場合に比べて安くなるというものである。

前者は、確実性が高いが需要家個別の実施確認を行う必要がある。そのため、DR が実施されなかった場合の需要家の電力消費量を設定する必要があり、これをベースラインという。ベースラインは実測に基づく推定によって電気料金の精算の時間単位である 30 分ごとに設定され、いくつかの方法が考えられている（図 5.18）。一方、後者では、電気料金が需要家に通知はされるが、どの

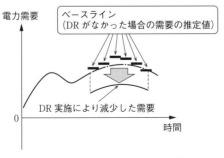

図 5.18　ベースラインの概念 [17]

程度の DR が行われるかが不確実である。

5.7.3 バーチャルパワープラント

バーチャルパワープラント（VPP：Virtual Power Plant）は、DR と同様に分散型電源の協調操作を行うものである。需要家の消費電力を削減するインセンティブ型 DR に加えて、消費電力の増加、さらには、需要家から配電系統への逆潮流を含む（図5.19）。需要家をひとかたまりに見れば、まるであたかも単一の発電機のように電気出力の増減を行うことができることから、「仮想発電所」とも呼ばれる。

5.7.4 アグリゲーション

分散型電源は、一般に単体では小容量であるが、電力系統レベルで効果を発揮するには、図5.20 に示すように多くの分散型電源を束ねて協調させ、用途に応じて要求される一定容量を一定時間継続できるようにする必要がある。これをアグリゲーションという。

アグリゲーションの実施主体はアグリゲータと呼ばれる新たな事業者であり、小売事業者や省エネルギー支援事業者等が事業の1つとして実施する場合もある。また、一般送配電事業者が系統の安定運用のために自ら実施する場合も考えられる。

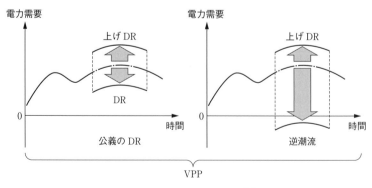

図 5.19　DR と VPP の関係 [18]

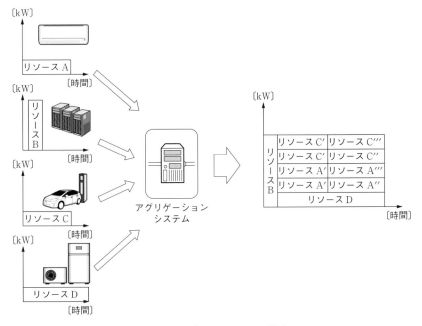

図 5.20　アグリゲーションの概念

5.7.5　適用領域

　DR・VPP の適用領域を表 5.6 に示す。DR は、米国カリフォルニア州で起き
た電力不足から発達してきた概念で、日本では東日本大震災後の電力不足、関
東地方での計画停電の実施が本格的な取り組みへの契機となった。これは、電
力系統の需給バランスを確保するための電力容量〔kW〕ならびに電力量
〔kWh〕の確保のためであった。このような用途に加え太陽光発電などの変動
性再生可能エネルギーの増加に伴い、需給調整力〔⊿ kW〕の必要量が増えて
いる。

　配電系統では、太陽光発電の集中化、電気自動車の一斉充電等による変圧器
や配電線の容量超過、電圧の規定値からの逸脱といった局所的な課題に対応す
るため、DR・VPP から〔kW・kvar・kWh〕の拠出が期待される。また、DR・
VPP の活用により、配電系統の更新・増強を回避または繰り延べできる可能性
がある。

表 5.6　DR・VPP の適用領域

便益主体	便益内容	概要
送配電事業者	需給調整力・容量調達	需給調整市場〔⊿kW〕、容量市場〔kW〕へ電力を提供
	潮流・電圧調整等局所対応	送配電線の混雑緩和、電圧調整等へ電力〔kW・kvar・kWh〕を提供
	投資最適化	蓄電池等の活用により、系統・変電所等の更新・増強を回避
小売事業者	電力調達（コスト低減、インバランス回避等）	相対契約、または電力量／ネガワット市場へ電力〔kWh〕を提供
需要家	電気料金削減	ピークカットによる契約電力削減、電力購入量・タイミングの最適化
	設備最適利用による収益化	余力のある需要家のエネルギー資源により、電力・ネガワットを販売
	BCP	災害時に電力供給が途絶しても、分散型電源、蓄電池等から電力を供給
再生可能エネルギー発電事業者	出力制御回避	出力抑制発動時に、上げ DR（蓄電池充電、需要シフト・創出）により再生可能エネルギー発電を最大限活用

　その他、小売事業者視点では電力調達のコスト低減、需要家視点では契約電力削減、時間帯別料金対応など電力コスト低減のみならず、災害等による停電時に電気を自己供給し事業継続性（BCP：Business Continuity Plan）の確保などの活用が考えられる。

5.7.6 通信システム

　DR・VPP では需要家の資産や電力消費を活用することから、動作の確実性を担保するためには自動化が求められ、そのためには分散型電源と DR・VPP の管理・発動システムを通信でつなぐ必要がある。

　従来、送配電事業者は設備の監視・制御のために通信を使ってきた。安定供給の根幹となるため、専用線を用いて閉域通信システムを構成し、高いサイバーセキュリティの確保がなされてきた。

　しかしながら、ここで論じている DR・VPP では、電力系統と需要家の機器を通信で結ぶことになり、すべてを専用線にするのはコストの観点から現実的

ではない。需要家との通信接続を考える場合、広く普及している通信網である
インターネットや携帯電話網を選択することが有望であると考えられる。これ
に際しては、それぞれの通信網の特徴を十分に分析の上、必要なサイバーセ
キュリティ対策を定義し、実装することが重要である。

　一方、通信による接続で異なるシステム・機器を結ぶためには、データモデ
ル（データを記述する形式）と通信プロトコル（接続の手順などを規定する
ルール）を標準化することが重要である。さらに、海外製品の活用による選択
肢の拡大・コストダウンや国内製品の輸出による海外展開を見据えれば、国際
標準に準拠することが必須である。

　これらの点は膨大な内容を含むため、以上の一般的な留意点を述べるにとど
め、専門の参考書を参照されたい[19]。

5.8 将来の技術動向

5.8.1 配電ネットワークシステムを取り巻く現状

　配電ネットワークシステムとは、送電網から配電用変電所を通して受電した
電力を需要家に供給する流通経路である。現在まで配電ネットワークシステム
に求められてきたことは、電気を絶え間なく、安定的に需要家へ供給すること、
および電力品質（電圧・周波数など）を保つこととなる。しかしながら、配電
ネットワークシステムに求められる社会的要請や使命とは、電力品質（電圧、
周波数）を確保しつつ、低炭素化社会の実現（再生可能エネルギーの最大限の
連系増）および配電ネットワークを活用した新しいビジネス（電力市場など）
を作ることである。

　配電ネットワークシステムを取り巻く情勢として、低炭素社会の実現、需要
家の蓄電池設置および自動車の電化、電力市場取引、VPP（Virtual Power
Plant）、V2G（Vehicle to Grid）が挙げられ、これらの情勢を踏まえて一般送配
電事業者に求められる社会的要請を考える（表5.7、図5.21、図5.22）。

　当初の想定を超えた連系量が配電系統に連系されており、今後もさらなる導

入量の増加が予想される中、配電系統は変電所と需要家を結ぶ流通設備として安定供給と電力品質の維持・向上が求められている。これに対応すべく配電系統の各地点の電圧・電流情報を取得可能なセンサ内蔵開閉器（IT開閉器）と需要家の電力の使用量を30分単位で計測・通信可能なスマートメータおよび次世代通信網を活用した高速・大容量のデータ伝送と処理技術を融合させ、再生可能エネルギーの連系量が増加した配電系統の運用の高度化を実施している。

　以下に、さらなる社会的要請に応えるべく配電ネットワークシステムの将来

表 5.7　社会的要請の概要

社会的要請	概要
再生可能エネルギーの大量導入	再生可能エネルギーの大量導入により低炭素社会を実現するレジリエンスの高い配電ネットワークシステムの構築
蓄電池、EV の普及	将来の P2P 取引や調整力市場の進展を支える蓄電池や環境価値の高い EV の普及に対応可能な配電ネットワークシステムの構築
電力品質の維持	再生可能エネルギーや蓄電池等からの逆潮流や EV の充放電等、潮流が複雑化しても電力品質を維持
電力損失の低減	低炭素・省エネルギーの観点から、電力損失を低減
公衆安全の確保	断線の早期発見や災害時の供給遮断等、感電災害の未然防止
託送原価の低減	合理的な設備構築や IoT 技術の活用で設備投資を抑制しつつ、上記の要請を実現

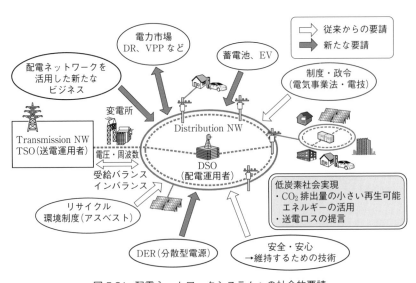

図 5.21　配電ネットワークシステムへの社会的要請

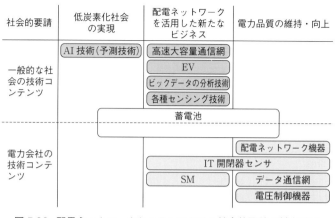

社会的要請	低炭素化社会 の実現	配電ネットワーク を活用した新たな ビジネス	電力品質の維持・向上
一般的な社会の技術コンテンツ	AI 技術（予測技術）	高速大容量通信網	
		EV	
		ビックデータの分析技術	
		各種センシング技術	
	蓄電池		
電力会社の技術コンテンツ			配電ネットワーク機器
		IT 開閉器センサ	
	SM	データ通信網	
		電圧制御機器	

図 5.22　配電ネットワークシステムにおける社会的要請と対応手段

像を担うために現在進められている実証や、検討を進めている配電ネットワークシステムを活用した事例について紹介する。これらの前提条件として、ビックデータの分析・処理技術やリアルタイムデータ取得と一括制御に必要な高速大容量通信網の構築の確立といったことが挙げられる。

蓄電池の活用

再生可能エネルギーは天候などによる出力変動が大きいことから、電力需要に合わせた発電や需給バランスを合わせることが難しいという弱点が存在する。このことから、再生可能エネルギーから発電された電力が電力需要を上回る場合には蓄電を行い、再生可能エネルギーから発電された電力が電力需要を下回る場合には蓄電を行うといった活用方法が考えられる（図 5.23）。

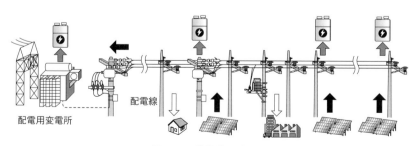

配電用変電所
配電線

図 5.23　蓄電池の活用例

しかしながら、それぞれの蓄電池が秩序なく運転をすると逆効果となる恐れがあるため、蓄電池の受電状態をリアルタイムに把握する技術と大量の蓄電池を一括で管理・制御するシステムの構築の確立が必要となる。

5.8.2 コネクト＆マネージ

再生可能エネルギーを取り巻く環境は大きく変貌しており、従来、経済面での課題があったものの、世界的にみれば、導入拡大に伴って発電コストが急速に低減し、他の電源と比較してもコスト競争力のある電源となってきている。

日本では、2012年7月に再生可能エネルギーの固定価格買取制度（FIT制度）の導入を背景に、太陽光発電を中心に再生可能エネルギーの導入が急速に進んだ。一方で、設備的にみれば、再生可能エネルギーの導入拡大により、電力系統の増強が不可欠であるが、従来の系統運用のもとでの系統上の制約が顕在化しており、再生可能エネルギーの出力変動を調整するための調整力の確保も含め、再生可能エネルギーを電力系統へ受け入れるコストも増加傾向にある。

電力系統の増強には多額の費用と時間を要するため、既存系統の最大活用および合理的な設備形成の観点から、再生可能エネルギー連系量の拡大を図るため系統混雑管理を前提とした制度設計や設備形成について検討がなされている。

日本のコネクト＆マネージに関する主な取り組みとしては、表5.8に示すよ

表5.8　コネクト＆マネージに関する取り組み

項目	N-1電制（N-1故障時瞬時電源制限）	ノンファーム型接続（平常時出力抑制条件付き電源接続）
運用制約	N-1故障（電力設備の単一故障）発生時に電源制限	平常時の運用容量超過で電源抑制
設備形成	・接続前に空容量に基づき接続可否を検討 ・想定潮流が運用容量鈞果で設備増強	・事前の空き容量にかかわらず、新規接続電源の出力抑制を前提に接続 ・主に費用対便益評価に基づき増強を判断
取組内容	N-1故障発生時に、リレーシステムにて瞬時に電源制限を行うことで運用容量を拡大	系統制約時の出力抑制に合意した新規発電事業者は設備増強せずに接続
混雑発生	（平常時）なし （故障時）あり	（平常時）あり （故障時）なし

うに、故障時の系統混雑緩和を対象とした"N-1電制"と、平常時の系統混雑緩和を対象とする"ノンファーム型接続"に分類される。

N-1（エヌ・マイナス・イチ）基準

送電系統における設備形成基準としては、単一設備故障（N-1事故：1回線故障等）時においても健全回線からの送電により停電を発生させない系統構成をN-1基準といい、この考え方は、日本のみならず欧米でも採用されている。

N-1基準の設備形成では、2回線の合計容量が200%であっても、1回線の容量である100%が運用最大容量となることから、設備故障時においても、供給信頼度の面からは安定的に運用できる一方、再生可能エネルギーの連系量拡大においては課題となっていた。

送電線の運用容量は熱容量制約により決定されるものがほとんどであり、熱容量制約はN-1基準に基づき、設備故障時においても安定的に運用できるように2回線熱容量のうち1回線分の熱容量を基本とした運用容量を設定している。

N-1電源制限（電制）

N-1電制は、送電系統における単一設備故障時には、リレーシステムで瞬時に電源を制限することで、常時の運用容量を拡大することを目的とし、送電線の最大容量（2回線合計容量）を上限に電源接続を認め、送電線の1回線故障が発生した場合には、1回線分の容量まで電源を制限することで、既存設備を

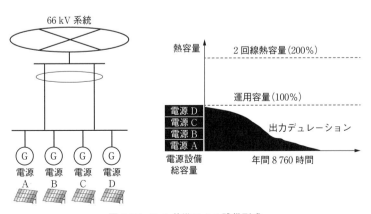

図 5.24　N-1基準による設備形成

有効活用しつつ、再生可能エネルギーの連系量拡大を図るという仕組みである（図 5.25）。

N-1 電制を適用した系統においては、効率的な設備形成が図れる一方で、単一設備故障発生時には、電源を遮断するため、遮断される電源が大きい場合など、需給バランス等の影響が懸念されるため、供給信頼度の観点からも系統状況によっては、N-1 電制を適用するのではなく、設備増強を前提とした合理的な設備形成を図っていく必要がある。

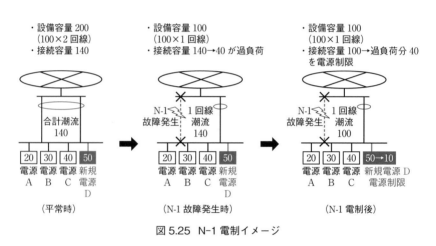

図 5.25　N-1 電制イメージ

ファーム型接続とノンファーム型接続

従来の接続は「ファーム型接続」と呼ばれる。ファーム（firm）とは、"堅固な、しっかりした"という意味で、契約容量などに基づき送電できることが約束された接続であるといえる。

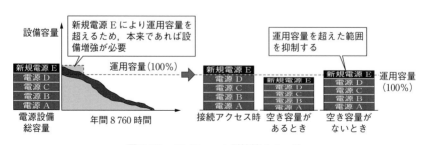

図 5.26　ノンファーム型接続イメージ

　一方で、ノンファーム（Non-firm）型接続とは、"「ファーム（firm）」ではない"ということを意味しており、系統に空きがあるときに発電ができる新たな電源接続の考え方を指す。新たに接続する電源により運用容量を超える場合には、電源抑制を条件に設備増強せずに接続することが可能となる（図5.26）。

日本版コネクト&マネージ

　合理的な設備形成としつつ再生可能エネルギーの連系量拡大を図るため、系統混雑を前提とした設備形成についての検討については、N-1電制やノンファーム型接続など、日本版コネクト&マネージとして取り組んでいる。加えて、太陽光発電を主体とする再生可能エネルギーの大多数は、配電系統（高圧・低圧）に連系していることを考慮すると、配電系統における混雑管理を進めていくことになる。配電系統へのコネクト&マネージは、海外でも前例がないため、検討にあたっては、実現可能性や経済性、発電事業者からみた受容性等を勘案する必要がある。

5.8.3 VPP／V2Gプラットフォーム（アグリゲータ/需要家向けプラットフォーム）

　今後普及拡大が見込まれる定置型蓄電池やEV等の需要家リソースを活用してP2P（Peer to Peer）の電力取引や、VPP／V2Gなど新しいビジネスモデルの構築を進めてられている。こちらの枠組みの成立のためには、必要なときに十分な余力を持つ蓄電池を確保できない場合があるため、系統状態・リソースの充電状態をリアルタイムに把握するセンシング技術やリアルタイムデータを提供するプラットフォームの構築をする技術が求められる（図5.27）。

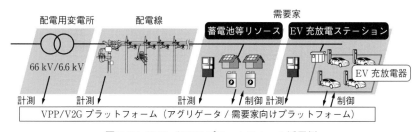

図5.27　VPP／V2Gプラットフォーム活用例

5.8.4 配電ネットワークシステムの将来像

　再生可能エネルギーは今後も導入量の増加が予想されており、現状では想定できないような大きな変動要因に対し、柔軟かつ高いレジリエンスを有する配電ネットワークシステムの実現が将来的に重要になってくると考えられる。すなわち、「いつ」、「どこでも」、「すぐに」電気を使えるといったプラグアンドプレイを可能とする電力のプラットフォームを目指していくべきである（図5.28）。

　これらの実現にあたっては、インバータ機器や蓄電池に代表される直流機器の普及拡大への対応として、配電ネットワークシステムの一部を「直流送電」にすることや、コネクタや金属の接点などを介さずに電力を送電する「無線給電」の実現、配電系統に接続された負荷需要や発電設備を自動的に管理し、適切な電圧・周波数で供給可能とする電力コントロールへの AI 技術の活用が挙げられる。さらに、変圧器（変圧）、電線（送配電）、電柱（電線、変圧器の把持）といったこれまで単一目的で設置・活用されてきた配電機材に、蓄電池・PV パネル・センサなどを内蔵することで設備を多機能化することも考えられる。これらの実現に向け、産学官一体となって技術開発・制度設計などに取り組んでいくことが重要となる。

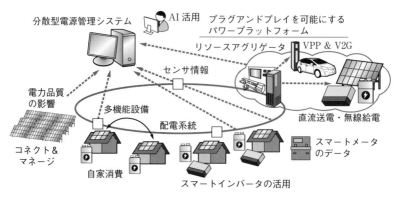

図 5.28　配電ネットワークシステムの将来像のイメージ

引用・参考文献 ▰

【1】 林　泰弘（2010）「スマートグリッド学」，日本電気協会新聞部.

【2】 スマートグリッド実現に向けた電力系統技術調査専門委員会（2014）『スマートグリッドを支える電力システム技術』，電気学会.

【3】 経済産業省資源エネルギー庁（－）「審議会・研究会（エネルギー・環境）」，（http://www.meti.go.jp/committee/kenkyukai/energy_environment.html）.

【4】 林　泰弘（2012）「スマートグリッドと制御分野への期待」，計測自動制御学会，計測と制御，Vol.51，No.1.

【5】 林　泰弘（2012）「総論：スマートグリッドとテクノロジー」，電気学会誌，132巻第10号，p.678-679.

【6】 経済産業省（－）「スマートハウス標準化検討会」，（http://www.meti.go.jp/press/2011/02/20120224007/20120224007-3.pdf）.

【7】 新エネルギー・産業技術総合開発機構（2008）「新エネルギー等地域集中導入技術ガイドブック」（https://www.nedo.go.jp/content/100083461.pdf）.

【8】 北村清之（2014）「島しょ国におけるマイクログリッドシステム」，電気設備学会誌.

【9】 原　亮一（2018）「マイクログリッドの技術開発動向」，北海道大学，ルワンダと北海道：国際地域連携研究.

【10】 CPUC（2014）「Recommendations for Updating the Technical Requirements for Inverters in Distributed Energy Resources」.

【11】 SunSpec Alliance（2018）「Common Smart Inverter 8 Profile - IEEE 2030.5 Implementation Guide for Smart Inverters」，（https://sunspec.org/2030-5-csip/）.

【12】 東京電力パワーグリッド（－）「電力メーターとは」，（https://www.tepco.co.jp/pg/consignment/for-general/basic-knowledge/smart-mater.html）.

【13】 経済産業省（－）「スマートメータ制度検討会報告書」，（https://www.meti.go.jp/committee/summary/0004668/report_01_01_00.pdf）.

【14】 東京電力パワーグリッド（－）「スマートメータ」，（https://www.tepco.co.jp/pg/technology/smartmeterpj.html）.

【15】 家電製品協会（2018）『スマートメーター2018年版』，NHK出版.

【16】 経済産業省 資源エネルギー庁（2015）「長期エネルギー需要見通し関連資料」，（http://www.enecho.meti.go.jp/committee/council/basic_policy_subcommittee/mitoshi/011/pdf/011_07.pdf）.

【17】 経済産業省 資源エネルギー庁（2015）「エネルギー・リソース・アグリゲーション・ビジネスに関するガイドライン」，（https://www.meti.go.jp/press/2020/06/20200601001/20200601001-1.pdf）.

【18】 経済産業省 資源エネルギー庁（2015）「エネルギー・リソース・アグリゲーション・ビジネスハンドブック」，（https://www.enecho.meti.go.jp/category/saving_and_new/advanced_systems/vpp_dr/files/erab_handbook.pdf）.

【19】 スマートグリッドに関する電気事業者・需要家間サービス基盤技術調査専門委員会（2016）『国際標準に基づくエネルギーサービス構築の必須知識』，電気学会.

巻末言
東京電力パワーグリッド株式会社 配電部 部長
中村　敦

　これまで、配電系統では電力の安定供給を維持すべく、配電線約 36 万 km の点検・保守やネットワークの電力の流れについての運用・管理を実施し世界最高水準の品質を維持してまいりました。

　一方で国内の一般送配電事業者は変革の時期に差し掛かっており、電力システム改革や再生可能エネルギーの主力電源化等の環境変化スマートメータの導入、そして今後拡大すると見込まれる蓄電池や EV といったリソースの登場による地域的なマイクログリッドの構築など配電系統に対する社会的な要請や関心が非常に高まっております。

　送配電系統や電力システムに関する書籍は存在しましたが、配電系統に特化した書籍はなく、特に昨今議論されているスマートグリッド、（セミ）オフグリッド VPP 等の実現にあたっては、配電系統に関する理解が欠かせないものとなっております。これらの配電系統に求められている社会的要請や使命、各種の理論・技術に関して着目した書籍として、本書はまさに今後の配電ネットワークシステムの発展に寄与するものであると確信しております。

　本書の作成にあたり、「配電系統ラディカル化検討会」に参加いただいている著名な先生方にも執筆をお願いしました。2015 年に発足したこの検討会では、将来の配電系統の在り方について大学と電力会社との間で認識共有を図ったうえで、共同で研究を進めており、その成果を次世代の配電系統へと反映することを目的としていることから、まさに本書の目的に合致しているものと認識しております。

　本書の執筆につきまして、本検討会の各アドバイザ・委員の先生方をはじめ、ご執筆・ご協力を賜れました関係者の皆さまに深く感謝申し上げます。本書は大学にて電力システムについて専攻する学生のみならず、社会への配電系統に関する理解を幅広く深めると共に、次世代の人材への知見の継承を目的としてこれからの配電ネットワークシステムに関わられる方々皆さまの一助となりましたら幸甚です。

2021 年 2 月

索　引

■あ

アークホーン形避雷装置‥‥‥‥‥‥253
アグリゲーション‥‥‥‥‥‥‥‥‥324
アドミタンス‥‥‥‥‥‥‥‥‥‥‥96
暗きょ式‥‥‥‥‥‥‥‥‥‥‥‥‥211
異常電圧‥‥‥‥‥‥‥‥‥‥‥‥‥37
移設設計‥‥‥‥‥‥‥‥‥‥185, 208
異相地絡事故‥‥‥‥‥‥‥‥‥‥243
インダクタンス‥‥‥‥‥‥‥78, 82
インバータ‥‥‥‥‥‥‥‥‥‥‥272
インパルス‥‥‥‥‥‥‥‥‥‥‥38
渦電流損‥‥‥‥‥‥‥‥‥‥‥‥141
影像法‥‥‥‥‥‥‥‥‥‥‥‥‥86
エネルギーマネジメントシステム
‥‥‥‥‥‥‥‥‥5, 300, 301, 318
エミッション限度値‥‥‥‥‥‥‥58
塩害‥‥‥‥‥‥‥‥‥‥‥‥247, 254
エンジン発電機‥‥‥‥‥‥‥‥‥269
オーム法‥‥‥‥‥‥‥‥‥‥‥‥122
屋内幹線‥‥‥‥‥‥‥‥‥‥‥‥218
屋内配線‥‥‥‥‥‥‥‥‥‥‥‥214

■か

がいし‥‥‥‥‥‥‥‥‥‥182, 254
がいし引工事‥‥‥‥‥‥‥‥‥‥220
開閉過電圧‥‥‥‥‥‥‥‥‥‥‥38
開閉器‥‥‥‥‥‥‥‥‥‥190, 205
開閉サージ‥‥‥‥‥‥‥‥‥‥‥38
開放型受電設備‥‥‥‥‥‥‥‥‥228
架空線‥‥‥‥‥‥‥‥‥‥‥‥‥18
架空地線‥‥‥‥‥‥‥‥‥‥‥‥252
架空配電線路‥‥‥‥‥‥‥‥‥‥180
過電圧‥‥‥‥‥‥‥‥‥‥‥‥‥38
過電圧継電器（OVR）‥‥‥‥275, 276
課電式事故操作装置‥‥‥‥‥‥‥195
過電流継電器（OCR）‥‥‥‥232, 276
過電流遮断器‥‥‥‥‥‥‥‥‥‥219
過電流保護‥‥‥‥‥‥‥‥‥‥‥215
過負荷保護‥‥‥‥‥‥‥‥‥‥‥259
火力発電所‥‥‥‥‥‥‥‥‥‥‥10
環境調和‥‥‥‥‥‥‥‥‥184, 207
換算係数‥‥‥‥‥‥‥‥‥‥‥‥40
間接活線工法‥‥‥‥‥‥‥‥‥‥194

幹線‥‥‥‥‥‥‥‥‥‥‥‥‥‥218
幹線開閉器‥‥‥‥‥‥‥‥155, 184
管路式‥‥‥‥‥‥‥‥‥‥‥‥‥210
機械的強度‥‥‥‥‥‥‥‥‥‥‥263
機器事故‥‥‥‥‥‥‥‥‥‥‥‥244
逆送電ロック機能‥‥‥‥‥‥‥‥165
逆潮流‥‥‥‥‥‥‥‥‥172, 273, 278
キャパシタンス‥‥‥‥‥‥‥78, 86
キュービクル式受電設備‥‥‥‥‥228
供給回復‥‥‥‥‥‥‥‥‥‥‥‥29
供給信頼度‥‥‥‥‥‥‥‥‥28, 158
供給設計‥‥‥‥‥‥‥‥‥184, 208
供給電圧‥‥‥‥‥‥‥‥‥‥‥‥146
供給方式‥‥‥‥‥‥‥‥‥‥‥‥19
供給用配電箱‥‥‥‥‥‥‥‥‥‥203
許容電流‥‥‥‥‥‥‥‥‥206, 215
近接効果‥‥‥‥‥‥‥‥‥‥‥‥81
金属管工事‥‥‥‥‥‥‥‥‥‥‥222
金属製可とう電線管工事‥‥‥‥‥222
金属線ぴ工事‥‥‥‥‥‥‥‥‥‥223
金属ダクト工事‥‥‥‥‥‥‥‥‥223
均等間隔平等分布負荷‥‥‥‥‥‥177
区分開閉器‥‥‥‥‥‥‥‥‥‥‥229
計器用変圧器（VT）‥‥‥‥‥‥232
計器用変流器（CT）‥‥‥‥‥‥232
経済負荷配分制御（EBC）‥‥‥‥285
携帯電話方式‥‥‥‥‥‥‥‥‥‥317
系統構成‥‥‥‥‥‥‥‥‥‥‥‥18
系統分割方式‥‥‥‥‥‥‥‥‥‥135
系統分離方式‥‥‥‥‥‥‥‥‥‥135
系統連系‥‥‥‥‥‥‥‥‥‥‥‥273
系統連系要件‥‥‥‥‥‥‥‥‥‥273
ケーブル‥‥‥‥‥‥‥‥‥181, 200
ケーブル工事‥‥‥‥‥‥‥‥‥‥226
原子力発電所‥‥‥‥‥‥‥‥‥‥10
建柱‥‥‥‥‥‥‥‥‥‥‥‥‥‥186
高圧カットアウト‥‥‥‥‥‥‥‥246
高圧供給‥‥‥‥‥‥‥‥‥185, 208
高圧限流ヒューズ（PF）‥‥‥‥‥229
高圧受電設備‥‥‥‥‥‥‥‥‥‥227
高圧負荷開閉器（S）‥‥‥‥‥‥229
公称電圧‥‥‥‥‥‥‥‥‥‥12, 38
合成樹脂管工事‥‥‥‥‥‥‥‥‥222
高調波‥‥‥‥‥‥‥‥‥‥‥43, 44

高調波電圧・・・・・・・・・・・・・・・・・・・・・・・・・・48, 49
高調波電流源・・・・・・・・・・・・・・・・・・・・・・・・・・・・46
高調波抑制対策ガイドライン・・・・・・・・・・・・57
高低圧混触事故・・・・・・・・・・・・・・・・・・・277, 286
交流方式・・・・・・・・・・・・・・・・・・・・・・・・・・・・・・・15
子局・・・・・・・・・・・・・・・・・・・・・・・・・・・・・・・・・・161
故障計算・・・・・・・・・・・・・・・・・・・・・・・・・・・・・119
固定価格買取制度（FIT）・・・・・・・・・・・・・・・・296
コネクト＆マネージ・・・・・・・・・・・・・・・・・・・・330
コンデンサインプット型整流回路・・・・・・・・45
コンデンサ平滑回路・・・・・・・・・・・・・・・・・・・・45

■さ

最高電圧・・・・・・・・・・・・・・・・・・・・・・・・・・12, 38
再生可能エネルギー発電所・・・・・・・・・・・・・・10
最大電力追従（MPPT）・・・・・・・・・・・・・・・・・272
三相3線式・・・・・・・・・・・・・・・・・・・・・・・・・・・・25
三相4線式・・・・・・・・・・・・・・・・・・・・・・・・・・・・25
残像現象模擬回路・・・・・・・・・・・・・・・・・・・・・71
事業継続性（BCP）・・・・・・・・・・・・・・300, 326
時限順送方式・・・・・・・・・・・・・・・・・・・・・・・164
試験電圧・・・・・・・・・・・・・・・・・・・・・・・・・・・・40
事故時運転継続（FRT）・・・・・・・・・・・・・・・・308
事故点測定・・・・・・・・・・・・・・・・・・・・・・・・・196
支持物・・・・・・・・・・・・・・・・・・・・・・・・・・・・・181
磁束鎖交数・・・・・・・・・・・・・・・・・・・・・・・・・・83
実効値・・・・・・・・・・・・・・・・・・・・・・・・・・・・・・89
自動開閉器・・・・・・・・・・・・・・・・・・・・・・・・・161
自動化設計・・・・・・・・・・・・・・・・・・・・・・・・・186
自動ディマンドリスポンス（ADR）・・・・・・・5
自発工事・・・・・・・・・・・・・・・・・・・・・・・・・・・185
遮断器（CB）・・・・・・・・・・・・・・・・・・・・・・・・229
周波数・・・・・・・・・・・・・・・・・・・・・・・・・・・・・・14
周波数低下リレー（UFR）・・・・・・・・・・・・・308
需給バランス・・・・・・・・・・・・・・・・・・・・・・・・・5
樹枝状方式・・・・・・・・・・・・・・・・・・・・・・19, 27
主遮断装置・・・・・・・・・・・・・・・・・・・・・・・・・229
出力抑制・・・・・・・・・・・・・・・・・・・・・・・・・・・284
受電設備・・・・・・・・・・・・・・・・・・・・・・・・・・・227
受電端電圧・・・・・・・・・・・・・・・・・・・・・・・・・・95
需要指標・・・・・・・・・・・・・・・・・・・・・・・・・・・175
需要設備・・・・・・・・・・・・・・・・・・・・・・・・・・・11
需要想定・・・・・・・・・・・・・・・・・・・・・・・・・・・173
需要率・・・・・・・・・・・・・・・・・・・・・・・・・・・・・175
瞬時電圧低下（瞬低）・・・・・・・・・・・・・・・・・・71
順潮流・・・・・・・・・・・・・・・・・・・・・・・・273, 278
消弧リアクトル接地方式・・・・・・・・・・・・・・・33
常時開路（N.O.）・・・・・・・・・・・・・・・・・・・・155

常時稼働率・・・・・・・・・・・・・・・・・・・・・・・・・156
常時許容電流・・・・・・・・・・・・・・・・・・・・・・・207
常時閉路（N.C.）・・・・・・・・・・・・・・・・・・・・155
常時連系型マイクログリッド・・・・・・・・・・299
情報通信技術（ICT）・・・・・・・・・・・・・・4, 294
商用周波数・・・・・・・・・・・・・・・・・・・・・・・・・・44
自立運転・・・・・・・・・・・・・・・・・・・・・・・・・・・273
水力発電所・・・・・・・・・・・・・・・・・・・・・・・・・・10
スカラーLDC方式・・・・・・・・・・・・・・・・・・・149
スケールメリット・・・・・・・・・・・・・・・・・・・・268
ステップ式自動電圧調整器（SVR）
・・・・・・・・・・・・・・・・・・・・・・・・・・・149, 302
スポットネットワーク方式・・・・・・・・・23, 27
スマートインバータ・・・・・・・・・・・・・・・・・・308
スマートグリッド・・・・・・・・・・・・・・・・5, 294
スマートメータ・・・・・・・・・・・・・・・・・・・・・312
制御パラメータ指令方式・・・・・・・・・・・・・305
静止形無効電力補償装置（SVC）・・・151, 302
正相インダクタンス・・・・・・・・・・・・・・・・・・82
静電容量・・・・・・・・・・・・・・・・・・・・・・・・78, 86
絶縁階級・・・・・・・・・・・・・・・・・・・・・・・・40, 41
絶縁協調・・・・・・・・・・・・・・・・・・・・・・・41, 264
絶縁設計・・・・・・・・・・・・・・・・・・・・・・・・・・・252
絶縁電線・・・・・・・・・・・・・・・・・・・・・・・・・・・181
雪害・・・・・・・・・・・・・・・・・・・・・・・・・・・・・・・256
接続部・・・・・・・・・・・・・・・・・・・・・・・・・・・・・202
接地・・・・・・・・・・・・・・・・・・・・・・・・・・・・・・・190
接地工事・・・・・・・・・・・・・・・・・・・・・・・・・・・216
接地変圧器（EVT）・・・・・・・・・・・・・・・・・・・32
設備管理指標・・・・・・・・・・・・・・・・・・・・・・・175
設備計画・・・・・・・・・・・・・・・・・・・・・・・・・・・170
設備不平衡率・・・・・・・・・・・・・・・・・・・・・・・61
設備方式・・・・・・・・・・・・・・・・・・・・・・・・・・・228
セルラダクト工事・・・・・・・・・・・・・・・・・・・225
零相変流器（ZCT）・・・・・・・・・・・・・・・・・・232
センサ内蔵開閉器・・・・・・・・・・・・・・・172, 328
センサ内蔵自動多開路開閉器・・・・・・・・・・204
線路定数・・・・・・・・・・・・・・・・・・・・・・・・・・・78
線路電圧降下補償器方式（LDC）・・・・・・・147
総合電圧ひずみ率・・・・・・・・・・・・・・・・・・・・49
装柱・・・・・・・・・・・・・・・・・・・・・・・・・・・・・・・186
送電特性・・・・・・・・・・・・・・・・・・・・・・・・・・・99
送電方式・・・・・・・・・・・・・・・・・・・・・・・・・・・15
損失係数・・・・・・・・・・・・・・・・・・・・・・・・・・・142
損失電力量・・・・・・・・・・・・・・・・・・・・・・・・・179

■た

タービン発電機・・・・・・・・・・・・・・・・・・・・・269

対称座標法･･････････････････････････112
太陽光発電(PV)････････････････269, 308
耐雷設計･･･････････････････････････186
耐塩設計･･･････････････････････････186
多開路開閉器･･････････････････････202
多段切替･･･････････････････････････29
タップ制御････････････････････････302
他発工事･･･････････････････････････185
多分割多連系･･････････････････････155
単位法･････････････････････････････122
短距離電線路･････････････････････99
短時間許容電流･･･････････････157, 207
短時間交流過電圧･････････････････38
短時間フリッカ指標･･････････････67
断線事故･･･････････････････････････244
単相2線式････････････････････････25
単相3線式････････････････････････25
単独運転･･････････････････････273, 277
短絡･･･････････････････････････････121
短絡強度協調･･････････････････････263
短絡時許容電流･･･････････････････207
短絡事故･･････････････････････242, 276
短絡電流･･･････････････････････････126
短絡方向継電器(DSR)･････････275, 276
短絡容量･････････････････126, 134, 277
断路器････････････････････････････205
蓄電池････････････････････････････329
地上用変圧器･･････････････････････202
弛度･･･････････････････････････････187
地中線････････････････････････18, 210
地中線機器用気中開閉器･･････････205
地中配電線路･････････････････199, 207
柱上開閉器････････････････････････183
柱上変圧器･･････････148, 183, 189, 245
中性点接地･･･････････････････････30
長距離送電････････････････････････10
潮流･･･････････････････････････････273
潮流計算･･････････････････････････96
直接活線工法････････････････････194
直接接地方式････････････････････34
直流機････････････････････････････234
直流方式･･････････････････････････15
直列リアクトル･････････････････53
地絡･･･････････････････････････････121
地絡過電圧継電器(OVGR)･･･････275, 276
地絡事故･･････････････････････242, 276
地絡方向継電器(DGR)･･････････････232
地絡保護･･･････････････････････････216

地絡保護協調･･････････････････････263
ちらつき視感度曲線･･･････････････62
通信線搬送方式･･･････････････････163
低圧供給･･････････････････････185, 208
低圧バンキング方式･･････････････27
定格電流･･････････････････････････207
抵抗･･･････････････････････････････78
抵抗接地系････････････････････････42
抵抗接地方式･･････････････････････32
抵抗損････････････････････････････136
抵抗の温度係数･･･････････････････81
停電時間(SAIDI)･･････････････････28
停電頻度(SAIFI)･･････････････････28
ディマンドリスポンス･････････5, 323
適正配電線率･････････････････････157
鉄損･･･････････････････････････････141
電圧降下･････････････････101, 105, 176
電圧降下率････････････････････････102
電圧集中制御･････････････････････302
電圧低下･･････････････････････････289
電圧ひずみ率･････････････････････49
電圧不平衡現象･･･････････････････59
電圧ベクトル計算･･･････････････90
電圧変動率････････････････････････102
電気規格調査会(JEC)･･･････････････37
電技解釈･･････････････････････････190
電線･･･････････････････････････････187
伝送方式･･････････････････････････162
電柱強度計算･････････････････････191
電力線通信(PLC)･･････････････････317
電力損失･････････････････136, 142, 178
電力方程式････････････････････････96
電力量計･･････････････････････････312
同期機････････････････････････････235
銅損･･･････････････････････････････141
特殊負荷設計･････････････････････186
特定計量器････････････････････････312
特別高圧･･････････････････････････12
独立型マイクログリッド･･････････299
トリー劣化････････････････････････201

■な

難着雪対策････････････････････････256
ニュートン・ラフソン法･････････98
熱的強度･･････････････････････････263
燃料電池･･････････････････････････271
ノンファーム型接続･･･････････330, 332

■は

パーセント法‥‥‥‥‥‥‥‥‥‥‥‥125
バーチャルパワープラント‥‥‥‥5, 324
配線用遮断器‥‥‥‥‥‥‥‥‥‥‥216
配電自動化システム‥‥‥‥‥‥‥‥158
配電線事故‥‥‥‥‥‥‥‥‥119, 242
配電線事故捜査‥‥‥‥‥‥‥‥‥‥195
配電線搬送方式‥‥‥‥‥‥‥‥‥‥163
配電ネットワークシステム‥‥‥‥‥‥2
配電用変電所‥‥‥‥‥‥‥‥‥‥‥154
配変リレー‥‥‥‥‥‥‥‥‥‥‥‥274
鋼心アルミより線‥‥‥‥‥‥‥79, 81
波高値‥‥‥‥‥‥‥‥‥‥‥‥‥‥89
バスダクト工事‥‥‥‥‥‥‥‥‥‥224
発錆‥‥‥‥‥‥‥‥‥‥‥‥‥‥‥247
発電機起動停止計画(UC)‥‥‥‥‥285
発電機の基本式‥‥‥‥‥‥‥112, 115
発電設備‥‥‥‥‥‥‥‥‥‥‥‥‥10
パルス幅変調(PWM)‥‥‥‥‥‥‥238
パルスレーダー法‥‥‥‥‥‥‥‥‥197
パワーMOSFET‥‥‥‥‥‥‥‥‥238
パワーエレクトロニクス‥‥‥‥239, 272
パワーコンディショナ(PCS)‥‥75, 269, 308
ハンガ装柱‥‥‥‥‥‥‥‥‥184, 190
半導体電力変換回路‥‥‥‥‥‥‥‥237
引込線‥‥‥‥‥‥‥‥‥‥‥‥‥‥188
ヒステリシス損‥‥‥‥‥‥‥‥‥‥141
ひずみ波形‥‥‥‥‥‥‥‥‥‥‥‥44
非接地系‥‥‥‥‥‥‥‥‥‥‥‥‥43
非接地方式‥‥‥‥‥‥‥‥‥‥‥‥32
非線形負荷‥‥‥‥‥‥‥‥‥‥‥‥46
必要耐電圧‥‥‥‥‥‥‥‥‥‥‥‥40
ヒューズ‥‥‥‥‥‥‥‥‥‥‥‥‥215
平等分布負荷‥‥‥‥‥‥‥‥105, 177
表皮効果‥‥‥‥‥‥‥‥‥‥‥‥‥79
ピラージスコン(PDS)‥‥‥‥‥‥‥205
避雷器‥‥‥‥‥‥‥‥‥‥‥‥‥‥253
平形保護層工事‥‥‥‥‥‥‥‥‥‥226
風圧荷重計算‥‥‥‥‥‥‥‥‥‥‥191
風力発電‥‥‥‥‥‥‥‥‥‥‥‥‥270
フェランチ現象‥‥‥‥‥‥‥‥‥‥151
負荷時タップ切換器(LTC)‥‥‥‥‥147
負荷時タップ切換変圧器(LRT)‥‥147, 302
負荷時電圧調整器(LRA)‥‥‥‥‥‥147
負荷損‥‥‥‥‥‥‥‥‥‥‥‥‥‥141
負荷特性‥‥‥‥‥‥‥‥‥‥‥‥‥174
負荷率‥‥‥‥‥‥‥‥‥‥‥‥‥‥175

布設方式‥‥‥‥‥‥‥‥‥‥‥‥‥210
不足電圧継電器(UVR)‥‥‥‥‥275, 276
不等率‥‥‥‥‥‥‥‥‥‥‥‥‥‥175
不平衡‥‥‥‥‥‥‥‥‥‥‥‥59, 112
不平衡三相回路‥‥‥‥‥‥‥‥‥‥117
ブラシレスDCモータ‥‥‥‥‥‥‥235
フリッカ‥‥‥‥‥‥‥‥‥‥‥‥‥61
フロアダクト工事‥‥‥‥‥‥‥‥‥224
分岐回路‥‥‥‥‥‥‥‥‥‥‥‥‥219
分散型電源(DER)‥‥‥5, 268, 284, 301, 308
分散型電源マネジメントシステム(DERMS)
‥‥‥‥‥‥‥‥‥‥‥‥‥‥‥‥309
分散負荷率‥‥‥‥‥‥‥‥‥105, 178
分布定数回路‥‥‥‥‥‥‥‥‥‥‥78
分路リアクトル(ShR)‥‥‥‥‥‥‥302
ベクトルLDC方式‥‥‥‥‥‥‥‥149
変台装柱‥‥‥‥‥‥‥‥‥‥‥‥‥189
保護協調‥‥‥‥‥‥‥‥‥‥258, 274
保護継電器‥‥‥‥‥‥‥‥‥‥‥‥241
保護リレー‥‥‥‥‥‥‥‥‥‥‥‥274
補償リアクトル接地方式‥‥‥‥‥‥34
本線・予備選切替供給方式‥‥‥‥‥22

■ま

マーレーループ法‥‥‥‥‥‥‥‥‥196
マイクログリッド‥‥‥‥‥‥‥‥‥298
曲げモーメント‥‥‥‥‥‥‥‥‥‥191
無整流子電動機‥‥‥‥‥‥‥‥‥‥235
無線方式‥‥‥‥‥‥‥‥‥‥‥‥‥164
無線マルチホップ‥‥‥‥‥‥‥‥‥317
無停電工法‥‥‥‥‥‥‥‥‥‥‥‥194
無負荷損‥‥‥‥‥‥‥‥‥‥‥‥‥141
モールドジスコン(MDS)‥‥‥‥‥205
漏れコンダクタンス(リーカンス)‥‥78, 82

■や

有効稼働率‥‥‥‥‥‥‥‥‥‥‥‥156
有効接地‥‥‥‥‥‥‥‥‥‥‥‥‥35
誘導機‥‥‥‥‥‥‥‥‥‥‥‥‥‥236

■ら

雷害‥‥‥‥‥‥‥‥‥‥‥‥‥‥‥248
雷過電圧‥‥‥‥‥‥‥‥‥‥‥‥‥38
雷サージ‥‥‥‥‥‥‥‥‥‥‥38, 247
ライティングダクト工事‥‥‥‥‥‥225
力率制御‥‥‥‥‥‥‥‥‥‥‥‥‥92
流通設備‥‥‥‥‥‥‥‥‥‥‥‥‥10
ループ供給方式‥‥‥‥‥‥‥‥‥‥23

ループ式線路‥‥‥‥‥‥‥‥‥ 105
ループ方式‥‥‥‥‥‥‥‥‥‥‥20
レギュラーネットワーク方式‥‥‥‥23
連系開閉器‥‥‥‥‥‥‥‥ 155, 184
漏電遮断器‥‥‥‥‥‥‥‥‥‥ 216

■数字・アルファベット

1回線供給方式‥‥‥‥‥‥‥‥‥22
1線地絡故障‥‥‥‥‥‥‥‥‥ 129
2種硬銅より線‥‥‥‥‥‥‥ 79, 80
2線短絡故障‥‥‥‥‥‥‥‥‥ 131
4端子定数‥‥‥‥‥‥‥‥‥‥‥92
ADR‥‥‥‥‥‥‥‥‥‥‥‥‥‥ 5
A ルート‥‥‥‥‥‥‥‥‥‥‥ 316
BCP‥‥‥‥‥‥‥‥‥‥ 300, 326
B ルート‥‥‥‥‥‥‥‥‥‥‥ 316
CA Rule21‥‥‥‥‥‥‥‥‥ 311
CBM‥‥‥‥‥‥‥‥‥‥‥‥ 172
CB 形‥‥‥‥‥‥‥‥‥‥ 229, 259
CT‥‥‥‥‥‥‥‥‥‥‥‥‥ 232
DER‥‥‥‥‥‥‥‥‥‥‥ 5, 308
DERMS‥‥‥‥‥‥‥‥‥‥‥ 309
DGR‥‥‥‥‥‥‥‥‥‥‥‥ 232
DR‥‥‥‥‥‥‥‥‥‥‥‥ 5, 323
DSR‥‥‥‥‥‥‥‥‥‥ 275, 276
ECHONET Lite‥‥‥‥‥‥‥ 322
EDC‥‥‥‥‥‥‥‥‥‥‥‥ 285
EMS‥‥‥‥‥‥‥ 5, 300, 301, 318
EVT‥‥‥‥‥‥‥‥‥‥‥‥‥32
FIT‥‥‥‥‥‥‥‥‥‥‥‥‥ 296
FRT‥‥‥‥‥‥‥‥‥‥‥‥ 308
GR 付 PAS‥‥‥‥‥‥‥‥‥‥19
GW‥‥‥‥‥‥‥‥‥‥‥‥ 252
HEMS‥‥‥‥‥‥‥‥‥‥ 5, 318
ICT‥‥‥‥‥‥‥‥‥‥‥ 4, 294
IEC フリッカメータ‥‥‥‥‥‥66
IGBT‥‥‥‥‥‥‥‥‥‥‥ 238
IoT‥‥‥‥‥‥‥‥‥‥‥‥ 322
IPFC‥‥‥‥‥‥‥‥‥‥‥ 241
IT 開閉器‥‥‥‥‥‥‥‥‥‥ 328
JEC‥‥‥‥‥‥‥‥‥‥‥‥‥37
JIS C 61000-3-2‥‥‥‥‥‥‥57
LDC‥‥‥‥‥‥‥‥‥‥‥‥ 147
LIWV‥‥‥‥‥‥‥‥‥‥‥ 252
LPC‥‥‥‥‥‥‥‥‥‥‥‥ 241
LRA‥‥‥‥‥‥‥‥‥‥‥‥ 147
LRT‥‥‥‥‥‥‥‥‥‥ 147, 302
LTC‥‥‥‥‥‥‥‥‥‥‥‥ 147

MDMS‥‥‥‥‥‥‥‥‥‥‥ 315
MDS‥‥‥‥‥‥‥‥‥‥‥‥ 205
MPPT‥‥‥‥‥‥‥‥‥‥‥ 272
N.C.‥‥‥‥‥‥‥‥‥‥‥‥ 155
N-1 電源制限（電制）‥‥‥‥‥ 331
N.O.‥‥‥‥‥‥‥‥‥‥‥‥ 155
OCR‥‥‥‥‥‥‥‥‥‥‥‥ 232
OVGR‥‥‥‥‥‥‥‥‥ 275, 276
PCS‥‥‥‥‥‥‥‥‥ 75, 296, 308
PDS‥‥‥‥‥‥‥‥‥‥‥‥ 205
PF・S 形‥‥‥‥‥‥‥‥ 229, 259
PV‥‥‥‥‥‥‥‥‥‥‥ 264, 308
PWM‥‥‥‥‥‥‥‥‥‥‥ 238
SAIDI‥‥‥‥‥‥‥‥‥‥‥‥28
SAIFI‥‥‥‥‥‥‥‥‥‥‥‥28
ShR‥‥‥‥‥‥‥‥‥‥‥ 151, 302
SVC‥‥‥‥‥‥‥ 151, 152, 152, 302
SVR‥‥‥‥‥‥‥ 149, 152, 153, 302
TBM‥‥‥‥‥‥‥‥‥‥‥‥ 172
THD‥‥‥‥‥‥‥‥‥‥‥‥‥49
UC‥‥‥‥‥‥‥‥‥‥‥‥ 285
UFR‥‥‥‥‥‥‥‥‥‥‥‥ 308
UGS‥‥‥‥‥‥‥‥‥‥‥‥‥19
UPFC‥‥‥‥‥‥‥‥‥‥‥ 240
V2G‥‥‥‥‥‥‥‥‥ 5, 333, 337
VPP‥‥‥‥‥‥‥‥‥ 5, 324, 333
VT‥‥‥‥‥‥‥‥‥‥‥‥ 232
X 時限‥‥‥‥‥‥‥‥‥‥‥ 164
Y 時限‥‥‥‥‥‥‥‥‥‥‥ 164
ZCT‥‥‥‥‥‥‥‥‥‥‥‥ 232

配電系統ラディカル化検討会

■編纂委員一覧

【主査】
東京電力 PG 配電部 部長（当時）　　　　　　　　　　　本橋　　準
東京電力 PG 配電部 部長（現在）　　　　　　　　　　　中村　　敦

【副主査】
東京電力 PG 配電部 部長代理（当時）　　　　　　　　　冥賀　雅弘
東京電力 PG 配電部 部長代理（現在）　　　　　　　　　持田　明彦

【アドバイザ】
早稲田大学 大学院先進理工学研究科 教授　　　　　　　林　　泰弘
早稲田大学 大学院先進理工学研究科 教授　　　　　　　若尾　真治
東京大学 大学院新領域創成科学研究科 准教授　　　　　馬場　旬平
徳島大学 大学院創成科学研究科 教授　　　　　　　　　北條　昌秀
東京理科大学 工学部 教授　　　　　　　　　　　　　　小泉　裕孝

【委員】
北海道大学 大学院情報科学研究院 准教授　　　　　　　原　　亮一
東北大学 大学院工学研究科 准教授　　　　　　　　　　飯岡　大輔
早稲田大学 スマート社会技術融合研究機構 主任研究員（当時）　宮崎　　輝
早稲田大学 スマート社会技術融合研究機構 主任研究員（現在）　児玉　安広
東京理科大学 工学部電気工学科 准教授　　　　　　　　山口　順之
横浜国立大学 大学院工学研究院 准教授　　　　　　　　辻　　隆男
広島大学 大学院先進理工系科学研究科 准教授　　　　　造賀　芳文
東京電力 PG 配電部配電企画 GM（当時）　　　　　　　小西　高志
東京電力 PG 配電部配電企画 GM（現在）　　　　　　　黒田　亜剛
東京電力 PG 配電部配電系統技術 GM　　　　　　　　　吉永　　淳
東京電力 HD 経営技術戦略研究所　技術開発部需要家エリア AL　佐野　常世
東京電力 HD 経営技術戦略研究所　技術開発部需要家エリア PM　馬渕　裕之

■執筆分担一覧

［序論］
早稲田大学 スマート社会技術融合研究機構 研究院教授　　石井　英雄
早稲田大学 スマート社会技術融合研究機構 主任研究員　　宮崎　　輝

［第 1 章］
電力中央研究所 副研究参事　　　　　　　　　　　　　岡田　有功

東京電力 PG	配電部 配電企画 G,
	配電系統技術 G,
	配電計画 G
東京電力 HD	経営技術戦略研究所

[第 2 章]
北海道大学 大学院情報科学研究院 准教授	原　亮一
東北大学 大学院工学研究科 准教授	飯岡　大輔
早稲田大学 スマート社会技術融合研究機構 主任研究員	宮崎　輝
早稲田大学 スマート社会技術融合研究機構 研究院講師	芳澤　信哉
東京理科大学 工学部電気工学科 准教授	山口　順之
横浜国立大学 大学院工学研究院 准教授	辻　隆男
広島大学 大学院先進理工系科学研究科 准教授	造賀　芳文
東京電力 PG	配電部 配電系統技術 G
東京電力 HD	経営技術戦略研究所

[第 3 章]
徳島大学 大学院創成科学研究科 教授	北條　昌秀
東京電力 PG	配電部
	配電保守・制御 G,
	配電系統技術 G,
	配電技術 G,
	配電計画 G,
	配電設計 G,
	配電エンジニアリング
	センター
東京電力 PG	パワーグリッド
	サービス部
東京電力 HD	経営技術戦略研究所

[第 4 章]
北海道大学 大学院情報科学研究院 准教授	原　亮一
東北大学 大学院工学研究科 准教授	飯岡　大輔
徳島大学 大学院創成科学研究科 教授	北條　昌秀
電力中央研究所 上席研究員	上村　敏
東京電力 PG	配電部 配電系統技術 G

[第 5 章]
早稲田大学 スマート社会技術融合研究機構 研究院教授	石井　英雄
早稲田大学 スマート社会技術融合研究機構 主任研究員	宮崎　輝
東京電力 PG	配電部 配電系統技術 G,
	配電技術 G
東京電力 PG	スマートメーター
	推進室
東京電力 HD	経営技術戦略研究所

配電ネットワークシステム工学

2021 年 3 月 11 日　　第 1 版第 1 刷発行

監　　修　林　　泰弘
編 著 者　配電系統ラディカル化検討会
発 行 者　村 上 和 夫
発 行 所　株式会社 オーム社
　　　　　郵便番号　101-8460
　　　　　東京都千代田区神田錦町 3-1
　　　　　電話　03(3233)0641(代表)
　　　　　URL　https://www.ohmsha.co.jp/

© 配電系統ラディカル化検討会 2021

印刷・製本　三美印刷
ISBN978-4-274-22644-1　Printed in Japan

本書の感想募集 https://www.ohmsha.co.jp/kansou/
本書をお読みになった感想を上記サイトまでお寄せください．
お寄せいただいた方には，抽選でプレゼントを差し上げます．